L'ŒUF HUMAIN

ET LES

PREMIERS STADES DE SON DÉVELOPPEMENT

ÉLÉMENTS D'EMBRYOGÉNIE

L'ŒUF HUMAIN

ET LES

PREMIERS STADES DE SON DÉVELOPPEMENT

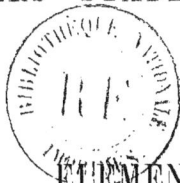

ÉLÉMENTS D'EMBRYOGÉNIE

PAR

J. POTOCKI
PROFESSEUR AGRÉGÉ
A LA FACULTÉ DE MÉDECINE DE PARIS
ACCOUCHEUR DES HÔPITAUX

ET

A. BRANCA
PROFESSEUR AGRÉGÉ
A LA FACULTÉ DE MÉDECINE DE PARIS

Préface de M. le Professeur PINARD

AVEC 100 FIGURES ET 7 PLANCHES

PARIS

G. STEINHEIL, ÉDITEUR

2, RUE CASIMIR-DELAVIGNE, 2

—

1905

PRÉFACE

Nos connaissances scientifiques, relatives à la fonction de reproduction dans l'espèce humaine, sont encore, à l'heure actuelle, sur nombre de points, absolument rudimentaires.

Tout en admettant les difficultés de l'étude de cette question, où l'expérimentation est impossible, il nous apparaît que notre ignorance sur cette question capitale résulte de ces deux faits, à savoir que, d'une part, l'histoire du développement de l'homme ne fait pas encore partie essentielle de l'instruction générale, et que, d'autre part, depuis l'antiquité jusqu'à hier, on s'était beaucoup plus préoccupé de la *conservation de l'Individu* que de la *conservation de l'Espèce*.

Nous savons, depuis moins d'un siècle seulement, que tout individu a son origine dans un œuf. Et si, depuis la découverte de de Baer, d'innombrables travaux ont été consacrés à l'histoire de l'*œuf humain*, nous sommes encore insuffisamment renseignés sur son origine, sa formation, sa constitution et son développement.

En tout cas, sur ce point comme sur tant d'autres, on peut voir la preuve que tout progrès scientifique est toujours fragmentaire. De plus, l'armée des travailleurs, en adoptant par nécessité l'ordre dispersé dans la recherche de la vérité, ne peut obtenir que des résultats analytiques, lesquels, pendant longtemps encore, présenteront — en raison de leur irrégularité — une non-mise en valeur, au point de vue de l'étude synthétique.

Cependant, l'esquisse de l'ovologie humaine a déjà été maintes fois tentée.

Dans son *Anthropogénie* ou *Histoire de l'Évolution humaine*, Ernest Hæckel a cherché à vulgariser les notions enregistrées concernant l'ontogénie et la phylogénie, c'est-à-dire l'*histoire du développement indi-*

viduel de l'organisme humain et *l'histoire du développement de l'espèce humaine*. Mais, voulant donner des idées générales sur le développement embryonnaire de l'homme, il ne pouvait et il n'a pu s'appesantir sur les détails anatomiques. Par contre, depuis l'apparition de l'*Anthropogénie*, de nombreux ouvrages ont été consacrés à l'embryologie, dans la plupart desquels, si l'étude minutieuse se montre, elle porte principalement sur l'embryologie générale ou comparée.

Aussi MM. Branca et Potocki ont-ils pensé qu'il serait utile de condenser et de mettre en relief le bilan actuel de nos connaissances sur l'*Œuf humain et les premiers stades de son développement*.

Et pour cela, chacun d'eux a mis un peu de sa compétence spéciale. De cette synergie est résulté l'ouvrage pour lequel nous avons l'honneur d'écrire cette Préface.

Ce travail a aussi peu de prétentions qu'il a de qualités. C'est l'exacte mise au point de nombreuses questions, que tout étudiant, que tout accoucheur, que tout médecin doit connaître.

C'est un exposé qui résume d'une façon aussi simple que lumineuse ce que nous savons et ce que nous ignorons.

Telle est du moins notre opinion sur la valeur de cet ouvrage, et nous sommes convaincu que tout lecteur de l'*Œuf humain et des premiers stades de son développement* la partagera.

ADOLPHE PINARD.

AVANT-PROPOS

Ce petit livre a été écrit pour servir d'Introduction à l'étude de l'obstétrique. On y a mis au point les questions principales qui, de près ou de loin, se rattachent à l'histoire de la fécondation et du développement de l'œuf. Ces questions sont encore insuffisamment connues des médecins, parce que les travaux qui s'y rapportent sont, pour la plupart, publiés dans des périodiques de science pure, que les médecins et les étudiants n'ont pas entre les mains. Aussi nous a-t-il semblé qu'il y avait là une lacune utile à combler, et c'est ce que nous avons tenté de faire en traitant ce sujet avec quelque détail.

Notre intention a été d'écrire un livre sur le *développement de l'œuf dans l'espèce humaine* et non sur l'embryogénie en général ; ce sont donc les diverses phases du développement de l'œuf humain qu'on trouvera exposées dans ce volume. Mais, de suite, une réserve s'impose. Chez la femme, on ne peut se livrer à l'expérimentation ; de sorte qu'il faut, pour étudier chez elle la fécondation et le développement de l'œuf dans ses premiers stades, se contenter des très rares pièces anatomiques recueillies au hasard des autopsies ou des opérations. La série de ces pièces est, on le conçoit, très incomplète. Aussi se voit-on contraint de suppléer à leur insuffisance par les constatations faites sur les animaux, et en particulier sur les Mammifères. Parmi les Mammifères, le lapin est celui dont les phénomènes de la fécondation et de la gestation sont le mieux connus. Grâce, en effet, à la facilité de l'expérimentation sur cet animal, il a été possible de réunir chez lui une série ininterrompue de documents anatomiques qui ont permis d'établir « l'exposé graphique » du développement de l'œuf de ce Rongeur. La genèse des annexes embryonnaires y a été plus spécialement élucidée dans ses grandes lignes, le processus de leur évolution étant chez le lapin relativement simple.

Or, on a pu se convaincre, par la comparaison des stades correspondants de l'évolution des annexes chez l'homme et chez le lapin, qu'au point de vue embryogénique, il y a une grande analogie entre les deux espèces, en sorte qu'en bien des occasions ce qui s'applique à l'une peut s'appliquer à l'autre.

Toutes les fois donc que nous ne serons pas en mesure de décrire, d'après les constatations directes, les phénomènes du développement tels qu'ils se présentent dans l'espèce humaine, nous les décrirons chez le lapin, et de celui-ci nous conclurons à l'homme. Mais nous ne le ferons que par nécessité. Cette façon de pro-céder est évidemment légitime, mais il était nécessaire d'en avertir le lecteur.

Tout organisme, si complexe qu'il soit, procède d'une cellule. Chez tous les Vertébrés sans exception, cette cellule unique résulte de l'union de deux éléments, ou produits sexuels, l'ovule et le spermatozoïde. C'est donc par l'étude de ces deux éléments que nous entrerons en matière.

Les produits sexuels apparaissent principalement pendant une période de la vie au cours de laquelle l'organisme est le siège de modifications profondes et variées, qu'il est indispensable de connaître. Aussi passerons-nous en revue les phénomènes épisodiques de la vie génitale, c'est-à-dire la menstruation et l'ovulation, et à l'histoire de l'ovulation nous rattacherons celle du corps jaune.

Nous verrons ensuite quelles transformations subit l'appareil génital, du fait de la grossesse, et quels processus régressifs s'y déroulent, à l'occasion du post-partum ; nous aborderons aussi l'étude de l'embryon, et nous examinerons la fécondation, la segmentation de l'œuf et la formation des feuillets germinatifs.

Enfin, nous exposerons l'histoire des annexes de l'embryon. Dans ce dernier chapitre, nous nous sommes astreints à décrire les annexes fœtales, chez le lapin d'abord, chez l'homme ensuite. Grâce à cette division, nous avons évité de disperser l'attention du lecteur, et nous pensons avoir donné plus de préci-sion à des descriptions assez ardues par elles-mêmes. Ce que nous avons dit plus haut nous fait espérer que cette étude, en partie double, rendra notre exposé plus clair, puisque nous allons de la sorte du simple au complexe, du connu à l'inconnu.

Ajoutons que, de parti pris, nous nous sommes efforcés de mettre en lumière les faits d'observation bien établis, et qu'en revanche nous avons laissé au second plan les hypothèses qui relient les faits, ou qui tentent d'en fournir une explica-tion prématurée. Les généralisations par trop hâtives, bien loin d'activer la marche de la science, ne peuvent qu'en ralentir ou en arrêter le mouvement.

Qu'il nous soit permis, en terminant, d'adresser tous nos remerciements à notre maître M. le professeur M. Duval, à MM. les professeurs Prenant et Tourneux, et enfin à M. G. Spee, qui nous ont autorisés à reproduire leurs des-sins. La partie iconographique de ce travail leur doit son principal intérêt.

Nous remercions enfin notre éditeur et ami G. Steinheil, qui a apporté à l'im-pression de ce livre toute sa patience et tout son soin.

J. POTOCKI et A. BRANCA.

Paris, 15 octobre 1904.

ARTICLE I

LES PRODUITS SEXUELS, LEUR ORIGINE ET LEUR VALEUR MORPHOLOGIQUE

CHAPITRE PREMIER

LES PRODUITS SEXUELS

§ 1. — Le spermatozoïde.

Un filament grêle, de 55 à 60 μ de longueur, qui porte à l'une de ses extrémités un renflement léger, connu sous le nom de *tête*, tel est le spermatozoïde dans l'espèce humaine (1).

La tête du spermatozoïde atteint de 5 à 6 μ. Vue de face, elle est ovalaire ; vue de profil, elle est piriforme ; son extrémité antérieure est effilée ; sa base, légèrement aplatie. Examinée à l'aide du violet de gentiane, la tête se colore comme le noyau d'une cellule, et elle apparaît formée de deux segments, séparés par une ligne transversale. De ces segments, l'antérieur est pâle et volumineux (les deux tiers de la tête) ; le postérieur est petit, mais fortement coloré.

L'extrémité antérieure de la tête est surmontée par un corpuscule, qui fixe énergiquement les teintures acides : c'est le *bouton céphalique*. D'autre part, la tête du spermatozoïde est entourée, comme d'une coiffe, par une membrane mince, hyaline et transparente. Cette membrane, appelée *coiffe céphalique*, se modèle sur la tête ; son extrémité antérieure est effilée, son bord postérieur est circulaire et marqué par une ligne plus ou moins nette.

---

(1) On sait que la découverte des spermatozoïdes de l'homme est due à Louis Ham, qui, au dire de Haller, était étudiant à Dantzig. Ham vint, en 1677, à Delft pour montrer ses préparations à Leeuwenhœck, qui confirma sa découverte. A la même époque (1678) Hartsœker aurait également observé les spermatozoïdes.

A la base de la tête du spermatozoïde s'attache un appendice très long, très grêle, qui s'amincit progressivement jusqu'à son extrémité libre. Cet appendice, c'est la *queue* du spermatozoïde, longue, chez l'homme, de 48 à 55 μ.

La portion essentielle de la queue est représentée par un filament, dit *filament axile*. La macération dans l'eau simple ou acétifiée fait apparaître dans ce filament une structure fibrillaire. Autrement dit, le filament est constitué par des fibrilles juxtaposées.

La présence de parties surajoutées permet de distinguer, dans la queue du spermatozoïde, trois segments : le segment antérieur, le segment moyen, le segment postérieur.

Le segment antérieur, ou *pièce d'union*, est large et court. Il est compris entre deux corpuscules colorables. L'un de ces corpuscules est accolé à la tête du spermatozoïde : c'est le bouton terminal. L'autre est situé sur la queue, à l'union de ses segments antérieur et moyen : c'est le disque terminal. Dans tout ce segment antérieur, le filament axile est entouré d'une gaine protoplasmique, et dans l'épaisseur de cette gaine il existe un filament très grêle, qui enroule ses spirales pressées autour du filament axile.

Le segment moyen (*pièce principale de la queue*) représente la majeure partie de la queue. Là encore le filament axile se montre pourvu d'une enveloppe protoplasmique qui fait suite à celle de la pièce d'union. Mais, dans l'intérieur de cette enveloppe, on trouve, au lieu du filament spiralé, des disques protoplasmiques, empilés les uns au-dessus des autres, disques qu'embroche le filament axile.

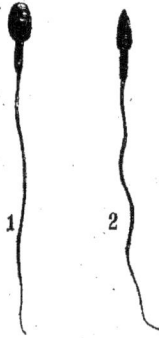

Fig. 1. — Deux spermatozoïdes de l'homme.

1. Spermatozoïde vu de face.
2. Spermatozoïde vu de profil. (D'après Retzius.)

Le segment postérieur de la queue, ou *pièce terminale*, est très fin et très court ; son extrémité est effilée. Il est uniquement constitué par le filament axile.

Tel est le spermatozoïde (1), quand il a été soumis aux matières colorantes et décomposé par les liquides dissociateurs en ses diverses parties. Mais ce n'est pas là le spermatozoïde vivant, dont il nous faut rappeler les curieuses propriétés.

« Les spermatozoïdes (2) nagent dans le liquide spermatique par les mouve-

(1) Chez les vertébrés, tous les spermatozoïdes sont identiques à eux-mêmes ; chez les invertébrés, au contraire, chez certains mollusques (Brunn, Koehler, Erlanger, Meves Stephan), chez certains anthropodes (Meves, P. Bouin) la cellule séminale, la spermatogonie, peut évoluer de deux façons différentes (double spermatogenèse), en sorte que le testicule élabore concurremment deux formes de spermatozoïdes. Ces spermatozoïdes diffèrent par leur longueur, leur volume et la teneur en chromatine de leur extrémité céphalique : on distingue donc des spermatozoïdes eupyrènes et des spermatozoïdes oligopyrènes ; la physiologie de ces deux formes de spermatozoïdes n'est pas encore élucidée.

(2) Le spermatozoïde ne se meut que dans le sperme éjaculé (Fuerbringer). Le spermatozoïde prélevé dans l'épididyme est immobile ; il a besoin de subir l'influence de l'oxygène pour présenter ses mouvements si caractérisés.

ments ondulatoires de leur queue et par des mouvements spiroïdes ou en vrille, de sorte que ceux qui ont une tête en tire-bouchon progressent par une rotation semblable à celle d'une hélice. Quand, dans une préparation microscopique, les spermatozoïdes sont affaiblis et près de devenir immobiles, ils ne présentent plus

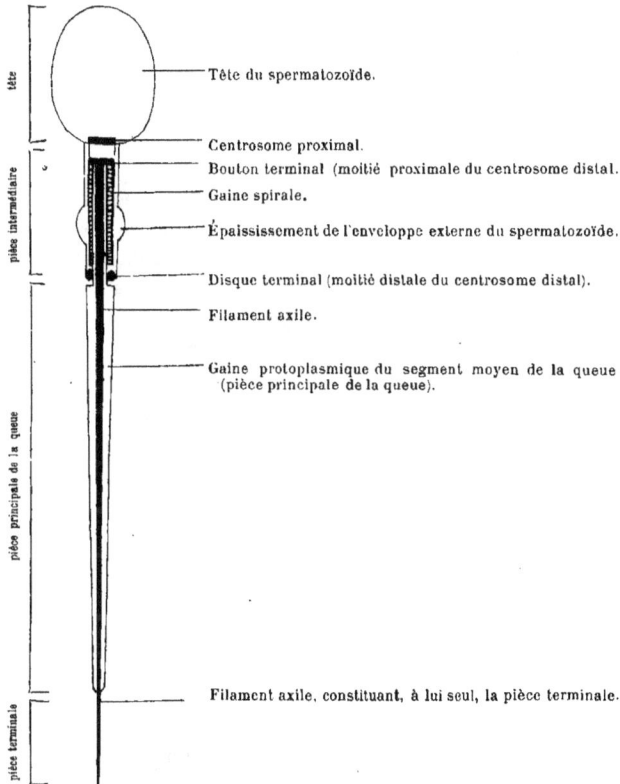

Tête du spermatozoïde.

Centrosome proximal.
Bouton terminal (moitié proximale du centrosome distal).
Gaine spirale.

Épaississement de l'enveloppe externe du spermatozoïde.

Disque terminal (moitié distale du centrosome distal).

Filament axile.

Gaine protoplasmique du segment moyen de la queue (pièce principale de la queue).

Filament axile, constituant, à lui seul, la pièce terminale.

Fig. 2. — Schéma du spermatozoïde. (D'après Meves.)

de mouvements spiroïdes, mais seulement les ondulations latérales de leur filament caudal. » (M. Duval.)

En une seconde, le spermatozoïde progresse de sa longueur. Il peut donc parcourir plus de 3 millimètres à la minute.

Ses mouvements ne sont pas seulement rapides, ils sont encore puissants. Le spermatozoïde, en effet, est capable de heurter violemment et de déplacer les corps qu'il rencontre sur son trajet, alors même que ces corps sont dix fois plus gros que lui.

Se trouvent-ils au voisinage d'un ovule, les spermatozoïdes se dirigent immédiatement vers cet ovule, attirés, sans doute, par les produits qu'élabore la cellule sexuelle.

Les spermatozoïdes jouissent d'une résistance relativement considérable vis-à-vis des agents extérieurs. Si, par exemple, on fait congeler du sperme, et qu'après on le laisse dégeler, les spermatozoïdes récupèrent leur mobilité. Ils résistent également à une foule de sels, lorsque ces derniers ne sont pas employés en solutions trop concentrées. Les narcotiques en solution concentrée font perdre aux spermatozoïdes leur mobilité, sans toutefois les tuer immédiatement. On peut s'en assurer en les soustrayant ensuite à l'action nocive. Les solutions alcalines étendues activent les mouvements des spermatozoïdes ; les solutions acides, au contraire, même très diluées, les tuent (M. Duval).

Les liquides de l'organisme n'agissent pas autrement. Aussi conçoit-on que les spermatozoïdes puissent se conserver vivants dans les organes génitaux normaux. Chez la femme, les gynécologistes ont eu l'occasion de retrouver des spermatozoïdes vivants, dans l'utérus, 6 et 8 jours après le dernier coït. Chez la chauve-souris, les spermatozoïdes, déposés dans l'utérus à la fin de l'automne, gardent leur vitalité pour féconder l'ovule qui n'est pondu qu'en avril ou qu'en mai.

La plupart de ces propriétés physiologiques, le spermatozoïde les partage avec la cellule ciliée ; nous aurons, du reste, l'occasion de constater que le spermatozoïde n'est autre chose qu'une cellule (Kölliker 1841), dont l'appareil vibratile est perfectionné et transformé en un appareil de locomotion.

Sur le spermatozoïde, consulter :

1879. — BALBIANI, Leçons sur la génération des vertébrés.

1888.—PRENANT, Note sur la structure des spermatozoïdes de l'homme. C. R. Soc. Biol. (p. 288.

1891, p. 200, et 1894, p. 110. — HERMANN, Urogenital system. Ergeb. d. Anat. u. Entw. v. Merkel u. Bonnet.

1897. — M. DUVAL, Précis d'Histologie.

§ 2. — L'œuf ovarien.

L'œuf des mammifères, entrevu par Cruiskshank (1797), puis par Prévost et Dumas (1825), fut étudié par Carl Ernst von Baer en 1827. C'est une cellule sphérique, de 200 μ de diamètre. Elle représente le plus volumineux élément de l'organisme humain, le seul qui soit visible à l'œil nu.

L'analyse histologique a montré que l'œuf ovarien ou ovule répond à la conception qu'avaient de la cellule les premiers histologistes. Il est entouré, en effet, d'une épaisse membrane d'enveloppe, dite zone pellucide. Cette membrane, qui mesure 20 à 25 μ, est hyaline et élastique. Elle limite un corps cellulaire, remarquablement transparent.

Dans ce corps cellulaire, ou vitellus, on distingue un vitellus formatif et un vitellus nutritif.

Le vitellus formatif (cytoplasma) n'est autre que le protoplasma proprement dit. Disposé en couche continue à la périphérie de l'ovule, il affecte, dans le reste de l'œuf, une structure alvéolaire. C'est dans ses mailles que s'accumulent les granulations albuminoïdes et graisseuses qui constituent le vitellus nutritif (deutoplasma), matériel de réserve qui permet à l'ovule fécondé de subvenir aux premiers frais de sa croissance et de sa segmentation. Chez la femme, le deuto-plasme se localise d'abord au pourtour du noyau, pour diffuser ensuite dans toute l'étendue du cytoplasme.

Deux organes s'observent encore dans l'œuf humain : le noyau proprement dit et le corps vitellin de Balbiani.

Le noyau (vésicule germinative de Purkinje), d'un diamètre de 25 à 30 μ, est un corps sphérique, limité par une membrane résistante. Il est rempli d'un suc nucléaire, abondant et fluide. On y observe une charpente formée de filaments achromatiques, entrecroisés sous des incidences variées. Sur cette charpente, sont disséminés des grains de chromatine. Enfin, on arrive à colorer d'une façon spéciale, à l'aide de certains réactifs, un nucléole de 7 μ : la tache germinative de Wagner.

A côté du noyau, il existe encore dans le cytoplasme un corpuscule, connu sous le nom de corps vitellin. Figuré pour la première fois par Ranvier (1871), d'après une préparation que cet auteur tenait de Balbiani, le corps vitellin apparaît « comme une petite tache ronde, claire, large de 5 à 8 μ, entourée de granulations qui la font reconnaître » (Balbiani). Il est « plus fortement coloré par la safranine que le reste du vitellus » (Henneguy). Les travaux récents de Mertens, de van der Stricht, de Winiwarter tendent à assimiler le corps vitellin à une sphère attractive.

Tels sont, résumés rapidement, les caractères de l'œuf au terme de sa crois-sance. Nous aurons à revenir, en détail, sur les diverses parties de cet élément en étudiant l'ovogenèse.

Sur l'œuf, consulter :

1888. – NAGEL, Das menschliche Ei. *Arch. f. mikr. Anat.*, Bd. XXXI, p. 342.

CHAPITRE II

ORIGINE DES PRODUITS SEXUELS

On ne connaît les produits sexuels qu'à condition de remonter à leur origine et de suivre leur évolution. Cette étude une fois achevée, il nous sera possible d'établir des points de comparaison, qui nous permettront de saisir la signification de l'ovule et celle du spermatozoïde.

Le lecteur ne doit pas s'attendre à trouver ici l'histologie du testicule ni celle de l'ovaire. Nous nous sommes bornés strictement aux détails indispensables à la compréhension de notre sujet. Nous étudierons donc seulement la cellule génitale, et nous suivrons l'évolution de cette cellule depuis son origine jusqu'à sa transformation en ovule ou en spermatozoïde.

§ 1. — La spermatogenèse.

On sait que l'épithélium germinatif, d'où procède le testicule, est constitué tout d'abord par des cellules épithéliales, toutes semblables entre elles (*stade d'unité cellulaire*).

Puis l'épithélium germinatif se multiplie. Il émet des bourgeons qui pénètrent dans le tissu conjonctif de l'éminence germinative : ce sont les cordons sexuels. Vers le second mois, ces cordons s'isolent de l'épithélium germinatif dont ils procèdent ; ils s'allongent, se contournent, se ramifient, sans jamais se fragmenter ; ils entrent ainsi en connexion avec le corps de Wolf, qui doit fournir les voies d'excrétion du tube séminipare. Pendant toute cette période d'organogenèse et longtemps encore après son achèvement, les cordons testiculaires sont revêtus de deux ordres d'éléments. On y trouve : 1° de petites cellules épithéliales (cellules folliculeuses) et 2° de grosses cellules arrondies (ovules mâles, spermatogonies primordiales) qui dérivent des petites cellules épithéliales, par voie de croissance (*stade de dualisme primitif*).

Dans un troisième stade, les ovules mâles prolifèrent. Ils donnent naissance à des cellules multinucléées (groupes ovulaires de Balbiani), qui dégénèrent à leur tour. Le revêtement du canalicule séminipare est alors formé seulement de petite cellules épithéliales isomorphes. Tel est le *stade d'unification cellulaire* de Prenant.

A cette première série de stades, où rien ne fait présager l'évolution du spermatozoïde, en succède une seconde, caractérisée par l'apparition d'une lignée séminale (stade de pré-spermatogenèse). Aux dépens des petites cellules épithéliales se différencient, et les cellules de Sertoli, et les éléments de la lignée séminale. Successivement, on voit donc apparaître les spermatogonies, les spermatocytes et les spermatides, mais tous ces éléments dégénèrent sans achever leur évolution (Prenant).

Les testicules en ectopie prolongent, outre mesure, cette période de pré-spermatogenèse. Ils entrent en régression sans avoir élaboré de spermatozoïdes (Félizet et Branca). Le testicule normal, au contraire, passe du stade de pré-spermatogenèse au stade de spermatogenèse. La puberté venue, ses spermatides se transforment en spermatozoïdes. C'est seulement alors que le testicule est fécond.

Nous ne saurions entrer ici dans le détail complexe de la spermatogenèse ; mais pour bien faire comprendre le développement du spermatozoïde, nous suivrons l'évolution d'une cellule séminale depuis son origine jusqu'à sa transformation en spermatozoïde, et, par analogie avec ce qu'on observe dans la spermatogenèse très simple de l'Ascaris megalocephala, nous distinguerons trois périodes dans l'évolution de la cellule séminale (van Beneden et Julin).

1° **Période de division.** — Nous partons de la spermatogonie (1).

Les spermatogonies sont caractérisées par leur siège contre la paroi du tube séminipare, par leur taille relativement petite et par leur noyau.

Ce noyau, situé au sein d'un cytoplasme filamenteux, est arrondi. Il est rempli de grains de chromatine d'une extrême finesse et présente un nucléole arrondi, volumineux, toujours unique, et de réaction acidophile : c'est un nucléole plasmatique. A de telles spermatogonies on donne le nom de cellules indifférentes, de cellules-souches, de spermatogonies à noyau poussiéreux.

Les spermatogonies ne restent pas au repos. Elles se préparent à entrer en karyokinèse. Le nucléole, jusque-là sphérique et acidophile, prend bientôt une forme irrégulière et présente les propriétés de la chromatine (nucléole nucléinien). Puis, il se fragmente en 5 ou 6 grumeaux qui se disposent à la périphérie du noyau. Des chromosomes, multiples d'emblée, au nombre de 24, se forment par la suite, et la division cellulaire achève son cours. Les cellules issues de la mitose sont un peu différentes de la cellule-mère. Ce sont des éléments dont le cytoplasme abondant est semé de vacuoles ; la chromatine du noyau s'est répartie en croûtes qui forment un revêtement discontinu à la membrane nucléaire.

(1) Rappelons que le canalicule séminipare est un tube creux, revêtu d'assises cellulaires superposées. Les éléments de ces assises, comme les éléments de l'épiderme, évoluent de la profondeur vers la surface, de la paroi propre vers la lumière du canal. Une même cellule prend successivement le nom de spermatogonie, de spermatocyte, de spermatide, de spermatozoïde, suivant le stade évolutif auquel on la considère.

De la karyokinèse des spermatogonies poussiéreuses résultent les spermatogonies croûtelleuses ; de la mitose des spermatogonies croûtelleuses procèdent les jeunes spermatocytes. Les spermatogonies se divisent donc au moins
deux fois. Après chacune de leurs divisions, elles entrent dans une période de
repos, au cours de laquelle elles récupèrent leur masse de chromatine initiale.

A cette première période d'évolution des cellules séminales on donne le nom
de période de division.

2° **Période d'accroissement.** — Le spermatocyte, qui résulte de la dernière division des spermatogonies, est très petit. Il va subir une longue pé-

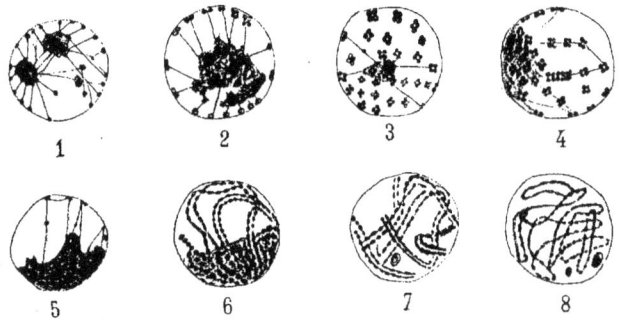

FIG. 3. — Évolution du noyau pendant la croissance du spermatocyte chez le taureau.
(D'après Schœnfeld.)

1. Noyau du spermatocyte jeune avec deux gros grumeaux chromatiques ; — 2. La chromatine du
noyau se fragmente ; — 3. De la fragmentation de la chromatine résultent des groupes quaternes ;
les filaments achromatiques ont disparu ; — 4. Les groupes quaternes commencent à se rassembler
à l'un des pôles du noyau ; — 5. Synapsis ; — 6. Le synapsis se transforme en un cordon variqueux, monoliforme, qui se développe dans toute l'étendue du noyau et se montre en partie fendu
dans le sens de sa longueur ; — 7. La division longitudinale du cordon est achevée ; — 8. Le
cordon se coupe en travers pour former des anneaux droits ou tordus en huit de chiffre. Cet aspect
caractérise le spermatocyte de premier ordre, au stade qui précède la première mitose de maturation.

riode d'accroissement, pendant laquelle son noyau subit de profondes modifications.

Tout d'abord, le noyau est constitué par un réseau. Aux points nodaux du
réseau, on observe des corpuscules chromatiques de nombre variable et de forme
irrégulière. Ces corpuscules, disséminés dans l'aire du noyau, se désagrègent en
grains.

Chacun de ces grains donne naissance à 4 granules (groupe quaterne).
Puis les groupes quaternes, qui s'étaient répartis contre la membrane nucléaire,
se disséminent dans toute l'étendue du noyau. Ils ne tardent pas à se grouper
dans le segment du noyau adjacent aux centrosomes, et forment là un grumeau
compact, « indéchiffrable » (synapsis).

De ce grumeau se dégage un cordon (spirème) variqueux, qui se fend en long, mais dont les deux extrémités restent accolées. Ce cordon s'étale dans toute l'étendue du noyau.

Finalement, il se fragmente en anneaux. Ces anneaux, accolés à la membrane nucléaire, caractérisent le stade qui précède la première mitose de maturation.

3° **Période de maturation.** — Le spermatocyte est devenu énorme, mais, durant toute cette période de maturation, il va « réduire » et sa chromatine et son cytoplasme.

Nous avons laissé le spermatocyte, dit de premier ordre, au moment où les chromosomes affectent la forme d'un anneau. A mesure que l'anneau se raccourcit en s'épaississant, son évidement diminue ; il simule bientôt un chromosome massif.

Dans chaque cellule, les chromosomes se réunissent alors à l'équateur du fuseau, qui, sur ces entrefaites, s'est développé (plaque équatoriale). Chacun d'eux se partage en 2 moitiés : il existe alors deux plaques équatoriales, et aux dépens de chacune de ces plaques un noyau se reconstitue. La division du cytoplasme accompagne la division du noyau. Deux petits spermatocytes de second ordre viennent donc de naître d'un volumineux spermatocyte de premier ordre.

Ces spermatocytes entrent à leur tour en karyokinèse, et c'est seulement par des différences de taille que la mitose des spermatocytes de second ordre se distingue de la mitose des spermatocytes de premier ordre. Deux cellules procèdent donc de la division de chaque spermatocyte de deuxième ordre : elles portent le nom de spermatides.

Avec la spermatide, la cellule mâle est définitivement constituée ; mais il nous reste encore à voir comment cette spermatide se transforme en spermatozoïde.

La spermatide est une petite cellule globuleuse, au centre de laquelle on trouve un noyau arrondi. Dans son cytoplasme, on observe une masse finalement granuleuse : c'est la sphère, ou corps juxta-nucléaire. La sphère existe déjà, pendant certaines phases de l'évolution de la spermatogonie et du spermatocyte ; son centre est occupé par les centrosomes. Dans la spermatide, le corps juxta-nucléaire ne disparaît plus, mais il se montre séparé des centrosomes.

Chez le rat, le corps juxta-nucléaire est arrondi ; puis il se déforme en calotte et vient coiffer l'extrémité antérieure du noyau (1). Une vacuole claire y apparaît, qui deviendra la *coiffe céphalique* du spermatozoïde. Au centre de la vacuole, un grain colorable se différencie, qui bientôt s'applique contre le noyau : c'est le *bouton céphalique.*

Le noyau s'est modifié. De sphérique, il est devenu elliptique. De central, il est devenu polaire. D'abord inclus dans le corps de la cellule, il ne tarde pas à faire hernie partiellement en dehors du protoplasma. Ce noyau se montre divisé en deux parties par une strie équatoriale : de ces deux parties, l'antérieure est la plus

_____

(1) Cette extrémité est tournée vers la membrane propre du tube séminipare ; l'extrémité postérieure, au contraire, regarde la lumière du canalicule qu'elle contribue à limiter, et c'est d'elle que se dégage la queue du spermatozoïde.

colorable. La chromatine, disposée en grumeaux irréguliers, se fusionne en une masse homogène et se rétracte sur elle-même pour constituer *la tête* du spermatozoïde.

Nous venons de voir, avec Lenhossek, comment, chez le rat, apparaissent la tête du spermatozoïde, sa coiffe et son bouton céphalique. Il nous reste à examiner maintenant de quelle façon se forme la queue du spermatozoïde. Et, comme ce processus histologique ne diffère que par des détails chez l'homme et chez le rat, nous nous contenterons de faire connaître les derniers travaux de Meves, qui ont trait à la spermatide de l'homme (fig. 4).

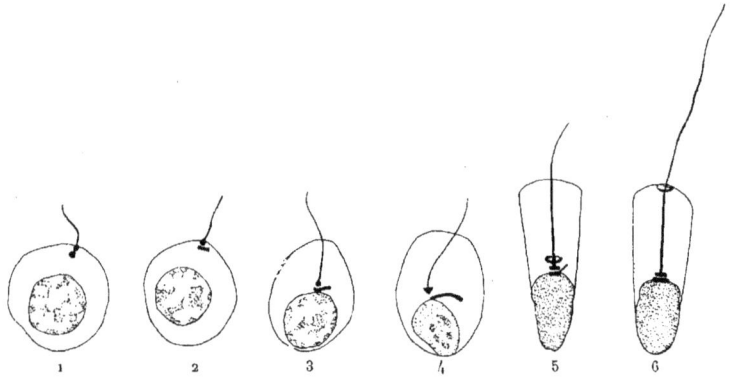

FIG. 4. — Évolution de la spermatide chez l'homme. (D'après Meves.)

1. La spermatide avec ses deux centrosomes et son filament axile ; — 2. Le centrosome proximal s'allonge en bâtonnet ; — 3. Les centrosomes se rapprochent du noyau ; — 4. Le centrosome distal prend la forme d'un cône ; — 5. Le noyau fait saillie en dehors de la cellule ; le centrosome distal se divise en deux moitiés, l'une proximale, l'autre distale (anneau) ; — 6. La moitié distale du centrosome distal a émigré à la périphérie de la cellule ; la moitié proximale de ce même centrosome reste accolée au centrosome proximal.

Il existe, dans cette spermatide, deux centrosomes punctiformes. La ligne qui les réunit est perpendiculaire à la membrane cellulaire. L'un de ces centrosomes (centrosome postérieur ou distal) est situé à la surface même du cytoplasme ; l'autre (centrosome antérieur ou proximal) est à quelque distance de son congénère, en plein corps cellulaire. Du centrosome postérieur part un long cil : le filament axile du futur spermatozoïde. Jusqu'ici les centrosomes et le filament axile sont indépendants du noyau. Ils vont maintenant se rapprocher du noyau et entrer en connexion avec lui.

Dès lors, les centrosomes grossissent. Le centrosome proximal simule un bâtonnet, perpendiculaire au filament axile, et ce bâtonnet se soude en partie au noyau.

Le centrosome distal se transforme en un cône tronqué à base postérieure. Puis il se divise en deux segments. Le segment antérieur constitue un bâtonnet qui s'accole au centrosome proximal : c'est le *bouton terminal*. Le segment postérieur forme un anneau (*disque terminal*) qui glisse le long du filament axile et s'arrête à la partie postérieure de la pièce intermédiaire.

De la zone de protoplasma qui entoure le filament axile dérivent vraisemblablement les enveloppes du spermatozoïde. Le reste de la spermatide entre en dégénérescence et disparaît.

Ces deux portions du cytoplasme, dont l'avenir est si différent, sont séparées par une formation connue sous le nom de *manchette caudale*. Cette manchette entoure l'extrémité postérieure du noyau et paraît y prendre insertion. Elle est représentée par des filaments isolés (Meves), qui s'allongent, s'épaississent et se colorent de plus en plus. Quand ces filaments, qui simulaient d'abord un tube à claire-voie, se sont soudés, la manchette caudale est continue. Elle est appelée à dégénérer sans fournir aucune portion du spermatozoïde, comme l'ont établi Kölliker et Benda.

En somme, le spermatozoïde présente une tête et une queue. La tête a la valeur d'un noyau cellulaire ; la queue est un long cil vibratile, dont l'appareil moteur est constitué par les centrosomes. Le reste du spermatozoïde (coiffe, enveloppes de la queue) a pris naissance dans le cytoplasme de la spermatide ou dans ses dérivés. Le spermatozoïde est donc une cellule.

C'est de plus une cellule hautement différenciée, car elle s'est différenciée dans un double sens. Elle s'est modifiée dans son noyau pour remplir sa fonction reproductrice, et elle a transformé son corps cellulaire en appareil de propulsion. Ces deux ordres de différenciations concourent l'un et l'autre au même but : ils permettent au spermatozoïde d'aller à la rencontre de l'ovule et d'y pénétrer ; ils assurent par là même l'acte préliminaire de toute fécondation.

Sur la spermatogenèse, consulter :

1887. — Prenant, *Étude sur la structure du tube séminifère des mammifères.* Thèse, Nancy.

1898. — Meves, Ueber Centralkörper in menschlichen Geschlechtszellen von Schmetterlingen. *Anat. Anz.*, XIV, p. 1.

1898. — Meves, Ueber das Verhalten der Centralkörper bei der Histogenese der Samenfäden vom Mensch und Ratte. *Verh. anat. Ges.*, p. 91.

1898. — V. Lenhossek, Untersuch. über Spermatogenese. *Arch. f. mikr. Anat.*, t. LI, p. 215.

1902. — Schoenfeld, La spermatogenèse chez le taureau et chez les mammifères en général *Arch. de biol.*, t. XVIII, p. 1.

§ 2. — L'ovogenèse.

A. — Organogenèse de l'ovaire.

Les premiers développements de la glande génitale sont identiques, quel que soit le sexe futur de l'embryon chez lequel on les observe.

Sur la partie supérieure de la face interne du corps de Wolf, l'épithélium cœlomique prolifère et se stratifie sur 4 ou 5 couches. Chez les jeunes embryons de lapin (18 jours), il se limite par des festons, dont la convexité fait saillie dans le tissu conjonctif sous-jacent.

Dans ce tissu pénètrent bientôt des bourgeons épithéliaux (embryons de 25 jours). Dès lors, le cortex de l'ovaire se répartit en deux couches : l'une superficielle, dite couche germinative exclusivement épithéliale ; l'autre profonde, dite zone des boyaux germinatifs. Cette dernière couche comprend à la fois et les bourgeons épithéliaux (cordons de Valentin-Pflüger), issus de la couche germinative, et le tissu conjonctif jeune qui les sépare.

Les cordons de Valentin-Pflüger grandissent, deviennent tortueux et bosselés ; puis ils échangent entre eux des anastomes latérales. Ultérieurement, on assiste à la formation des follicules, qui s'effectue d'une façon très simple. Le tissu conjonctivo-vasculaire de la couche profonde de l'ovaire végète et émet des prolongements qui fragmentent les cordons en masses individualisées, généralement par un seul ovule : chacune de ces masses est un follicule. Toutefois il importe de remarquer que le morcellement des cordons de Valentin-Pflüger s'effectue dans la profondeur, en même temps que ces cordons s'accroissent dans la zone superficielle de l'ovaire. Jusqu'à la deuxième année (Waldeyer), ces cordons reçoivent de la couche germinative des éléments nouveaux. Mais finalement, les cordons de Valentin-Pflüger perdent leurs connexions avec l'épithélium superficiel. Dès lors, il ne se forme plus de follicules ovariques ; aussi le nombre des ovisacs ira sans cesse en diminuant, durant le reste de la vie.

Tel est, dans ses grandes lignes, le processus qui préside à l'organogenèse de l'ovaire, chez la femme.

B. — HISTOGENÈSE DE L'OVULE.

Examinons maintenant l'évolution d'un œuf, depuis son origine jusqu'au jour où il est prêt à être fécondé.

A cette évolution, on peut distinguer trois périodes : 1° la période de multiplication, qui ne s'observe que chez l'embryon ; 2° la période d'accroissement, qui commence chez le fœtus et peut durer 12 ans, 20 ans, 40 ans et davantage encore ; 3° la période de maturation.

1° **Période de multiplication.** — Les cellules sexuelles ou ovogonies (1) se présentent comme des cellules polyédriques, disposées sur 4 ou 5 rangs. Leur noyau se divise à plusieurs reprises, par mitose, mais il est impossible de fixer le nombre de ses divisions.

Ce noyau, ovale et volumineux, est rempli par un piqueté très fin de chroma-

---

(1) On remarquera que nous donnons le nom d'ovogonies à tous les éléments cellulaires qui constituent les cordons de Valentin-Pflüger. Il est impossible, en effet, de savoir lesquelles de ces cellules sont appelées à devenir cellules folliculeuses ou à se transformer en ovocytes.

tine, qui simule un vague réseau ; on y trouve, en outre, deux ou trois gros corpuscules chromatiques. C'est cette structure (*noyau protobroque a*) que garderont les noyaux qui constituent le revêtement épithélial de l'ovaire.

Puis le noyau pâlit, diminue de volume et devient sphérique. La chromatine s'y dispose en un réseau beaucoup plus net (*noyau protobroque b*). Nombre de noyaux gardent définitivement cette structure : ce sont les noyaux des cellules folliculeuses. D'autres continueront leur évolution : ce sont les noyaux des ovocytes qui vont entrer dans la période d'accroissement. Mais, jusqu'ici, il n'existe aucun caractère qui permette de distinguer les deux ordres de cellules à noyau protobroque *b*. Il est donc encore impossible de différencier la cellule sexuelle des éléments qui formeront son enveloppe (H. v. Winiwarter).

2° Période d'accroissement. — La période d'accroissement est de longue

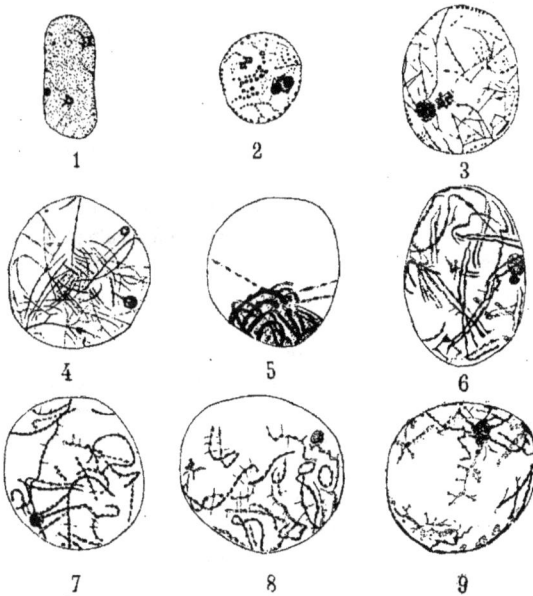

Fig. 5. — Évolution du noyau de l'ovocyte chez la femme.
(D'après H. v. Winiwarter.)

1 et 2. Noyaux à structure réticulée des ovogonies (noyaux protobroques *a* et *b*) ; — 3. Noyau réticulé de l'ovocyte au début de sa période d'accroissement (noyau deutobroque) ; — 4. Noyau pourvu d'un filament chromatique très grêle (noyau leptotène) ; — 5. Synapsis ; — 7. Noyau pachytène ; — 6 et 8. Noyaux diplotènes ; – 9. Noyau dictyé (La figure 7 devrait être placée avant la figure 6 ; il y a eu une erreur dans le groupement des dessins.)

durée ; elle comprend deux stades. Dans le premier, les cellules épithéliales qui se transformeront en ovocytes font encore partie des cordons de Valentin-Pflüger.

Dans le second, ces cordons se sont fragmentés en follicules, qui vont évoluer indépendamment les uns des autres.

a) Accroissement dans les cordons de Valentin-Pflüger. — Parmi les cellules à noyau protobroque qui, à elles seules, constituent jusqu'ici les cordons de Pflüger, il en est dont le noyau grandit. Leur accroissement progressif est accompagné de changements de structure profonds. Ces éléments sont les ovocytes. Examinons la première étape de leur évolution (fig. 5).

Tout d'abord, le noyau protobroque grossit ; il est occupé par un nucléole et par un cordon grêle, d'aspect moniliforme, disposé en réseau (noyau *deuto-broque*).

Puis le cordon prend l'aspect d'un fil long et grêle ; il se pelotonne sur lui-même et remplit de ses arceaux toute l'aire du noyau (noyau *leptotène*). Il se rassemble alors contre la membrane nucléaire, dans un territoire bien limité du noyau. Accolé à lui-même, il constitue un grumeau « indéchiffrable » (noyau *synaptène*) (1).

Pour se transformer en noyau *pachytène* (2), le noyau synaptène se développe dans tout l'espace nucléaire, sous forme d'un cordon épais, unique, remarquablement régulier. Puis, ce cordon se fragmente en segments. Ces segments présentent une dualité bien nette. Ils ont la forme d'anneaux, et parfois ils se contournent sur eux-mêmes, en huit de chiffre (noyau *diplotène*).

Enfin le noyau récupère sa structure réticulée ; il est clair, sphérique et volumineux : quelques grains chromatiques sont disséminés à côté du réseau. C'est là le noyau *dictyé*, que nous observons, dans le follicule primordial, sur le noyau de l'ovocyte (3).

En résumé, pendant toute cette période de l'ovogenèse, dite période d'accroissement, le noyau de l'ovocyte subit des modifications profondes. Sa chromatine, d'abord disposée en réseau, affecte ensuite la forme d'un cordon. Ce cordon est simple au début, puis il devient double. Mais son existence est transitoire. Le noyau reprend, finalement, la structure réticulée qu'il présentait au début de son évolution. Entre deux stades réticulés, la chromatine affecte donc la forme d'un cordon.

b) Formation et accroissement du follicule. — Nous avons étudié l'évolution de l'ovocyte pendant la première étape de son accroissement ; cette évolution s'est poursuivie au sein des cordons de Pflüger.

A partir du jour où ces cordons sont complètement fragmentés par la prolifération du tissu conjonctivo-vasculaire, l'ovocyte à noyau dictyé se montre entouré d'une assise unique de cellules épithéliales (cellules folliculeuses). Avec elles, il constitue le *follicule primordial*.

Ce follicule, isolé dans le stroma ovarique, se met à grossir ; ses cellules folliculeuses se disposent sur deux ou plusieurs rangées : c'est le *follicule en voie*

(1) Cet aspect s'observe sur les lapines nouveau-nées (12 heures).
(2) Lapine nouveau-née de 1 jour et demi.
(3) Lapine de 10 jours. C'est à cette époque qu'apparaît également le corps de Balbiani.

de croissance. Enfin, il arrive au terme de son évolution et devient *follicule adulte.*

Les follicules primordiaux sont les seuls qu'on trouve généralement (1) dans l'ovaire humain, jusqu'à 4 ou 5 ans. A partir de cet âge, le cortex ovarique est semé de follicules primordiaux et de follicules en voie de croissance. Ces derniers augmentent progressivement de nombre jusqu'à l'approche de la puberté. Enfin, pendant toute la durée de la vie sexuelle, les follicules ovariques se retrouvent sous les trois formes que nous avons distinguées, et qu'il importe maintenant d'étudier.

1° *Follicule primordial.* — Découverts par du Barry, dès 1838, les follicules primaires n'ont été retrouvés dans l'espèce humaine qu'en 1867, par Kölliker. Ils sont disposés, sur une ou deux couches, dans la zone corticale de l'ovaire et sont constitués par une grosse cellule centrale, l'ovocyte, entourée d'une couronne de petites cellules, les cellules folliculeuses.

L'ovocyte est un élément globuleux de 50 à 70 μ de diamètre. Son noyau, généralement unique, occupe le centre de l'élément. Il est de forme sphérique, et son diamètre atteint 30 μ. Il est entouré d'une membrane nucléaire et se montre pourvu d'un réseau délicat de linine; sur ce réseau, sont disséminés des grains de chromatine. On décrit encore à l'ovocyte du follicule primordial un nucléole arrondi, réfringent, d'aspect homogène; ce nucléole est toujours facile à distinguer des autres corpuscules chromatiques du noyau (fig. 6).

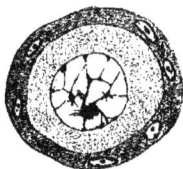

Fig. 6. — Ovocyte jeune avec sa couronne de cellules folliculeuses, disposées sur un seul plan.

Le corps cellulaire de l'ovocyte est nu; son cytoplasme est homogène. Un corps vitellin s'y différencie, et l'évolution de ce corps se poursuit parallèlement à l'évolution du cytoplasme, comme l'a montré van der Stricht (2).

Sur les ovocytes jeunes, il se développe, autour du noyau, une zone de protoplasma compact. Cette zone a la forme d'un anneau ou d'un croissant, renflé sur un point de son étendue. Elle constitue la *couche palléale,* ou *couche vitellogène* (fig. 7).

Dans la partie la plus large de la couche palléale, apparaît un corps arrondi, de structure compacte, de réaction safranophile. Ce corps mesure de 7 à 8 μ; il est homogène ou semé de granulations safranophiles. Il occupe le centre d'une aréole claire, homogène, à peine colorable, que traversent trois ou quatre stries, stries qui rayonnent autour du corps safranophile. Le corps safranophile et son aréole claire sont plongés dans la couche palléale, qui, dès lors, simule un réseau dont les mailles serrées se disposent concentriquement, tantôt autour de la vésicule germinative, tantôt autour du noyau de Balbiani.

Puis, la couche palléale se différencie en deux zones. La zone interne

(1) Nous disons généralement, car, sur des fœtus humains de 8 mois, Branca a constaté, à deux reprises, la présence de follicules en voie de croissance.

(2) Van der Stricht a montré la constance du noyau de Balbiani. Il l'a trouvé dans les ovocytes du fœtus, comme dans ceux de la femme adulte (40 ans).

est nettement délimitée du côté du corps de Balbiani. Elle se distingue de la zone externe par ce fait que, seule, elle contient des granulations et des boules graisseuses. Plus tard, le deutoplasme, qui s'est formé au pourtour du corps de Balbiani, passe dans la zone externe de la couche palléale (1).

Enfin, la couche palléale pâlit et se désagrège. Ses limites deviennent irrégulières. Elle se fragmente et se transforme en vitellus. Le deutoplasme, localisé jusqu'ici dans la couche palléale, se répand dans toute l'étendue du cyto-

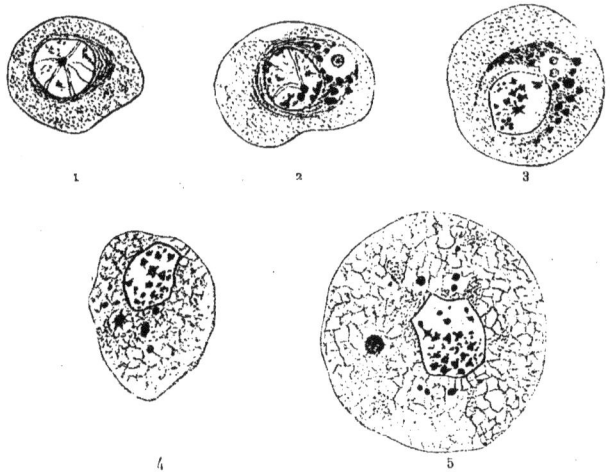

FIG. 7. — Evolution du corps de Balbiani dans l'ovule de la femme. (D'après van der Stricht.)

1. Autour du noyau apparaît une zone compacte (couche palléale) ; — 2. Le corps vitellin, entouré d'un anneau clair, s'est développé dans l'épaisseur de la couche palléale. La partie de la zone palléale qui entoure le corps vitellin s'est chargée de deutoplasme (couche vitellogène) ; — 3. Même figure, mais le corps vitellin est double ; — 4. La couche palléale s'est désagrégée. Le corps vitellin est encore entouré d'un anneau clair, traversé par des stries ; — 5. Cet anneau clair a disparu. Le corps vitellin est à nu dans le cytoplasme.

plasme. A ce stade, le corps de Balbiani est encore représenté par un corps safranophile entouré d'une aréole claire. Cette aréole est appelée à disparaître : le noyau vitellin est alors réduit à un corps safranophile, au sein duquel on peut colorer une ou deux granulations centrales.

Le corps de Balbiani (2) a tous les caractères d'une sphère attractive. Comme

(1) Il est probable qu'à ce stade, le corps de Balbiani se segmente en deux ou trois corpuscules, qui restent très rapprochés les uns des autres, chez l'adulte tout au moins. Il importe de remarquer que l'aréole claire qui entoure le corps de Balbiani est la seule partie du cytoplasme qui prenne part à cette division.

(2) Winiwarter signale, dans la couche externe du corps de Balbiani, « des espèces de spicules plus ou moins longs, fortement colorés et présentant un certain nombre de nodosités. Ces spicules sont placés radiairement ou, plus souvent, tangentiellement par rapport à la zone interne, dans laquelle ils ne pénètrent jamais ».

une sphère attractive, il est formé : 1º d'une masse colorable (zone médullaire de la sphère), où l'on trouve des grains safranophiles (corpuscules centraux); 2º d'une zone claire (zone corticale de la sphère); 3º d'une enveloppe de protoplasma filamenteux (région astéroïde de la sphère).

Le corps de Balbiani est-il donc réellement une sphère attractive? Le fait est probable. Il sera hors de conteste le jour où on aura élucidé son origine et sa destinée. S'il est vrai que le noyau de Balbiani provient de la sphère attractive qui persiste dans l'ovocyte après la dernière division des ovogonies, s'il est vrai qu'il engendre la sphère attractive du premier fuseau de maturation, ce corps de Balbiani a bien la valeur d'un centre, qui tient à la fois, sous sa dépendance, la genèse du deutoplasme et les phénomènes de division dont la cellule peut devenir le siège.

Pour en finir avec l'histoire du follicule primordial, disons encore que les cellules folliculeuses y sont disposées sur un seul rang, et ce caractère suffit, à lui seul, pour caractériser un tel follicule. Les cellules folliculeuses sont d'abord des éléments bas, dont les noyaux sont aplatis parallèlement à la surface du follicule. Ultérieurement, les cellules folliculeuses s'accroissent; elles prennent la forme polyédrique, et leur noyau s'allonge dans le sens du grand axe de la cellule (fig. 8) (1).

2º *Follicule en voie de croissance.* — L'œuf a grandi; par rapport au follicule, il n'est plus central, mais excentrique. Le noyau de l'ovocyte a gardé sa structure réticulée,

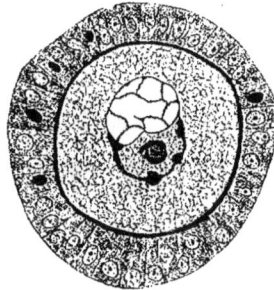

Fig. 8. — Ovocyte de chauve-souris. Au-dessous du noyau, qui est clair et réniforme, on observe un corps de Balbiani. Les cellules folliculeuses sont polyédriques.

mais il s'est déplacé : il n'est plus au milieu de l'ovocyte : il s'est rapproché de la périphérie de cette cellule.

Son cytoplasme présente une structure spongieuse. Outre le corps de Balbiani, on y rencontre, dans presque toute son étendue, des granulations fines et réfringentes qui sont de nature graisseuse ou albuminoïde. Ces granulations sont toujours en petit nombre chez la femme. Aussi l'ovule humain garde-t-il une transparence à peu près parfaite.

Quand le follicule approche du terme de sa croissance (2), il s'entoure d'une zone pellucide, que nous étudierons un peu plus loin, et d'une large couronne de cellules folliculeuses. Ces derniers éléments ont grandi et se sont multipliés par division indirecte ; ils s'étagent sur 10 ou 15 assises concentriques, pour former la membrane granuleuse, ou granulosa (fig. 9).

(1) Nous rappelons ici qu'on peut observer des ovules renfermant plusieurs noyaux [Eismond (1898), Stockel (1898), Rabl (1869)] et des ovisacs porteurs de plusieurs (2, 4, 10) ovules (Stockel, Rabl, P. et M. Bouin, 1900).
(2) Et déjà quand le follicule ne compte que deux assises cellulaires.

De place en place, on voit apparaître, entre les cellules folliculeuses, de petits corps homogènes, qui, sous l'action des fixateurs et des colorants basiques, prennent une structure réticulée. Ces corps sont d'abord étoilés ; mais en s'accroissant, ils deviennent sphériques, puis ovalaires ; les cellules folliculeuses affectent autour d'eux une disposition rayonnante. Ce sont les corps de Call et d'Exner (1874), dont le diamètre peut atteindre jusqu'à 50 μ. Signalés déjà par Bernhard, par Wagner et par Bischoff, ils ont récemment été étudiés par Neves (1901) et par Limon (1902). Ils représenteraient un dépôt intercellulaire ; en tous cas, ils semblent être en rapport avec l'activité des cellules folliculeuses ; on les retrouvera intacts sur les ovisacs à maturité.

Au milieu des cellules stratifiées qui constituent la granulosa, une substance liquide se développe : c'est le liquor folliculi (fig. 10).

Ce liquide se collecte, chez la femme, dans une fente unique, qui se creuse entre les cellules folliculeuses situées du côté de la surface de l'ovaire. Cette fente s'accroît en refoulant, vers la périphérie de l'ovisac, l'ovule, qui reste toujours entouré de cellules de la granulosa. Finalement, le follicule nous apparaît constitué par une cavité que circonscrit la membrane granuleuse. Cette membrane est mince, sauf au niveau du pôle profond de l'ovisac. Là, en effet, au lieu d'être formée seulement de deux ou trois assises cellulaires, la membrane granuleuse

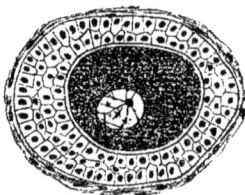

FIG. 9. — Ovocyte entouré de cellules folliculeuses, disposées sur plusieurs assises.

présente un épaississement qui fait saillie dans le liquor folliculi. Cet épaississement, c'est le disque proligère, le cumulus oviger, comme on l'appelle encore. Il est constitué par un amas de cellules folliculeuses, au centre duquel est plongé l'ovocyte.

Quelle est l'origine du liquide folliculaire ? Pour Luschka, il résulte d'une transsudation des capillaires périfolliculaires ; c'est un produit de sécrétion des cellules folliculeuses, écrit le professeur Duval ; il représente, au dire de His, de Waldeyer et de Nagel, le résultat d'une fonte cellulaire. En faveur de cette opinion, plaide un fait, observé jadis par Nagel. Cet auteur a remarqué que nombre de cellules folliculeuses (cellules nourricières) s'hypertrophient, en même temps que leur noyau disparaît par chromatolyse, et que leur corps cellulaire entre en dégénérescence. Une vacuole occupe alors la place du corps cellulaire, et, de la fusion de toutes les vacuoles ainsi produites, résulte la fente dont nous avons suivi l'évolution.

Nous devons encore ajouter que, dans le cours de cette période de croissance le follicule s'entoure d'une série d'enveloppes, dont nous ferons l'histoire en étudiant le follicule adulte.

3° *Follicule adulte.* — Le follicule adulte s'est rapproché de la surface de l'ovaire ; il y détermine l'apparition d'une saillie translucide, arrondie, grosse comme une cerise. C'est une cavité pleine de liquide, que limitent les restes de la membrane granuleuse; l'ovule, entouré de sa zone pellucide, est logé dans un épaississement de cette membrane, qu'entourent successivement une membrane vitrée, une thèque interne, une thèque externe.

Le follicule adulte est distendu par le liquor folliculi. A l'état frais, le liquor folliculi constitue une sérosité transparente, jaunâtre, légèrement alcaline, que Pfannestiel ne croit pas être riche en matières albuminoïdes, comme on l'a dit jusqu'ici. Sur les coupes, le liquor apparaît sous la forme d'un coagulum granuleux, plus ou moins teinté par les matières colorantes.

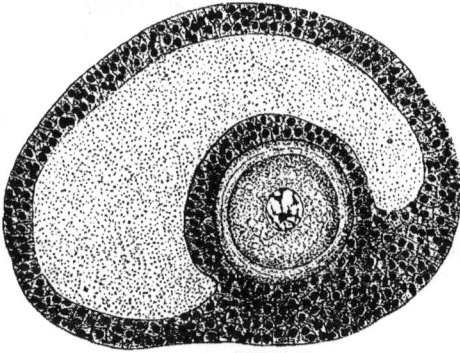

Fig. 10. — Ovocyte de chat au terme de sa croissance. Cet ovocyte, entouré de son disque proligère, fait saillie dans la cavité de l'ovisac. (D'après Wilson, mais un peu modifié.)

La membrane granuleuse circonscrit le liquor. Elle est continue à elle-même, mais on lui reconnaît, pour la facilité de la description, deux régions : l'une entoure l'ovule (*épithélium ovulaire*); l'autre occupe le reste du follicule (*épithélium folliculaire*).

L'épithélium folliculaire (1) est disposé sur deux ou trois couches; mince au niveau du pôle superficiel de l'ovisac (stigma), l'épithélium folliculaire s'épaissit au pôle profond de cet ovisac, là où l'épithélium ovulaire lui fait suite. Ses cellules les plus externes sont polyédriques; les plus internes sont aplaties Çà et là, ces éléments sont écartés les uns des autres par les corps de Call et d'Exner.

L'épithélium ovulaire est constitué, lui aussi, par deux ou trois rangs de cellules polyédriques, mais ces cellules présentent quelques particularités. Elles

(1) Chez les oiseaux, l'épithélium folliculaire présente une zone protoplasmique différenciée sous forme de filaments enchevêtrés, que Mlle Loyez interprète comme de l'ergastoplasma. Tant que l'épithélium folliculaire est un épithélium simple, l'ergastoplasma occupe l'une des extrémités du noyau. Plus tard, l'épithélium folliculaire se stratifie, comme chez les mammifères. En pareil cas, on n'observe d'ergastoplasma que dans l'assise périphérique de la granulosa (Voir Loyez, *C. R. de l'Association des Anatomistes* 1903).

se chargent de graisse (Nagel) et elles affectent une disposition radiée, par rap
port à l'ovocyte. Les cellules de l'épithélium ovulaire qui sont au contact de l'ovo
cyte ont des caractères très spéciaux. Ce sont des cellules piriformes, comm
les odontoblastes. Leur grosse extrémité est tournée vers la thèque interne ; leu
extrémité effilée s'enfonce, comme un clou, dans la zone pellucide (fig. 11).

La zone pellucide, découverte (1827) par de Baer, fut retrouvée chez la femm
par Quincke ; elle entoure l'ovocyte d'une coque transparente, épaisse de 20 à 25 µ
dont la surface externe serait moins régulière que la surface interne. Cette coqu
est traversée par des stries qui sont perpendiculaires à sa surface. Ces stries
radiées, sont visibles, dans les milieux de basse réfringence, sur les œufs examiné
à l'état frais (Sobotta). Elles répondraient (Flemming, Retzius, Kolosow) au
prolongements que l'épithélium ovulaire envoie jusqu'à l'ovule.

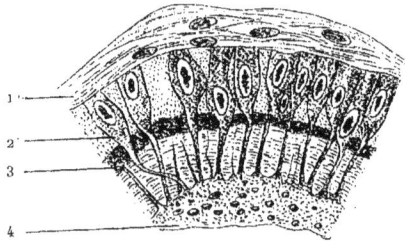

Fig. 11. — Périphérie d'un ovisac.

1. Thèque interne; — 2. Cellules folliculeuses ; — 3. Prolongement d'une cellule folliculeuse traversant la zone
pellucide ; — 4. Vitellus. (D'après Retzius.)

Nombre d'auteurs affirmen
que la zone pellucide est un
édification des cellules follicu
leuses, mais van Beneden s'élèv
contre cette interprétation. Pou
cet auteur, « la formation régu
lière de la zone pellucide sur tou
le pourtour du vitellus, quand i
s'agit d'œufs au contact les un
avec les autres par de larges sur
faces, paraît prouver irréfutable
ment l'origine ovulaire de la zon
pellucide » (1).

L'ovocyte de la femme est l
plus volumineuse des cellules de l'organisme. Il atteint jusqu'à 2 dixièmes d
millimètre : il est donc visible à l'œil nu.

Son noyau (vésicule germinative, vésicule de Purkinje), souvent excentrique
a été décrit par Coste, chez les mammifères, en 1833. C'est une masse sphérique
de 25 à 50 µ de diamètre, entourée d'une membrane dont le double contour est trè
net. Un suc nucléaire abondant remplit le noyau que parcourt un réseau de linine
sur ce réseau sont disséminés des grains de chromatine irrégulièrement disposés
A côté du réseau, on trouve un nucléole volumineux, qu'on homologue à la tach
germinative, que Wagner découvrit (1837) sur l'œuf du hanneton.

Le protoplasma de l'ovule n'est pas homogène. La zone de cytoplasma qu

(1) Nous nous bornerons à rappeler que certains auteurs établissent une distinctio
entre l'épaisse membrane pellucide et la mince membrane vitelline. On s'expliquerait alor
aisément que l'ovule puisse se mouvoir dans l'intérieur de la zone pellucide, puisqu'il serai
séparé de cette zone et par un étroit espace vide (l'espace péri-vitellin) par sa membran
vitelline. Mais l'espace péri-vitellin est peut-être un « artefact » déterminé par les réactifs
et, pour la plupart des histologistes, zone pellucide et membrane vitelline sont une seul
et même chose. On n'est pas d'accord toutefois sur l'origine de cette membrane. Est-ell
une élaboration des cellules internes de la granulosa ? est-elle une édification de l'ovule
répond-elle à une formation d'origine mixte ? Les trois opinions ont trouvé des défenseurs

entoure le noyau est chargée de granulations réfringentes (vitellus nutritif). Pour la plupart, ces granulations sont de nature albuminoïde. Quelques-unes seulement réduisent l'acide osmique, en se colorant en noir : ce sont les granulations graisseuses. Quant à la zone de protoplasma périphérique (vitellus formatif), elle est beaucoup plus étendue et plus transparente.

Ajoutons que le corps vitellin de Balbiani a généralement disparu sur l'ovocyte arrivé au terme de sa croissance.

Telles sont les parties fondamentales du follicule; mais autour du follicule adulte se sont développées des membranes de protection, que nous allons passer successivement en revue.

C'est d'abord une *membrane vitrée*. Cette vitrée s'interpose entre la granuleuse et la thèque interne. Admise et rejetée tour à tour, elle a été récemment retrouvée par Rabl sur l'ovaire humain. D'après Waldeyer et Nagel, elle représenterait une élaboration physiologique de la granulosa ; pour Wendeler, au contraire, elle résulterait de la dégénérescence hyaline des cellules les plus externes de la granulosa.

En dehors de la vitrée, se disposent deux membranes concentriques d'égale épaisseur (80 à 90μ) : la *thèque interne* et la *thèque externe*. Celle-là, rose, molle, fournit une enveloppe incomplète au follicule et représente une sorte de coupe ouverte vers la surface de l'ovaire (stigma). Celle-ci, dure, blanche, fibreuse, entoure le follicule d'une coque continue.

La thèque interne est formée de tissu conjonctif lâche, c'est-à-dire de fibrilles conjonctives et de cellules fixes. Les fibrilles sont disposées en un réseau que Slavjansky qualifie de tissu réticulé ; les mailles de ce réseau sont occupées par des cellules fixes, différenciées en vue d'une fonction spéciale : ce sont des éléments volumineux, ronds ou polyédriques, qui sont isolés ou localisés autour des vaisseaux. Le noyau de ces éléments est vésiculeux; leur protoplasma est chargé de pigment et de graisse. Telles sont les *cellules interstitielles* de la thèque interne. Notons encore que cette membrane est très richement irriguée ; là où elle présente une solution de continuité, c'est-à-dire au niveau du stigma, les capillaires font totalement défaut.

La thèque externe est formée de tissu fibreux. Ses fibres serrées sont entrecroisées en tous sens et s'entremêlent avec des artères, des veines et des lymphatiques.

Sur l'œuf et l'ovogenèse, consulter :

1889. — RETZIUS, Die Intercellularbrücken des Eierstockeies und der Follikelzellen sowie über die Entw. der Zona pellucida. *Verh. d. anat. Gesell.*, p. 10.

1893. — HENNEGUY, Le corps vitellin de Balbiani dans l'œuf des vertébrés. *Journ. de l'Anat.*

1895. — MERTENS, Rech. sur la signif. du corps de Balbiani. *Arch. Biol.*, t. XIII, p. 389.

1898. — V. D. STRICHT, Contribution à l'étude du noyau vitellin de Balbiani dans l'ovocyte de la femme. *Verh. anat. Gesell.*, p. 128.

1900. — HONORÉ, Note sur les corps de Call et d'Exner et la formation du liquor folliculi *Arch. de biol.*, t. XVI, p. 537.

1901. — H. v. WINIWARTER, Recherches sur l'ovogenèse et l'organogenèse de l'ovaire des mammifères. *Arch. de biol.*, t. XVII, p. 33.

1902. — V. D. STRICHT, Les pseudochromosomes dans l'ovocyte de chauve-souris. *C. R. Ass. d. Anat.*

1902. — LIMON, Notes sur les vacuoles de la granulosa. *Bibliographie anat.*, t. X, p. 153.

3° **Période de maturation.** — Arrivé au terme de son accroissement, l'ovocyte n'est pas encore l'ovule. Isolé de l'ovisac et mis au contact de la liqueur séminale il est incapable de s'unir à un spermatozoïde et de se segmenter pour donner naissance à un nouvel être. Mais il est prêt à subir les phénomènes de maturation, qui feront de lui un œuf fécondable, c'est-à-dire un ovule.

Ces phénomènes, nous les passerons en revue, à l'aide des documents qu Sobotta a recueillis dans ses belles et patientes recherches (1), qui ont port sur 1.459 œufs et sur 568 souris (2).

L'œuf ovarique de la souris ne mesure que 59 μ. Il est trois fois plus petit qu l'ovule de la femme. C'est le plus petit des ovules de mammifères. Au moment o il pénètre dans la trompe, il s'apprête à se diviser. Son noyau, dont la situatio est excentrique, a perdu sa membrane nucléaire. Douze chromosomes (3) se son constitués aux dépens de la chromatine de l'œuf. Ils sont réunis dans un territoir bien localisé du cytoplasme. (Voir les figures au chapitre Fécondation, p. 76.)

Ces chromosomes ne tardent pas à se rapprocher de la surface de l'œuf. Il se disposent en couronne équatoriale. Cette couronne occupe le ventre d'un fusea dont le grand axe prolongé simule une corde. Les fibres fusoriales ne convergen point à leurs deux extrémités, car il n'existe là ni sphère directrice, ni corpuscul polaire : le fuseau est coupé carrément, à ses deux extrémités.

Sur le dessin 2 de la figure 33, les chromosomes se sont divisés transversa lement, et les corpuscules jumeaux, issus de cette division, sont courts et d forme arrondie.

Puis le fuseau se redresse lentement ; il tourne de 90°. Il s'oriente suivant u rayon de la sphère que constitue l'ovule. En même temps, les chromosomes, qu se sont répartis en deux groupes, s'éloignent les uns des autres. Ils occupent le deux extrémités du fuseau qui sont maintenant, l'une centrale, l'autre périphérique

En se redressant, l'extrémité périphérique du fuseau détermine la formatio d'un petit bourgeon, qui fait saillie à la surface de l'ovule. Ce bourgeon porte, e son centre, les chromosomes accumulés au pôle périphérique du fuseau. Il cons titue le *globule polaire* (4).

La séparation de l'ovule et du globule polaire s'effectue par simple étrangle ment, mais elle s'effectue seulement après la pénétration du spermatozoïde (5)

---

(1) Chez la souris, l'ovulation, c'est-à-dire la ponte de l'œuf, s'effectue aussitôt aprè que l'animal a mis bas. Elle se répète tous les 21 jours. Elle coïncide avec le rut e précède la copulation. Celle-ci ne peut se produire qu'au moment du rut : à tout autr moment, les parois vaginales sont intimement accolées. Au moment de l'ovulation, qu est indépendante de la fécondation, la trompe de Fallope est distendue ; cette distensio provoque une sorte de vide à la faveur duquel les œufs, versés dans la chambre ovariqu pénètrent dans la trompe. En somme, en un même jour, la souris cesse de nourrir un portée, met bas et commence à élever cette nouvelle portée ; en même temps, elle pon des ovules, entre en rut, et c'est ce jour-là seulement qu'elle peut être fécondée.

(2) Pour la bibliographie de la maturation, voir le chapitre Fécondation.

(3) Parfois 14 ou 15.

(4) Synonymie : globule polaire, globule de rebut, vésicule directrice.

(5) Phénomènes de maturation et phénomènes de fécondation ne sont point rigoureu sement successifs ; ils empiètent les uns sur les autres.

Tels sont les faits dégagés de toute interprétation.

Ils comportent déjà une conclusion : avant la maturation, le noyau de l'œuf est central et volumineux ; il est entouré d'une membrane et pourvu d'un nucléole ; sa chromatine est disposée en réseau. Du fait de la maturation, l'œuf a perdu une partie de son cytoplasme et de sa chromatine. L'œuf mûr est de taille sensiblement égale à l'œuf prêt à mûrir, mais son noyau n'a plus de membrane nucléaire, ni de nucléole ; ce noyau est de volume extrêmement réduit et de situation excentrique. L'œuf mûr est donc un œuf qui, par voie de division, a éliminé une partie de sa substance ; la réduction dont il est le siège a porté principalement sur le noyau.

Pour faire mieux saisir le phénomène de la maturation et mieux faire comprendre sa signification, il est nécessaire d'entrer dans quelques détails.

a) NOMBRE DES GLOBULES POLAIRES. — Neuf fois sur dix, chez la souris, le processus de la maturation se réduit à l'élimination d'un globule polaire unique. Quand il se développe deux globules polaires, le premier globule est émis dans le follicule de de Graaf, avant la rupture de l'ovisac ; le second se forme dans la trompe.

Des constatations identiques ont été faites, chez le rat, par van Beneden. Exceptionnellement, Sobotta a assisté à l'élimination de trois globules polaires.

De ces faits, il ressort que le nombre des globules polaires varie dans une même espèce animale. Il est fonction des conditions physiologiques auxquelles est soumis momentanément l'être vivant.

D'après Weissmann et Blochmann, les œufs qui peuvent se développer par parthénogenèse n'éliminent souvent qu'un globule polaire, et Kulajin (1898), en soumettant des insectes à un jeûne prolongé, a vu leur œuf n'émettre qu'un globule polaire.

b) ÉPOQUE DE FORMATION DES GLOBULES POLAIRES. — Les globules polaires ne se forment pas à la même époque chez les diverses espèces animales. Nous avons vu leur rejet précéder la fécondation chez la souris.

Chez l'Ascaris, au contraire, la maturation de l'œuf commence seulement après l'union du spermatozoïde et de l'ovule.

c) SIGNIFICATION DU GLOBULE POLAIRE. — Quel que soit leur nombre, les globules polaires nous apparaissent formés d'une masse protoplasmique et d'un noyau. Ce sont donc des cellules véritables : le globule polaire est une cellule qui peut être considérée comme la sœur de l'ovule à maturité.

Mais le globule polaire est-il un élément de rebut, incapable de toute évolution ultérieure, comme on l'a cru longtemps ? Assurément non. Il serait prématuré, sans doute, de généraliser les remarquables observations de Francotte (1897), mais les recherches de cet auteur n'en gardent pas moins leur importance fondamentale. Les cellules polaires ne sont pas seulement des œufs abortifs. Elles sont, chez les Polyclades, par exemple, des équivalents physiologiques de l'œuf à maturité. Elles peuvent être fécondées par un spermatozoïde ; elles sont capables de se segmenter et de donner naissance à une gastrula.

d) SIGNIFICATION DE LA MATURATION. — L'œuf n'est mûr qu'après avoir émis ses globules polaires. Or, le globule polaire est une cellule véritable qui prend naissance à la suite d'une mitose.

En d'autres termes, l'ovocyte se divise en deux éléments : l'ovule et la cellule polaire ; la maturation de l'œuf est donc fonction d'une division cellulaire.

En quoi la mitose de maturation diffère-t-elle des autres mitoses ? Par ce fait que l'ovule et le globule polaire sont d'aspect très différent, toutes cellules-sœurs qu'elles soient. L'ovocyte qui mûrit cède à la cellule polaire une très petite portion de son cytoplasme ; en revanche, il abandonne à cette cellule à peu près la moitié de sa chromatine (1).

S'il se produit deux globules polaires, les deux divisions cellulaires qui précèdent leur formation se succèdent sans interruption. Le noyau se divise deux fois, sans avoir le temps de récupérer, dans un intervalle de repos, sa quantité de chromatine initiale.

Les phénomènes de maturation ont donc pour effet de réduire la teneur de l'œuf en chromatine. Le caractère fondamental de la maturation, c'est d'être une mitose réductrice, une division réductionnelle comme on l'appelle également.

Il y aurait lieu sans doute d'analyser de plus près encore le phénomène de réduction. Cette réduction porte-t-elle sur le nombre des chromosomes (réduction numérique) ou sur la masse de chromatine transmise par l'ovocyte (réduction quantitative) ? Laisse-t-elle subsister dans l'œuf une substance différente de la substance qui constitue le noyau des cellules polaires (réduction qualitative) ? Ce sont là des questions qui se posent, sans qu'on puisse les résoudre d'une façon satisfaisante : les explications qu'on a données de la maturation ne sont pas à l'abri de la critique (2).

(1) Telle est la doctrine classique ; mais il faut bien savoir que cette évaluation est tout arbitraire.

(2) La maturation des produits sexuels est caractérisée, dit-on, par une triple réduction chromatique : la réduction numérique, la réduction quantitative, la réduction qualitative.

La réduction du nombre des chromosomes ne semble pas être indispensable à la maturation. De faits expérimentaux, dans lesquels il nous est impossible d'entrer ici, il résulte que les chromosomes ne constituent pas une individualité permanente de la cellule. Quand un œuf ne contient que des chromosomes paternels ou des chromosomes maternels, il est capable d'élaborer des chromosomes nouveaux, en nombre égal au nombre des chromosomes qui lui font défaut (Delage).

La réduction quantitative ne paraît pas être un fait général. C'est ainsi que, dans les cellules séminales, la maturation semble provoquer l'accroissement de la masse de chromatine ; au contraire, dans les ovules, elle détermine une diminution de la masse nucléaire, comme il est très facile de le faire comprendre. Appelons P le poids de la chromatine que renferme l'ovocyte qui vient de naître à la suite de la dernière division de l'ovogonie, et admettons, avec Laguesse, que pendant la période de croissance de cet ovocyte, la chromatine double de poids. Survient la première mitose de maturation. Le poids de chromatine diminue de moitié : il était égal à 2 P ; il est réduit à $\frac{2P}{2}$, c'est-à-dire à P. L'émission du premier globule polaire diminue donc le nombre de chromosomes, sans réduire le poids de la chromatine. Mais le second globule polaire effectue cette réduction quantitative, car son émission n'est pas précédée d'un stade de repos. Or, nous savons que le second globule polaire n'est pas constamment émis : en ce cas, que devient la réduction quantitative ?

Quant à la réduction qualitative, on l'a crue longtemps caractérisée par une double karyokinèse de caractère particulier. La première mitose de maturation résulte d'une

Pour rester sur le terrain des faits, nous conclurons que les mitoses de maturation sont d'une absolue nécessité pour permettre à l'ovule d'être fécondé. Mais les raisons de cette nécessité nous échappent encore.

4° **Atrésie folliculaire**. — Nous avons suivi jusqu'ici un follicule qui vient de parcourir tout le cycle de son évolution, mais il s'en faut de beaucoup que tous les ovisacs accomplissent leur destinée : pour l'immense majorité, les œufs entrent en dégénérescence et meurent avant d'avoir été pondus.

Cette dégénérescence, désignée sous le nom d'atrésie folliculaire, est tellement fréquente (1) qu'elle est, pourrait-on dire, l'évolution naturelle de l'œuf. Elle s'observe déjà chez l'embryon et se continue jusqu'à la fin de la vie sexuelle : elle dure donc près de cinquante ans. Elle ne se produit pas, avec une égale fréquence, à tous les âges de la vie ; elle subit une recrudescence au moment de la puberté et au moment de la ménopause ; les grandes maladies déterminent également des poussées atrésiques, de plus ou moins longue durée.

Signalée dès 1847 par Reinhardt, la régression physiologique de l'ovule affecte des types histologiques nombreux et variés. Les modes de dégénérescence ovulaire sont au nombre de sept.

a) Dégénérescence graisseuse. — La dégénérescence graisseuse de l'ovule est la forme dégénérative la plus anciennement connue. Elle consiste dans l'accumulation de gouttelettes adipeuses dans le cytoplasme et dans le noyau de l'ovocyte.

b) Sclérose de l'ovocyte. — Elle peut résulter de la sclérose de ce tissu conjonctif de la thèque externe, que Slvajansvky qualifie de tissu réticulé.

c) Chromatolyse. — Flemming, en 1885, a signalé un troisième mode de régression : c'est la chromatolyse.

Dans les cellules de la granulosa, on voit la chromatine du noyau se rassembler en un grumeau compact, coloré vivement, mais coloré sans la moindre élection. Ce grumeau ne tarde pas à se résoudre, dans le cytoplasme, en un semis de fines granulations, qui disparaissent quand la cellule folliculeuse, dont le volume a diminué, s'est dissoute dans le liquor. Sur de pareils follicules, où la granulosa

---

division *longitudinale* des chromosomes. La deuxième mitose de maturation est liée à la division *transversale* des chromosomes. Cette division transversale, disait-on, est caractéristique des mitoses de maturation ; elle est en rapport avec une réduction qualitative ; elle s'explique par ce fait que le chromosome varie de constitution dans le sens de sa longueur. Cette conception n'a pas trouvé grâce devant les faits.

Les divisions de maturation peuvent être toutes deux longitudinales (Boveri) ou transversales (Wilcox); la première d'entre elles peut être longitudinale et l'autre transversale (Weissmann) ; dans d'autres espèces, au contraire, la première division est transversale, et la seconde longitudinale (Korschelt). Ces modalités très différentes des mitoses de maturation infirment singulièrement les spéculations de Weissmann et la nécessité d'une division qualitative.

(1) S'il existe, à la naissance, 3oo.ooo follicules primordiaux (Sappey) ou seulement 1oo.ooo (Waldeyer), on peut dire que, sur une femme, réglée sans interruption de 15 à 5o ans, il se produira 44o à 45o pontes ovulaires. Pour un œuf pondu, il y a donc 2oo ou, peut être même, 6oo œufs atrésiques, abstraction faite de la grossesse et des maladies, qui augmentent encore cette proportion.

entre en dégénérescence, le noyau de l'ovule se divise : souvent l'ovule présente
un fuseau, et parfois il émet un élément comparable à un globule polaire (1).

d) DÉGÉNÉRESCENCE HYALINE. — Observée par van Beneden (1882) et par Paladino (1887), la dégénérescence hyaline est caractérisée par l'épaississement de
la zone pellucide, par l'aspect homogène et vitreux du vitellus, dont la masse a
diminué, et, enfin, par la disparition de la vésicule germinative.

e) DÉGÉNÉRESCENCE AVEC STRUCTURE BACILLIFORME DU PROTOPLASMA. — Dans
cette forme de dégénérescence, « le contenu de l'œuf, au lieu d'être constitué par
un protoplasma granuleux ou réticulé, suivant le mode de fixation employé, est
constitué par une quantité considérable de petits bâtonnets, orientés dans tous
les sens, mais souvent parallèles entre eux, au nombre de trois ou quatre et
réunis en faisceaux, ayant l'apparence de petits fuseaux achromatiques, dépourvus

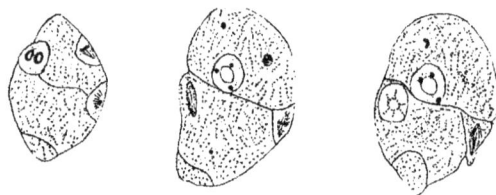

FIG. 12. — Trois coupes successives d'un ovule de rat en dégénérescence fragmentaire
montrant des figures karyokinétiques réduites et une structure bacillaire du protoplasma. (D'après Henneguy.)

de centrosomes. Examinés à un fort grossissement, ces bâtonnets paraissent être
formés de granulations, disposées en série » (Henneguy) (fig. 12).

f) DÉGÉNÉRESCENCE PAR FRAGMENTATION. —Entrevue par Pflüger (1867), la dégénérescence par fragmentation a été remarquablement étudiée par Henneguy (1894).

Tout d'abord, la chromatine du noyau de l'ovocyte se fragmente et se disperse
dans le cytoplasme. Chacune des petites masses de chromatine reconstitue une
figure mitotique rudimentaire. Si l'on y trouve un fuseau et quelques chromosomes,
on n'y observe jamais de centrosomes (fig. 13).

La division du protoplasma suit de près la division du noyau. Le vitellus est
fragmenté en 4, 5 ou 6 segments, égaux ou inégaux, que Janosik a vu se grouper de manière à simuler une morula et même une blastula, munie d'une cavité
centrale. Ces segments présentent un noyau, dont la chromatine est disposée
d'une façon variable. Tantôt, la chromatine simule un anneau, accolé à la face
interne de la membrane nucléaire ; tantôt, elle est disséminée dans toute
l'étendue du champ nucléaire ; tantôt encore, elle représente des corpuscules
sphériques, disposés en plaque équatoriale, au ventre d'un fuseau. Parfois les
segments protoplasmiques, issus de la fragmentation de l'ovule, manquent de

(1) Flemming admet qu'il existe une relation entre les lésions de la granulosa et la
division de l'ovule.

noyau; il y aurait donc indépendance dans la fragmentation du noyau et dans celle du vitellus.

Dans un dernier stade d'évolution, le vitellus s'est divisé en un grand nombre de petits segments, dans lesquels les éléments chromatiques ne sont plus visibles et deviennent la proie des phagocytes, cellules épithéliales du follicule et leucocytes.

« On peut considérer la fragmentation de l'ovule, en voie de régression chromatolytique, comme un commencement de développement parthénogénétique. L'ovule arrive à un état de maturité prématurée, qui se traduit par la transforma-

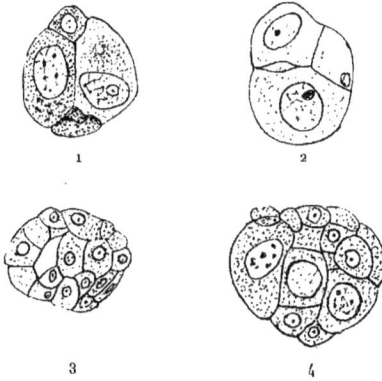

Fig. 13. — Ovules atrésiques en voie de segmentation. (D'après Janosik.)
Ces ovules ont donné naissance à 3 (fig. 2) ou 4 (fig. 1) cellules de taille différente. Ces cellules sont plus nombreuses encore dans les figures 3 et 4, et leur ensemble représente une morula (fig. 4) ou une blastula (fig. 3) munie d'une cavité centrale.

tion de la vésicule germinative en un fuseau de direction et généralement par la production d'un globule polaire. L'impulsion donnée au protoplasma par la division du noyau persiste pendant un certain temps et amène la division du protoplasma ; mais, l'action régulatrice exercée par le noyau faisant défaut, cette division a lieu d'une manière très irrégulière, et la segmentation normale est remplacée par une fragmentation désordonnée. Il est très probable que c'est par suite de la division des centrosomes que le noyau cesse de se diviser régulièrement et que se produit le fractionnement atypique du vitellus » (Henneguy).

A côté des formes simples de régression, il existe des formes complexes, qui résultent de l'association de plusieurs types dégénératifs. C'est ainsi qu'on voit souvent évoluer simultanément, sur un même ovule, la chromatolyse et la transformation hyaline ; c'est ainsi encore que les ovules, en voie de fragmentation, peuvent montrer simultanément un état bacilliforme et une infiltration graisseuse de leur cytoplasme.

La figure 14 nous montre un follicule primordial dont les cellules folliculeuses, fusionnées les unes avec les autres, sont chargées de gouttelettes de graisse. La membrane ovulaire s'est épaissie considérablement. Le noyau de l'ovocyte est en voie de division indirecte, et son fuseau est asymétrique : son segment supérieur se termine en pointe ; son segment inférieur est coupé carrément, comme l'a montré l'examen de coupes en série.

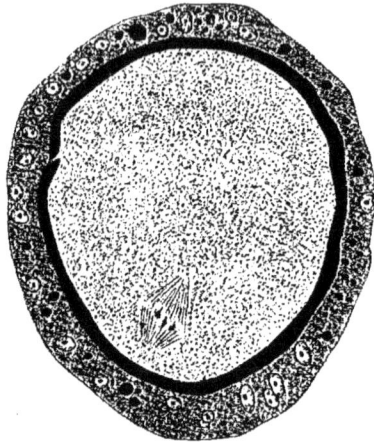

FIG. 14. — Un ovule atrésique de chauve-souris. La membrane vitelline s'est épaissie. Le noyau est en voie de division indirecte, mais le fuseau est asymétrique. Son segment inférieur ne se termine pas en pointe. Les cellules folliculeuses, disposées sur un seul rang, sont fusionnées les unes avec les autres et semées de gouttelettes graisseuses.

g) DÉGÉNÉRESCENCE KYSTIQUE. — Il est fréquent, enfin, de constater la transformation kystique des follicules ovariques. En pareil cas, on peut voir des cils vibratiles se différencier sur les cellules de la granulosa (Prenant et Bouin).

Sur l'histogenèse de l'ovule, consulter :

1874. — SLAVJANSKY, Recherches sur la régression des follicules de de Graaf chez la femme. Arch. de Phys. norm. et path., p. 213.
1894. — HENNEGUY, Recherches sur l'atrésie des follicules de de Graaf chez les mammifères et chez quelques autres vertébrés. J. de l'Anat., p. 1.
1897. — JANOSIK, Die Atrophie der Follikel und ein seltsames Verhalten der Eizelle. Arch. f. mikr. Anat., XLVIII, p. 169.
1900. — MATCHINSKY, Atrophie des ovules dans les ovaires des mammifères. Ann. Inst. Pasteur, p. 113.
1900. — PRENANT et BOUIN, Différ. des cils vibrat. sur les cell. de la granulosa dans les foll. ovar. kyst. Bull. soc. des Sc. de Nancy, p. 134.

CHAPITRE III

OVOGENÈSE ET SPERMATOGENÈSE. COMPARAISON DES PRODUITS SEXUELS

Les produits sexuels sont le terme d'une évolution qui se déroule en trois périodes.

Dans une première période, dite période de multiplication, les cellules mères des éléments sexuels (gonies) se différencient aux dépens de quelques-unes des cellules épithéliales qui recouvrent l'éminence génitale de l'embryon. Elles se multiplient par voie karyokinétique. Elle constituent les spermatogonies chez l'individu mâle, les ovogonies chez l'individu femelle.

Entre les deux sexes, une seule différence importante est à relever. Toutes les ovogonies, que possédera le jeune être, se sont différenciées au moment de la naissance et dans les deux premières années de la vie. Les spermatogonies, au contraire, prolifèrent par mitose, pendant toute la durée de la vie sexuelle. Celles qui prennent naissance avant la puberté (ovules mâles) sont destinées à mourir : ce sont des spermatogonies abortives.

De la dernière division des gonies procèdent les cytes, ovocytes et spermatocytes, et la période d'accroissement de ces éléments constitue la seconde étape de l'évolution des produits sexuels.

Le cytoplasme acquiert progressivement un volume de plus en plus considérable, et le noyau subit des modifications identiques dans les deux sexes. Sa chromatine, disposée en réseau (1), se rassemble d'abord en un grumeau compact (synapsis), d'où se dégage un cordon. Ce cordon se développe dans tout le champ nucléaire et se coupe en segments, présentant une dualité des plus nettes. Ces segments sont parfois contournés en anneau ou en 8 de chiffre; ils sont caractéristiques du spermatocyte qui va subir sa première mitose de maturation. Dans l'ovocyte, au contraire, le noyau reprend, pour une très longue période, la structure réticulée. Cette structure, il ne la perdra qu'à l'époque de sa maturation.

---

(1) Dans le spermatocyte, le réseau se résoud en granules, qui se divisent chacun en quatre parties pour constituer les « groupes quaternes ». D'abord disséminés dans tout le noyau, ces groupes quaternes se rassemblent ensuite pour former un grumeau : le synapsis. Dans l'ovocyte, les groupes quaternes n'existent pas, ou plutôt ils ne se rencontrent que dans certains ovocytes en voie de dégénérescence (Winiwarter).

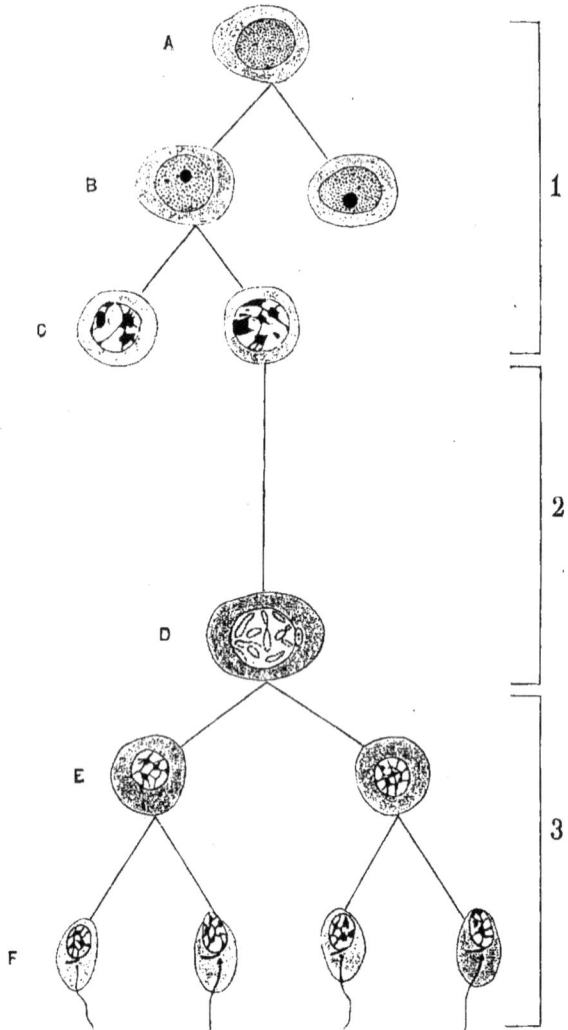

Fig. 15. — Schéma de la spermatogenèse.

1. Période de division. Les cellules folliculeuses A (petites cellules épithéliales) donnent naissance par voie de transformation aux spermatogonies poussiéreuses B, qui, à leur tour, se divisent pour former les spermatogonies croûtelleuses. — 2. Période de croissance. De la dernière mitose des spermatogonies croûtelleuses, procèdent les spermatocytes D. — 3. Période de maturation. Le spermatocyte de premier ordre D se divise pour donner naissance à deux spermatocytes de second ordre E, qui, à leur tour, entrent en mitose. A la suite de cette seconde mitose de maturation, chaque spermatocyte de deuxième ordre E se divise en deux spermatides F.

La maturation des produits sexuels est caractérisée par une double mitose. Le cyte de premier ordre se divise en deux cytes de second ordre ; le cyte de second ordre entre à son tour en karyokinèse. Comme cette dernière division s'effectue

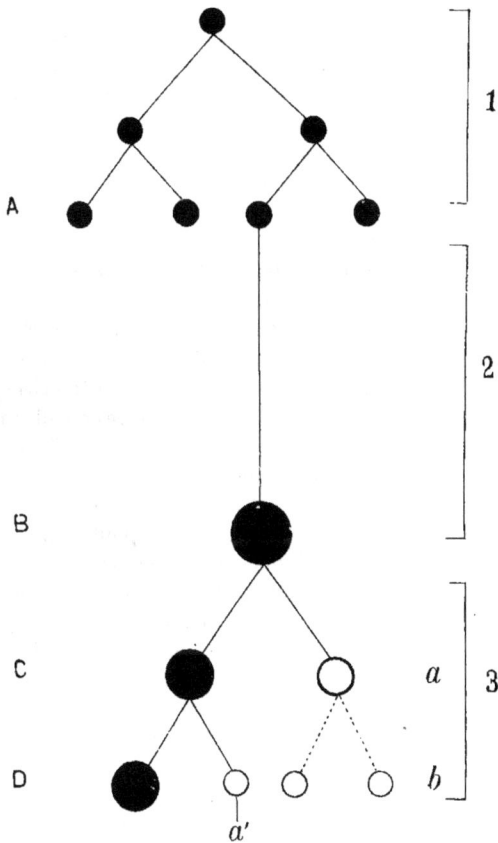

Fig. 16. — Schéma de l'ovogenèse.

1. Période de division des ovogonies A ; — 2. Période de croissance de l'ovocyte B ; — 3. Période de maturation. L'ovocyte de premier ordre B se divise pour donner naissance à l'ovocyte de deuxième ordre C et au premier globule polaire *a*. Puis l'ovocyte de deuxième ordre C entre en mitose, et de cette seconde mitose de maturation résultent l'ovule mûr D et le second globule polaire *a'*.

sans période de repos, c'est-à-dire sans que le cyte de second ordre ait eu le temps de récupérer sa masse de chromatine initiale, on dit qu'il s'est produit un phénomène de réduction : les mitoses de maturation sont des mitoses réductrices.

Précisons les faits. Le spermatocyte de premier ordre se divise en deux spermatocytes de second ordre. Les deux spermatocytes de second ordre se divisent à leur tour en deux spermatides, qui se transformeront en deux spermatozoïdes. Du spermatocyte de premier ordre procèdent donc, en définitive, quatre spermatozoïdes. Voilà pour les éléments mâles (fig. 15).

Comment les choses se passent-elles pour les éléments femelles ? L'ovocyte de premier ordre se divise. De cette première mitose dérivent l'ovocyte de second ordre et le premier globule polaire. L'ovocyte de second ordre entre immédiatement en karyokinèse. L'ovule et le second globule polaire naissent de la sorte (1). D'un ovocyte de premier ordre naissent donc un ovule et des cellules polaires, au nombre de deux, dans le cas assez rare que nous avons pris pour exemple (fig. 16) (2).

En résumé, d'un seul spermatocyte de premier ordre, cellule relativement petite, procèdent quatre spermatozoïdes, qui sont, tous les quatre, aptes à féconder un ovule. Par contre, d'un ovocyte de premier ordre procèdent les globules polaires, qui sont des éléments abortifs chez les vertébrés (3), et un seul élément capable d'être fécondé, l'ovule.

Si nous voulons comparer entre eux les produits sexuels, nous dirons que ce sont des cellules de même origine et de même valeur, mais des cellules qui, pour s'adapter à des fonctions spéciales, se sont différenciées.

Avant de pénétrer dans l'ovule, le spermatozoïde doit aller à la rencontre de cet ovule ; il est donc obligé de se mouvoir, et, pour ce faire, il s'est constitué un appareil de propulsion. Afin d'augmenter la puissance de cet appareil, le spermatozoïde s'est allégé de toute surcharge : aussi n'emporte-t-il avec lui ni eau, ni réserves nutritives. Ce sont là les raisons de sa taille exiguë : le spermatozoïde compte parmi les plus petites cellules de l'organisme.

Quant à l'ovule, il est de taille relativement énorme, chez les mammifères, puisqu'il y est visible à l'œil nu. Il est immobile, et son cytoplasme est chargé de matériaux de réserve (eau, corps gras, albuminoïdes), qui lui permettent, lorsqu'il est en voie de division, de suffire à ses premiers besoins.

Mais les cellules sexuelles ne parviennent pas toutes à la période de maturité. Elles disparaissent en grand nombre, à l'une quelconque des étapes de leur évolution. A l'état physiologique, cependant, c'est surtout au début et à la fin de la vie sexuelle que ces « morts » se produisent ; elles semblent être extrêmement nombreuses, dans l'ovaire comme dans le testicule.

Pour féconder un ovule parvenu à maturité, des millions de spermatozoïdes montent du vagin jusqu'à la trompe (4). Mais un seul d'entre eux inter-

(1) Dans les deux mitoses de maturation, le fuseau des éléments mâles ne sort pas des cellules-filles ; dans les éléments femelles, le fuseau se forme à la surface de l'ovule et se trouve émis en partie avec les globules polaires.

(2) Dans 9/10 des cas en effet il ne se forme qu'un globule polaire chez la souris et le lapin

(3) Les globules polaires sont des œufs abortifs (Giard). On n'a jamais décrit leur fécondation, chez les vertébrés tout au moins.

(4) Dans les espèces animales dont les spermatozoïdes sont immobiles, la fécondation est assurée par un mécanisme tout différent. L'œuf des Diplopodes, par exemple, émet un prolongement qui capture le spermatozoïde, comme l'a montré Silvestri (Ric. labor anat., Roma, 1898, t. VI, p. 265).

viendra dans la fécondation pour apporter à l'ovule l'excitant capable de provoquer la segmentation (1).

Consulter sur ce sujet :

1862. — Robin, Mémoire sur les glob. pol. de l'ovule et sur leur mode de production. *Comptes rendus Acad. des Sciences*, p. 112.

1875. — Van Beneden, La maturation de l'œuf, la fécondation et les premières phases du développement embryonnaire des mammifères, d'après des recherches faites chez le lapin. *Bull. Ac. Roy. de méd. de Belg.*, t. XL.

1880. — Van Beneden et Julin, La maturation, la fécond. et la segm. de l'œuf chez les Eheiroptères. *Arch. de biol.*, t. I, p. 551.

1895. — Laguesse, Poids de la chromatine et des globules polaires. *Bibliographie anat.*, t. III.

1898. — Haecker, Die Reifungserscheinungen. *Ergeb. der Anat. und Entwick.*, Bd. VIII, p. 847.

(1) Nous parlons ici uniquement des faits qu'on observe chez les mammifères, car la polyspermie est un phénomène physiologique dans certains groupes zoologiques.

ARTICLE II

L'APPAREIL GÉNITAL ET LA VIE SEXUELLE

CHAPITRE PREMIER

L'OVULATION ET LE CORPS JAUNE

« Les ovules ne se forment point dans l'intérieur de l'ovaire, comme un produit de sécrétion dans une glande ; les ovules, provenant de l'épithélium germinatif, ne font que s'emmagasiner dans l'ovaire, qui est simplement le réceptacle dans lequel ils achèvent leur évolution. » (Duval.)

En d'autres termes, l'ovule préexiste à l'ovaire ; son évolution une fois achevée, l'ovule se détache de l'ovaire (*ovulation*) pour pénétrer dans la trompe (*migration*) ; son départ laisse sur l'ovaire une solution de continuité, aux dépens de laquelle se développe une glande à fonction transitoire : le *corps jaune*.

§ 1. — L'ovulation.

1° **Phénomènes qui précèdent la déhiscence de l'ovule.** — L'ovule est arrivé au terme de sa croissance. Il a déjà émis dans l'ovisac son globule polaire (1). A ce moment, l'ovisac fait saillie à la surface de l'un des ovaires. C'est une masse translucide, plus ou moins sphérique, qui peut atteindre le volume d'une cerise. Sur son pôle libre, on distingue une tache pâle, le stigma ou macula. Là s'effectuera la rupture de l'ovisac.

Le stigma représente, en effet, une zone de moindre résistance. A son niveau, la thèque interne fait défaut, et les vaisseaux sanguins s'arrêtent au pourtour du stigma, qu'ils encadrent d'un réseau vasculaire (couronne périmaculaire).

---

(1) Quand l'œuf émet deux globules polaires, le second globule est éliminé dans la trompe.

A ces modifications d'ordre macroscopique, correspondent des modifications d'ordre histologique.

Les cellules de la thèque interne ont augmenté de volume; elles se sont multipliées par mitose, puis ont pénétré, sous forme de bourgeons, jusque dans la cavité folliculaire.

Les cellules de la granulosa ont subi la surcharge ou la dégénérescence graisseuse. Elles vont se remplir d'un pigment, de couleur jaune, connu sous le nom de lutéine, et il deviendra impossible de les distinguer des éléments de la thèque interne.

L'ovocyte s'est séparé du cumulus proliger. L'ovisac n'a plus qu'à se rompre.

2° **Déhiscence de l'ovisac.** — L'ovulation est un phénomène rythmique, qui se répète pendant toute la durée de la vie génitale, sauf pendant la gestation.

Il n'intéresse qu'un seul follicule ovarique chez la femme, qui, d'ordinaire, n'accouche que d'un enfant. Chez les animaux, la déhiscence porte sur autant d'ovisacs qu'il se développe de petits dans une même portée.

Les causes de la déhiscence ovulaire sont multiples. L'augmentation du liquor (Rindfleisch, Sobotta), l'accumulation des cellules à lutéine dans la cavité de l'ovisac, la congestion des vaisseaux ovariques, sont autant de facteurs capables d'augmenter la tension intérieure de l'ovisac. Vient un moment où la paroi de l'ovisac ne peut plus résister à cette tension, sans cesse croissante. Alors l'ovisac se rompt au niveau du stigma qui constitue son point faible.

Le liquor est expulsé à travers un orifice, arrondi ou elliptique, de 1 millimètre (Léopold); il entraîne avec lui l'ovule qu'entoure, comme d'une coque, l'épithélium ovulaire.

La déhiscence de l'ovisac laisse sur l'ovaire une dépression irrégulière, que comblent les restes du liquor et de la granulosa, plus ou moins mélangés à du sang. Chez la femme, en effet, il se produit constamment une hémorragie ovarique que détermine la rupture des vaisseaux de la thèque interne (Cornil).

3° **Phénomènes consécutifs à la déhiscence (Migration).** — Comment s'effectue la migration de l'ovule? Autrement dit, comment l'ovule, une fois l'ovisac déchiré, arrive-t-il à pénétrer dans la trompe?

L'ovule, écrit Kiwisch, obéit aux lois de la pesanteur. Se développe-t-il sur l'ovaire loin du pavillon tubaire? il tombe dans le péritoine, s'y égare et disparaît. L'ovisac s'ouvre-t-il, au contraire, sur la glande, à portée de la trompe? l'ovule rencontre alors un des replis muqueux du pavillon, s'y engage et pénètre jusqu'à l'ostium péritonéal.

Ainsi, dans l'hypothèse de Kiwisch (1), la pénétration de l'ovule dans la trompe ne serait que l'effet d'un pur accident. Au contraire, d'après la majorité

_____

(1) Adoptée par HYRTL et KUSSMAUL, cette opinion ne saurait être soutenue. Chez la souris, par exemple, qui entre en rut tous les 21 jours, on observe, tous les 21 jours, des ovules engagés dans les trompes.

des auteurs, la migration de l'ovule serait un phénomène absolument constant. Mais les divergences commencent quand il s'agit d'expliquer le mécanisme de cette migration.

Est-ce la trompe qui vient recueillir l'ovule à sa sortie de l'ovisac? Est-ce l'ovule qui se trouve brusquement projeté sur le pavillon? N'y a-t-il pas lieu de faire intervenir une disposition particulière des organes interposés entre l'ovisac et la trompe, pour expliquer la migration de l'ovule? Telles sont les trois conceptions sous lesquelles peuvent être groupées les théories multiples qu'ont proposées les physiologistes.

La trompe, disent Haller et Rouget, s'applique sur l'ovaire, pour recueillir l'ovule au moment de la rupture de l'ovisac. Mais le mécanisme de ce processus est interprété différemment par ces deux auteurs. Haller fait intervenir la turgescence de la trompe; Rouget invoque la contraction du ligament rond postérieur. A cette théorie, Tarnier et Chantreuil ont objecté que le pavillon de la trompe est de taille insuffisante pour s'appliquer sur toute la surface de l'ovaire. D'autre part, chez certains animaux, le pavillon de la trompe occupe une situation fixe, très loin de l'ovaire, si bien qu'il ne lui est pas possible de se déplacer pour arriver au contact de l'ovaire. La théorie tubaire ne saurait donc rendre compte de la migration de l'ovule.

Avec Kehrer et Liégeois, nous voyons soutenir une doctrine diamétralement opposée. La trompe reste fixe. C'est l'ovule qui fait tout le chemin, projeté qu'il est par l'éclatement brusque de l'ovisac. Mais nombre d'auteurs s'inscrivent en faux contre cette théorie. La déchirure de l'ovisac est trop étroite (Tarnier-Chantreuil) pour permettre une issue rapide de l'ovule. Kiwish, en outre, fait observer que la cavité abdominale est une cavité virtuelle dans laquelle tous les organes sont intimement appliqués les uns contre les autres ; il en résulte que les anses du tractus intestinal, qui plongent dans le petit bassin, appuient sur les organes pelviens (utérus, ovaire, trompe, etc.) et font mécaniquement obstacle à toute projection brusque de l'ovule dans la trompe.

L'ovule cheminerait donc lentement, de l'ovisac jusqu'à l'orifice du pavillon, et s'il ne s'égare pas plus souvent dans le péritoine, c'est qu'il existe des dispositions particulières qui facilitent sa migration. Ces dispositions sont d'ordre varié.

Certains physiologistes, avec Becker, admettent que l'ovule tombe dans le liquide épanché autour de l'ovaire. Ce liquide provient en partie du liquor de l'ovisac, en partie aussi d'une transsudation séro-sanguinolente qui se produit au niveau de la muqueuse tubaire, à l'époque de la menstruation. Avec ce liquide, l'ovule est entraîné dans la trompe et, de là, dans l'utérus.

Des anatomistes, comme Henle, croient que la face supérieure du ligament tubo-ovarien, en raison de la gouttière dont elle serait creusée, facilite la migration de l'ovule, qui glisse sur cette gouttière. Pareille conception, en admettant qu'elle soit exacte, ne nous rend pas compte de la façon dont progresse l'ovule, de l'ovisac, d'où il provient, jusqu'à l'insertion du ligament tubaire.

Les histologistes, enfin, ont décrit des dispositions cellulaires qui permettent

à l'ovule de cheminer dans l'étroite zone péritonéale, interposée entre la trompe
et la surface de l'ovaire.

Dès 1875, Neumann constate la présence d'épithélium vibratile dans le péritoine de la grenouille, en particulier au voisinage des trompes. Plus tard (1880)
Duval et Wiett montrent que, chez ce batracien, le pavillon tubaire est fixé près
du diaphragme. Les ovules sont bien pondus dans la cavité péritonéale, mais
avant que la ponte ovulaire se produise, l'endothélium péritonéal change de forme
et de structure. Il se revêt de cils vibratiles dont les mouvements, dirigés de
l'ovaire vers la trompe, entraînent les ovules dans le pavillon. Les cils jouent donc
un rôle capital dans le transport de l'ovule, chez les animaux où l'adaptation
tubaire ne se fait point.

Dans l'espèce humaine, de Sinéty (1881), puis Flaischen ont montré que
l'épithélium du revêtement ovarique pouvait présenter des cils vibratiles. D'autre
part, chez la femme et chez nombre d'animaux (lapine), l'endothélium de la
région tubo-ovarique se transforme, au moment de la ponte (Morau, 1891), en
un épithélium vibratile. C'est par ces cils vibratiles que l'ovule, une fois sorti de
l'ovisac, est dirigé vers la trompe, et c'est grâce aux cils de la muqueuse tubaire
qu'il progresse ensuite jusqu'à l'utérus.

Résumons tous ces faits. La migration de l'ovule est un phénomène non pas
accidentel, mais absolument constant. D'autre part, la trompe ne se déplace
point pour recueillir l'ovule que met en liberté la rupture de l'ovisac. C'est donc
l'ovule qui doit se mobiliser pour pénétrer dans la cavité tubaire. Or, il est impossible que l'ovule, sortant brusquement de l'ovisac, soit lancé, à la façon d'un
projectile, de l'ovisac jusque dans la trompe. On doit donc admettre une
migration lente de l'ovule.

Le facteur principal, peut-être même le facteur exclusif, de cette migration, c'est l'appareil cilié qui s'est développé aux dépens des cellules du revêtement de l'ovaire et du péritoine tubo-ovarique. Cette différenciation cellulaire, en vue d'une fonction transitoire, n'est pas un phénomène isolé dans
l'organisme : elle n'est point faite pour étonner.

§ 2. — Le corps jaune.

1° **Morphologie du corps jaune.** — La déhiscence de l'ovisac a laissé sur
l'ovaire une solution de continuité. Cette solution de continuité se comble par la
formation d'un tissu nouveau, connu sous le nom de corps jaune. Ce tissu
s'hypertrophie parfois au point de faire saillie à la surface de l'ovaire (ectropion
du corps jaune). Sa couleur, d'abord rouge, passe au jaune citron (*corpus
luteum*), puis au blanc (*corpus albicans*). Finalement, le corps jaune entre en
régression : son volume diminue. Ce n'est bientôt plus qu'une cicatrice superficielle, irrégulière et blanchâtre (*corpus fibrosum*).

On a distingué deux types de corps jaune : les corps jaunes de la menstruation et ceux de la grossesse.

Les premiers se distinguent par leur moindre volume (1) et surtout par ce fait que leur régression commence très vite, du 10e au 12e jour après la ponte, et s'achève 15 à 20 jours plus tard. Toute trace des corps jaunes de la menstruation disparaît complètement en 2 ou 3 ans.

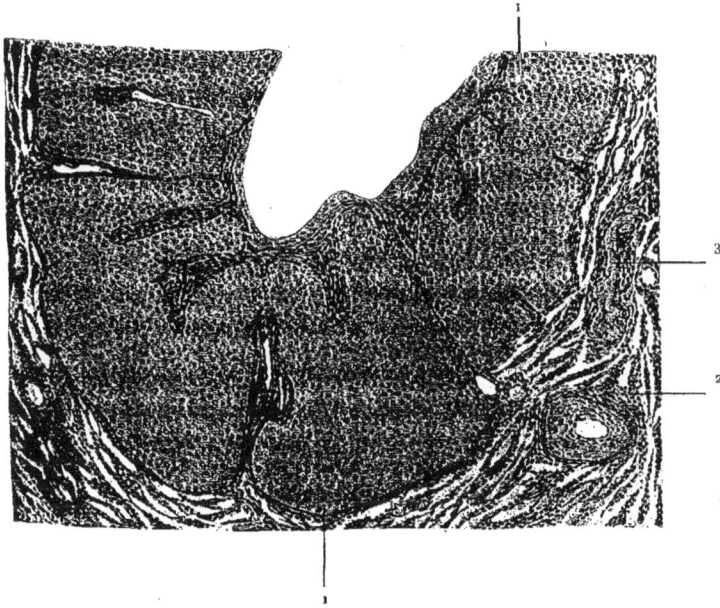

FIG. 17. — Coupe du corps jaune de la femme. Le centre du corps jaune est occupé par une cavité pleine de sang qui n'a pas été figuré.

1. La membrane épithéliale gaufrée qui constitue le corps jaune ; — 2. Tissu conjonctif entourant le corps jaune ; — 3. Un corps jaune ancien réduit à une bande de tissu hyalin, avec la trace d'une cavité à sa partie inférieure.

Les corps jaunes de la grossesse se caractérisent par leur volume considérable (2 à 4 centimètres) et par leur longue durée. Leur atrophie commence seulement au 4e mois, ou même au 5e, ou au 6e mois de la grossesse. Cette régression s'effectue lentement. Elle est rarement complète. Un tel corps jaune laisse derrière lui une cicatrice profonde, étoilée, qui persiste presque toute la vie, de telle sorte qu'à l'autopsie d'une femme âgée, on pourrait déterminer le

(1) Waldeyer a montré que ce caractère n'a pas la valeur qu'on lui a longtemps prêtée. Il a observé deux énormes corps jaunes sur les ovaires d'une femme de 45 ans qui n'avait pas eu de grossesse depuis 20 ans (voir : *Verhand. d. anat. Gesellsch. Tubingen*, 1899).

nombre de ses grossesses par le nombre de cicatrices laissées par les corp
jaunes.

A part ces différences secondaires, les corps jaunes de la grossesse et de l
menstruation présentent une évolution et une structure identiques. Nous confon
drons donc, dans une même description, l'histogenèse et la structure de ces deu
types de corps jaunes.

2° **Structure du corps jaune. Exposé des faits**. — L'ovisac une fois rom
pu, la thèque externe revient sur elle-même. La thèque interne et les restes d
la granulosa vont s'épaissir autour du caillot sanguin qui constitue le centre d
figure du corps jaune.

Vers le 10ᵉ jour qui suit la déhiscence de l'ovule, le corps jaune est constitu
par un noyau hématique, d'un diamètre de 5 à 10 millimètres. Ce noyau es
entouré d'une membrane de nature épithéliale. Les deux thèques enveloppent l
tout. Bientôt, la surface externe de cette membrane épithéliale présente un aspec
gaufré et se montre pénétrée par de
bourgeons conjonctivo-vasculaires, is
sus de la thèque interne (fig. 17).

Ces bourgeons, à direction radiaire
délimitent des lobules formés d'élé
ments volumineux. Ces éléments, d
type épithélial, « possèdent un proto
plasma dont la charpente filaire se con
dense dans le voisinage du noyau, ver
le centre de la cellule, sous forme d'un
masse compacte renfermant, au nivea
de son centre, un, deux ou plusieur
corpuscules centraux ». Ces cellules
qui présentent un, deux ou trois noyau
arrondis, se multiplient par mitose, a

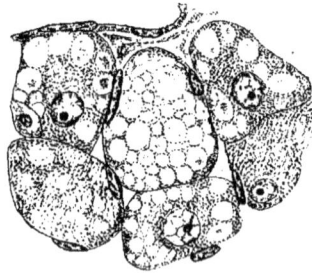

FIG. 18. — Cellules du corps jaune du lapin,
à un fort grossissement. En haut, un fragment de paroi vasculaire.

début de leur évolution, et c'est surtout à la périphérie de la membrane gaufré
que sont abondantes les figures karyokinétiques. Plus tard, les cellules ne fon
que s'hypertrophier.

Dans les mailles du réseau protoplasmique qui constitue ces cellules épithé
lioïdes (1), sont logés du pigment et de la graisse. La graisse réduit l'acide osmi
que et se colore en noir. Le pigment, connu sous le nom de *lutéine*, se rattache a
groupe des pigments clairs (lipochromes). Il est soluble dans l'alcool. Sa présenc
caractérise les éléments du corps jaune (cellules à lutéine) (fig. 18).

Dès lors, les bourgeons vasculo-conjonctifs dissocient et polarisent leur évolu
tion. Par leurs faces latérales, ils émettent des capillaires, qui fragmentent le

(1) Chez le hérisson, Regaud et Policard ont signalé, dans le cytoplasme des cellules à
lutéine, la présence de protoplasma différencié sous forme de filaments, disposés pa
paquets, au voisinage du noyau (ergastoplasma).

lobes épithéliaux du corps jaune. Ces capillaires ne possèdent pas de gaine conjonctive. Le sommet des bourgeons est uniquement constitué par des cellules fixes ; il se prolonge jusqu'au caillot sanguin et pénètre dans ses couches les plus externes. C'est là le début de l'organisation du caillot.

La régression se poursuit. Au caillot sanguin se substitue un noyau fibreux. Ce noyau ne se vascularise jamais et se montre formé de tissu conjonctif adulte. On y trouve des éléments conjonctifs (cellules et fibrilles), des leucocytes et des amas de pigment dont la résorption ne s'est pas encore effectuée. La membrane épithéliale qui entoure le noyau fibreux voit ses éléments perdre leur graisse et leur pigment ; puis elle diminue de volume et s'atrophie progressivement.

Finalement, le corps jaune passe à l'état de cicatrice. Il n'a plus que 1 centimètre de diamètre. Il a gardé, toutefois, son apparence lobulée, et, dans les dépres-

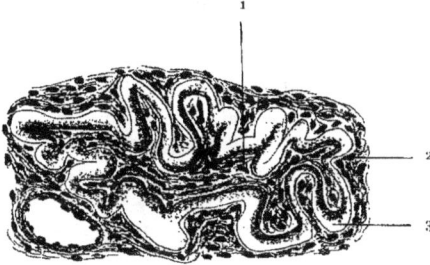

FIG. 19. — Un corps jaune ancien chez la femme.
1. Tissu conjonctif occupant le centre du corps jaune ; — 2. Tissu conjonctif situé à la périphérie du corps jaune ; — 3. La membrane épithéliale réduite à une lame de tissu hyalin.

sions de sa surface externe, s'insinuent des prolongements bien vivants du stroma ovarien (tissu conjonctif et vaisseaux). Sur une coupe, on reconnaît encore le noyau central et la membrane gaufrée. Le noyau central est pâle et profondément déchiqueté ; il est en pleine dégénérescence ; on n'arrive à y colorer aucun noyau. La membrane épithéliale, qui formait la substance propre du corps jaune, est désormais incolore. Elle a perdu ses capillaires. Les éléments épithéliaux n'y présentent plus de noyau colorable ; leur corps cellulaire est pâle, et ses limites sont le plus souvent indistinctes. Le corps jaune représente alors une cicatrice morte, enclavée dans le tissu de l'ovaire (fig. 19).

Tel est l'exposé des faits observés, chez la femme, par Rabl, Cornil et van der Stricht. Mais les histologistes diffèrent d'opinion quand il s'agit d'expliquer l'origine des cellules à lutéine.

3° Origine des éléments du corps jaune. Les interprétations. — Les cellules à lutéine proviennent-elles de la granulosa ? Autrement dit, ces cellules ont-elles une origine épithéliale ? C'est cette opinion qu'adopte Cornil pour la femme, et que soutient Sobotta pour la lapine et la souris, sur lesquelles ont porté ses recherches.

Les cellules du corps jaune ont-elles, au contraire, une origine conjonctive, et dérivent-elles des éléments de la thèque interne ? C'est à cette notion que se rangent Coste, His et Clarke.

Rabl et van der Stricht admettent une opinion éclectique. « Les cellules épithéliales du follicule et les cellules interstitielles de la thèque interviennent dans la genèse des cellules à lutéine. »

Chez la femme, il est difficile de se prononcer en faveur de telle ou telle interprétation ; ce qui tient à l'insuffisance des examens microscopiques pratiqués sur des corps jaunes humains, dont il est très difficile de rassembler, dans de bonnes conditions, des exemplaires suffisamment nombreux et rigoureusement sériés. Mais la question ne semble présenter qu'un intérêt secondaire. Les éléments du stroma ovarique et ceux du follicule sont, en définitive, des éléments issus du même feuillet blastodermique. Il est certain que les uns et les autres peuvent se charger de graisse ; il n'est pas impossible qu'ils puissent au même titre élaborer la lutéine.

Quoi qu'il en soit, le corps jaune nous apparaît comme une formation cellulaire, développée dans l'ovaire à la suite de la rupture de l'ovisac. Elle a toutes les apparences d'un tissu épithélial. Elle semble se différencier aux dépens des cellules folliculeuses (cellules de la granulosa), c'est-à-dire aux dépens de cellules qui, primitivement, sont les cellules-sœurs de l'ovule.

4° **Signification du corps jaune.** — Il nous reste à examiner quelle peut être la signification du corps jaune.

Waldeyer et Clarke ont admis tout d'abord que la présence du corps jaune entretient dans l'ovaire un régime vasculaire normal. « Si le riche réseau vasculaire qui entoure l'ovisac à maturité persistait après la déhiscence, il se développerait un tissu télangiectasique ; si, d'autre part, la formation des corps jaunes était comparable à un processus cicatriciel, tel que celui qui succède à un traumatisme, le parenchyme ovarique serait vite étouffé et incapable de remplir ses fonctions. » (Chrobak et Rosthorn.)

Beard estime que le corps jaune supprime ou rend abortive l'ovulation, pendant toute la durée de la gestation.

Le professeur Prenant insiste sur ce fait que le corps jaune, à sa période de plein développement, est constitué par des éléments d'apparence épithéliale. Ces éléments épithéliaux présentent un protoplasma réticulé et des enclaves; chez certains animaux, le cytoplasme élabore une zone différenciée d'ergastoplasma ; en outre, le noyau n'entre en division que pendant une courte période de l'évolution du corps jaune, et seulement au début de cette évolution. Tous ces caractères sont ceux d'un épithélium glandulaire. Le corps jaune est donc une glande. C'est de plus une glande à sécrétion interne, comme la capsule surrénale ou le thymus. En effet, on n'y trouve point de canal excréteur, et les cellules à lutéine s'y montrent au contact immédiat du réseau capillaire de l'ovaire.

Une telle interprétation ne saurait nous surprendre, puisque l'ovaire, en pleine activité, agit sur l'organisme à la manière d'une glande à sécrétion interne. Son extirpation chirurgicale provoque rapidement l'apparition de troubles variés, et en particulier de troubles vaso-moteurs. La suppression lente et spontanée de la fonction ovarique détermine le syndrome de l'« âge critique ».

Quand la fonction ovarique s'exalte, au lieu de disparaître, quand le produit de sécrétion augmente de quantité ou change de nature, des troubles d'un autre ordre se manifestent, l'ostéomalacie, par exemple, qui disparaissent par la castration (Fehling, Revilliod).

Fränkel, après Born, interprète d'une façon très originale le rôle du corps jaune. Pour lui, le corps jaune est une glande à sécrétion interne, qui aurait pour fonction non seulement de préparer la muqueuse utérine à recevoir la greffe de l'œuf fécondé, mais encore d'assurer la fixation et le développement de l'œuf dans l'utérus. Aucune des lapines chez lesquelles il avait enlevé les corps jaunes, du 2ᵉ au 7ᵉ jour après le coït, n'était devenue grosse, bien qu'elles fussent toutes fécondées. C'est que, après l'ablation des corps jaunes, la caduque utérine n'était plus dans les conditions requises pour recevoir la greffe de l'œuf. Le corps jaune aurait également pour rôle de présider à la nutrition de l'utérus et à la menstruation. Le produit de sécrétion du corps jaune exercerait donc une action vasodilatatrice sur les vaisseaux utérins.

5º **Corps jaune vrai et glande interstitielle (faux corps jaune)** (1). — Mais, comme l'ont avancé Bouin et Limon, le corps jaune ne paraît être qu'un des organes de la sécrétion interne de l'ovaire.

A côté de lui, se différencie une glande, désignée sous le nom de *glande interstitielle de l'ovaire*. Cette glande, peu développée chez la femme, acquiert une importance considérable chez les rongeurs : elle représente parfois les neuf dixièmes de l'ovaire. Elle est formée de 20 ou 30 lobes, arrondis ou polyédriques, séparés les uns des autres par des travées conjonctivo-vasculaires, d'où se détachent des trabécules grêles qui pénètrent dans l'intérieur des lobes glandulaires. Ces lobes sont constitués par des cellules, toujours moins volumineuses que celles du corps jaune. Ces cellules sont constamment chargées de graisse. Chez les sujets âgés, la glande interstitielle dégénère et disparaît.

Tandis que le corps jaune est d'origine épithéliale, la glande interstitielle est d'origine conjonctive. Le corps jaune dérive des cellules de la granulosa. La glande interstitielle provient des cellules de la thèque interne (cellules interstitielles) : ces cellules « subissent une augmentation notable de volume et finissent par envahir la cavité folliculaire ».

De plus, le corps jaune résulte de l'évolution normale de l'ovocyte. Le follicule, arrivé à maturité, se rompt ; l'œuf est mis en liberté, et le corps jaune reste comme le témoin vivant de cette évolution. Sa durée est plus ou moins longue, selon que l'œuf a été fécondé (corps jaune de la grossesse) ou qu'il a été simplement éliminé (corps jaune de la menstruation).

(1) Pour éviter des confusions, nous appellerons *corps jaune vrai* le corps jaune qui se développe à la suite d'une ponte ovulaire, suivie ou non de grossesse (corps jaune de la grossesse ou de la menstruation). Nous désignerons, d'autre part, sous le nom de *faux corps jaune*, la glande interstitielle qui résulte de l'évolution d'un follicule atrésique.

Tout au contraire, la glande interstitielle provient de follicules jeunes. Ces follicules dégénèrent en grand nombre, pendant la période d'organogenèse de l'ovaire ; les ovocytes disparaissent ; la place qu'ils occupaient est envahie par les cellules de la thèque interne. La glande interstitielle est donc constituée par un amas de faux corps jaunes. Chacun de ces faux corps jaunes a pour origine un follicule atrésique.

Sur le corps jaune, consulter :

1877.—De Sinéty, De l'ovaire pendant la grossesse. *Comptes rendus de l'Acad. des Sciences.*

1896. — Sobotta, Ueber die Bildung des Corpus luteum bei der Maus. *Arch. f. mikr. Anat.,* XLVII, p. 261.

1897. — Sobotta, Ueber die Bildung des Corpus luteum beim Kaninchen. *Anat. Hefte,* Bd. VIII, p. 469.

1897. — Beard, The span of gestation and the cause of the birth. *Anat. Anzeig.,* XIV, p. 97.,

1898. — Prenant, De la valeur morphologique du corps jaune. *Revue gén. des Sciences,* n° 16, p. 649.

1899. — Cornil, Notes sur l'hist. des corps jaunes chez la femme. *Ann. de gynéc.* t. LII, p. 378.

1901. — V. d. Stricht, La rupt. du foll. ovarique et l'histogenèse du corps jaune, *C. R. Assoc. des Anat.* Session de Lyon, p. 33.

1901. — Regaud et Policard, Notes histolog. sur l'ovaire des mammifères. *C. R. Association des Anat.,* p. 45.

1902. — Bouin, Les deux glandes à sécrétion interne de l'ovaire. La glande interst. et le corps jaune, *Rev. méd. de l'Est,* 15 juillet.

1903. — Fraenkel, Die Function des Corpus luteum. *Arch. f. Gynæk.,* t. LXVIII, p. 438.

CHAPITRE II

LA MENSTRUATION

La menstruation est un syndrome anatomique et fonctionnel, qui se renouvelle périodiquement chez la femme, pendant toute la durée de la vie sexuelle, sauf toutefois pendant la gestation. L'hémorragie génitale en constitue le phénomène le plus apparent et le mieux connu (1).

Avant d'étudier la fonction menstruelle et de décrire les modifications qu'amène, dans la muqueuse utérine, le processus de la menstruation, il est nécessaire de rappeler, au préalable, comment se présente cette muqueuse à l'état de repos.

§ 1. — Muqueuse utérine.

Méconnue jusqu'à Coste et Robin, la muqueuse utérine, ou endomètre, tapisse la face interne de l'utérus. A sa partie supérieure, elle fait suite à la muqueuse des trompes ; à sa partie inférieure, elle se continue avec la muqueuse vaginale. Mais l'endomètre varie d'aspect avec les régions considérées. L'examen à l'œil nu permet, déjà, d'y reconnaître deux régions : la muqueuse du corps et la muqueuse du col. L'examen histologique et la physiologie de l'utérus justifient pleinement cette distinction.

1° **Muqueuse du corps.** — a) MORPHOLOGIE. — La muqueuse du corps est lisse et comme veloutée ; elle présente des orifices punctiformes, très rapprochés, qui correspondent au débouché des glandes utérines ; elle est constamment lubréfiée par un liquide séreux et filant, qu'il faut enlever pour bien apprécier sa couleur qui est d'un gris rosé. La muqueuse du corps est mince (1 millimètre à 1 millimètre et demi), molle et friable ; comme la muqueuse du col, elle adhère fortement au muscle sous-jacent.

(1) Faute de savoir quand se produisent la première et la dernière ovulation, on répète que la vie sexuelle s'étend de l'instauration menstruelle à la ménopause. C'est là une conception assurément erronée. L'ovulation est une fonction essentielle ; la menstruation est un épiphénomène qui peut faire défaut, alors que l'ovulation s'effectue régulièrement.

b) STRUCTURE. — Un épithélium de revêtement, des glandes, un stroma vasculo-conjonctif, telles sont les parties constituantes de l'endomètre (fig. 20).

L'épithélium de revêtement est représenté par des cellules régulièrement
prismatiques, disposées sur un seul rang. Ces cellules, hautes de 25 à 30 μ, se colorent énergiquement avec tous les réactifs du cytoplasme : un noyau rond occupe
leur partie moyenne ; leur pôle apical est muni de cils, qui se meuvent du
fond de l'utérus vers le col : c'est assez dire que les mouvements de ces cils
font obstacle à la progression des spermatozoïdes. Toutefois, ces cils n'ont été
constatés que pendant la durée de la vie génitale. Avant l'établissement de la menstruation et de l'ovulation, comme après la ménopause, ils font complètement
défaut.

Les glandes de la muqueuse sont des tubes cylindriques, peu serrés, longs de

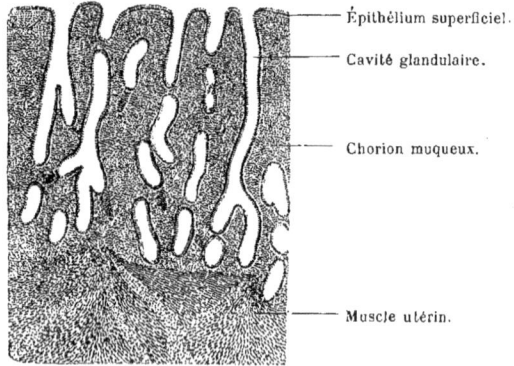

FIG. 20. — Muqueuse utérine normale.

2 à 3 millimètres, larges de 100 à 150 μ. Ils sont perpendiculaires à la surface
de l'endomètre, et leurs branches de division sont toujours en petit nombre. Le
fond de la glande, parfois légèrement dilaté, repose sur le muscle utérin, dans
lequel il peut même pénétrer, en écartant les fibres de ce muscle. Le corps et
le fond de la glande sont parfois un peu onduleux. Le col, au contraire, est droit ;
il s'ouvre dans la cavité utérine par un petit orifice arrondi.

L'épithélium glandulaire est polyédrique ; il apparaît finement granuleux,
quand il a été fixé dans de bonnes conditions. Un noyau, situé à la base du cytoplasme, individualise chaque cellule, que recouvre une bordure ciliée. Le mouvement des cils s'effectue du fond vers l'embouchure des glandes.

La présence de cette bordure ciliée a fait dire qu'il ne s'agit point là
d'appareils sécrétoires (1) ; les soi-disant glandes utérines ne seraient donc

(1) La présence d'une bordure ciliée à la surface d'une cellule ne permet pas de nier,
sans plus ample informé, la nature glandulaire de cette cellule. Dans l'épididyme humain,
les cellules ciliées sont pourvues de grains de sécrétion incontestables. Ces grains sont
versés dans la lumière du tube épididymaire, quand la bordure ciliée disparaît.

que des dépressions tubuleuses de l'endomètre. Ces dépressions seraient desti- nées seulement à fournir les éléments de régénération de la muqueuse utérine, comme le prouvent les mitoses que présente, en maints endroits, l'épithélium glandulaire.

Les glandes utérines sont plongées dans un chorion, presque uniquement constitué par des éléments cellulaires. On y décrit des cellules arrondies (leuco- cytes?), qui siègent principalement vers la surface de la muqueuse, et des cellules fixes, étoilées, ou fusiformes. Ces cellules abondent au voisinage du muscle utérin. Les fibres conjonctives sont rares et grêles, quand elles existent ; les fibres élastiques font complètement défaut. Quant aux fibres lisses, qu'ont signalées quelques auteurs dans le stroma de la muqueuse, elles sont inconstantes et représentent des prolongements erratiques du muscle utérin.

L'endomètre est irrigué par des artères qui se résolvent en réseaux capil- laires, disposés sur deux plans horizontaux. Il existe un réseau profond, situé contre le muscle utérin, et un réseau superficiel. Ce dernier s'étend sous l'épithé- lium de revêtement ; il est extrêmement développé et forme un riche réseau à mailles très serrées. Les capillaires de la muqueuse, plus volumineux que ceux du muscle utérin, présentent encore, çà et là, des rameaux pelotonnés, à la façon de glomérules (Robin). Des veines volumineuses, perpendiculaires à la surface de l'endomètre, collectent le sang de ces deux réseaux.

2° **Muqueuse du col.** — La muqueuse du col est irrégulière. Sa surface, par- courue par des plis dont l'ensemble constitue l'arbre de vie, sa couleur d'un blanc grisâtre, son épaisseur constante (1 millimètre et demi), sa consistance assez ferme, la caractérisent et la différencient de la muqueuse du corps utérin.

Il y a lieu de distinguer dans le col de l'utérus deux régions de structure bien différente : le canal cervical, étendu entre les deux orifices du col, et le museau de tanche, qui va de l'orifice externe du col au fond des culs-de-sac vaginaux.

a) MUQUEUSE INTRA-CERVICALE. — Sur la muqueuse cervicale, l'épithélium de revêtement affecte deux formes bien distinctes. Il est représenté, à la fois, par des cellules ciliées et des cellules caliciformes.

Les cellules ciliées sont de forme polyédrique; elles sont hautes de 30 à 60 μ, étroites et remarquablement claires; leur noyau, allongé en bâtonnet, occupe le pôle d'insertion de la cellule; au pôle opposé, on décrit une bordure ciliée, dont Gebhard a nié récemment l'existence. Les cellules ciliées occupent surtout la partie supérieure de la muqueuse et le sommet des crêtes de l'arbre de vie.

Les cellules caliciformes auraient une topographie précisément inverse. Elles siègent dans la partie inférieure de la muqueuse, et, pour quelques auteurs, on les observerait seulement dans l'intervalle des crêtes. Elles produisent un mucus alcalin, clair, extrêmement visqueux, qu'on ne détache qu'à grand'peine de la muqueuse utérine. Ce mucus se collecte en bouchon, dans la cavité cervicale, pendant la vie intra-utérine et au cours de la grossesse.

Plus abondantes que sur le corps, les glandes cervicales se tassent à la partie supérieure du col ; elles sont moins nombreuses sur la partie moyenne et font fréquemment défaut dans le tiers inférieur du canal cervical.

Les glandes de l'orifice interne du col rappellent, de tous points, les glandes du corps utérin. A mesure qu'on se rapproche de l'orifice externe du col, au contraire, les glandes se ramifient. Ce ne sont plus des tubes, mais des cryptes largement béantes, qui s'ouvrent dans les sillons interposés entre les plis palmés. Leur diamètre s'élargit au point d'atteindre 500 μ ; mais, quelle que soit leur taille, ces glandes ne pénètrent jamais dans le muscle utérin. Elles peuvent se transformer en kystes et mesurer 2 ou 3 millimètres : ce sont les œufs de Naboth. Les glandes cervicales sont revêtues de cellules caliciformes.

Le chorion de la muqueuse offre des caractères inverses sur le corps et sur le col. Sur le col, il est riche en fibres conjonctives ; en revanche, il est pauvre en éléments cellulaires.

b) MUQUEUSE DU MUSEAU DE TANCHE. — La muqueuse du museau de tanche est de type dermo-papillaire. C'est dire que son épithélium de revêtement est stratifié, que le stroma se montre hérissé, par places, de papilles grêles, dans chacune desquelles ne pénètre qu'un seul vaisseau capillaire. Le stroma est riche en cellules ; il est aussi plus riche en éléments conjonctifs et élastiques que dans toute autre région de l'endomètre.

§ 2. — Processus anatomique de la menstruation.

Les modifications anatomiques qui accompagnent la menstruation portent essentiellement sur l'utérus. L'utérus augmente de taille, parfois au point de doubler de volume (Richet). Son corps prend une forme globuleuse et une consistance molle. Le canal cervical est élargi et violacé. L'orifice du col est entr'ouvert ; mais jamais, chez la femme, le museau de tanche ne présente ces bosses sanguines qu'on voit apparaître chez nombre d'animaux.

C'est seulement sur le corps de l'utérus que portent les modifications qui caractérisent la menstruation.

1° *Stade pré-menstruel.* — Dans les 8 ou 10 jours qui précèdent les règles, l'utérus se congestionne. Sa muqueuse triple d'épaisseur : elle atteint 6 millimètres. Sa surface est veloutée, claire, puis rougeâtre (Henle). Les veines et les capillaires sont turgescents : ils réalisent une « injection naturelle » de l'endomètre. Du fait de cette congestion, le stroma est œdématié : il est comme dissocié par les liquides transsudés ; quelques auteurs signalent une abondante diapédèse de leucocytes et la prolifération des cellules fixes du chorion. Quant aux glandes, elles paraissent s'allonger, et leur lumière est distendue par des produits que coagulent les réactifs. Ces produits représentent soit une sécrétion glandulaire, soit plutôt une transsudation, à travers la paroi glandulaire, des liquides infiltrés dans la muqueuse.

2° *Stade menstruel.* — Pendant 4 ou 5 jours, du sang infiltre l'endomètre, où il s'est épanché, à la suite de ruptures vasculaires. Ce sang s'écoule dans la cavité utérine, à la fois par les glandes et par la surface de la muqueuse. Il entraîne avec lui des débris cellulaires, constitués par les portions de la muqueuse soulevées par l'hématome, et qui, de ce fait, ont subi la dégénérescence graisseuse. Épithélium de revêtement, partie superficielle du stroma, débris vasculaires, s'éliminent sous forme de petits lambeaux qui se désagrègent et se détruisent rapidement (fig. 21).

Il se produit, en somme, une élimination de la couche superficielle de la muqueuse, comme l'ont établi depuis longtemps Kundrat, Engelmann et Léopold. J'ajouterai que cette élimination est fragmentaire.

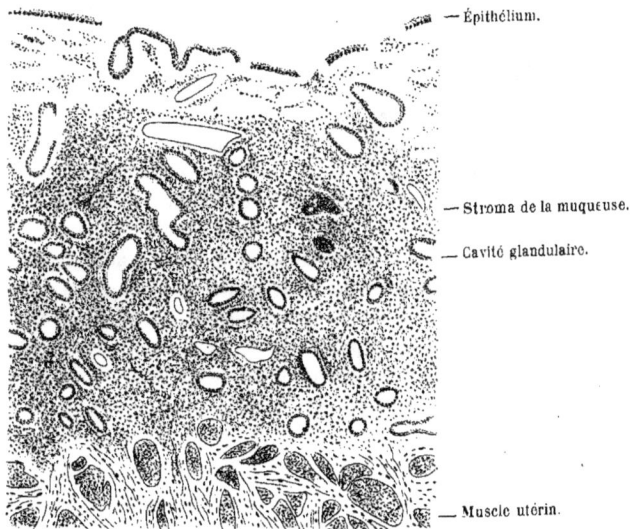

FIG. 21. — Muqueuse utérine d'une jeune fille au premier jour de la menstruation. Les parties les plus superficielles de la muqueuse sont en pleine désintégration. (D'après Minot).

C'est assez rarement que la partie superficielle de la muqueuse utérine se détache et s'élimine brusquement, d'un seul coup, en un seul morceau qui reproduit le moule de la cavité utérine. Cette caduque cataméniale, dont le rejet s'accompagne souvent de douleurs intenses, est constituée par des débris épithéliaux et glandulaires, par du tissu conjonctif et des vaisseaux. Exceptionnellement, Robin, Saviotti, Léopold y ont rencontré des cellules déciduales. La cellule déciduale n'est donc pas caractéristique de la grossesse. A l'examen d'une caduque, on n'est, par conséquent, en droit d'affirmer l'existence d'une grossesse utérine que dans un cas : c'est lorsque cette caduque se montre pénétrée de villosités choriales.

Nous avons admis que la menstruation s'accompagne d'une élimination partielle de l'endomètre : c'est l'opinion acceptée généralement. Nous devons ajouter cependant que certains auteurs ne la partagent pas. C'est ainsi que Williams et

Kahlden croient que l'endomètre s'élimine en totalité ; au contraire, d'après Ruge, de Sinéty, Moricke, Doléris, la muqueuse utérine, pendant la menstruation, ne disparaîtrait « ni en entier, ni en partie », elle subirait seulement des alternatives de congestion et de décongestion.

3° *Stade post-menstruel.* — Durant les 6 ou 8 jours qui suivent la cessation des règles, la muqueuse s'amincit et pâlit progressivement. Les éléments qui se sont mortifiés, mais n'ont pas été éliminés, sont résorbés par phagocytose. Les vaisseaux diminuent de calibre. Les glandes se raccourcissent. Le sang épanché se résorbe, en laissant, çà et là, des amas de pigment. Le stroma nouveau procède du stroma ancien. Comme dans toute cicatrice épithéliale, les épithéliums se régénèrent par glissement et karyokinèse (Westphalen). Cette régénération se produit aux dépens des éléments épithéliaux que le processus de la menstruation a respectés, au fond des glandes utérines.

Wendeler et Bond pensent que la muqueuse tubaire subit, pendant la période cataméniale, des modifications comparables à celles de l'endomètre, mais plus discrètes toutefois. Ces modifications ont été retrouvées également par quelques histologistes. Elles s'accompagnent d'hémorragie tubaire, mais on discute encore pour savoir si ces salpingorrhagies ne sont pas de nature pathologique. En admettant même l'existence d'une menstruation tubaire, il est certain que cette menstruation est d'importance très secondaire. En effet, après l'ablation des trompes, pratiquée sans extirpation des ovaires, les règles persistent (Tillaux, Gaillard Thomas, Péan) : les trompes n'ont donc pas, dans la menstruation, le rôle que leur attribuait jadis Lawson Tait.

§ 3. — Physiologie de la menstruation.

1° **Instauration menstruelle.** — La première menstruation s'établit parfois brusquement, sans signes précurseurs. Elle épouvante alors les jeunes filles qu'on n'a pas prévenues de ce phénomène physiologique. D'autres fois, elle est annoncée périodiquement, pendant de longs mois, par des douleurs dans la sphère génitale (bas-ventre, reins, cuisses), par un écoulement de mucosités vulvaires, et enfin par un gonflement douloureux des mamelles.

La menstruation ne s'établit point chez la femme à un âge déterminé, toujours le même. Elle est fonction des conditions physiologiques auxquelles est soumis l'individu. Elle apparaît généralement à 12 ans dans les pays chauds, à 14 ou 15 ans dans les climats tempérés, à 16 ans dans les régions froides.

Compare-t-on les enfants d'un même pays, on constate que dans les villes les filles sont réglées 9 ou 10 mois plus tôt que dans les campagnes. Dans une même ville, les filles de la classe aisée sont menstruées 6 à 14 mois plus tôt que celles de la classe pauvre. Dans une même classe enfin, la race intervient comme facteur pour avancer ou pour reculer l'époque d'apparition de la menstruation. On sait, en particulier, que la menstruation est très précoce chez les Juives.

En résumé, la température, l'éducation, le régime alimentaire, l'hérédité sont autant de causes capables de modifier l'époque de la puberté.

Il existe d'ailleurs des anomalies. Carus a observé une fillette qui fut réglée à 2 ans et devint grosse à 8 ans. On a vu l'instauration menstruelle apparaître à 9 mois (d'Outrepont) et même à 7 mois (Comarmont). A côté de ces menstruations précoces, on cite des cas d'instaurations tardives (26, 28 ans).

2° **Période d'état.** — Une fois établie, la menstruation se reproduit périodiquement. Elle se répète tous les mois, tantôt tous les mois solaires (30 ou 31 jours), tantôt tous les mois lunaires (28 jours). Certaines femmes sont réglées toutes les 5 semaines, d'autres tous les 21 jours.

Toutefois, cette périodicité n'est pas absolue. Pendant les premières années qui suivent la puberté, les jeunes filles sont souvent menstruées fort irrégulièrement ; cette irrégularité n'est même pas rare chez des femmes adultes et bien portantes. P. Dubois l'a observée 120 fois sur 600 femmes qu'il interrogea à ce point de vue.

La durée moyenne d'une période menstruelle oscille entre 3 et 8 jours. Là encore, il existe des variations considérables (1 à 12 jours), comme l'indique la statistique de P. Dubois. Sur 480 femmes régulièrement réglées, 12 l'étaient seulement un jour, 2 l'étaient chaque fois pendant 12 jours.

Quels caractères présente le flux menstruel chez une femme normalement réglée ?

Le sang menstruel, rejeté par la vulve, est de coloration variable. Parfois, l'écoulement est d'abord rosé. Puis, sa couleur se fonce progressivement, pour s'éclaircir de nouveau quand approche la fin de l'époque cataméniale. D'autres fois, le sang est noir comme du sang veineux, pendant toute la durée de la menstruation. Son odeur, forte, rappellerait l'odeur de la fleur du souci.

De consistance un peu poisseuse, au début et à la fin des règles, le sang menstruel est un sang liquide. Il se prend en caillot dans deux circonstances : 1° quand il est rejeté en grande abondance ; 2° quand, après avoir été momentanément retenu dans la cavité utérine, il en est chassé brusquement. En pareils cas, il n'a pas le temps de se mélanger aux sécrétions du vagin qui font obstacle à sa coagulation.

La quantité de sang menstruel est très variable. Elle dépend en partie de la durée de la menstruation. On l'évalue, en moyenne, à 200 ou 300 grammes. Elle peut être inférieure à 100 grammes, comme elle peut dépasser 500 grammes.

Le sang menstruel est éliminé de diverses façons : chez certaines femmes il s'écoule d'une façon continue ; chez d'autres, il apparaît seulement par intermittences. Chez le plus grand nombre des femmes, le flux menstruel augmente d'abondance jusqu'au troisième ou au quatrième jour, puis diminue progressivement avant de disparaître.

L'examen microscopique du sang menstruel ne présente rien de caractéristique. On y trouve des globules rouges, mêlés à des leucocytes et à des débris épithéliaux qui proviennent de l'utérus ou du vagin.

§ 4. — Ménopause.

La cessation de la menstruation est parfois brusque. D'autres fois, elle est annoncée par des hémorragies de périodicité irrégulière et d'intensité variable. La ménopause s'établit de 40 à 50 ans, mais on cite des cas, exceptionnels il est vrai, où elle ne s'était pas encore produite chez des femmes de 76 ans, de 99 ans (Dupeyron), de 103 ans (Schenkius).

§ 5. — Rapports de l'ovulation et de la menstruation.

L'ovulation est une fonction ovarienne. La menstruation est une hémorragie utérine. Il nous importe maintenant de préciser quels rapports affectent entre eux ces deux phénomènes. Sont-ils sous la dépendance l'un de l'autre ? Et, s'il en est ainsi, est-ce l'ovulation qui domine la menstruation ? est-ce l'écoulement menstruel qui détermine la ponte ovulaire ? Ou bien les deux phénomènes sont-ils indépendants ? Ces diverses théories ont été soutenues et rejetées tour à tour.

1° **La menstruation précède et détermine l'ovulation.** — Telle est l'hypothèse d'Aveling. Pour cet auteur, dans l'intervalle de deux menstruations, la muqueuse utérine se prépare à recevoir l'ovule. L'hémorragie se produit, et, à son tour, elle provoque l'ovulation. L'ovule, s'il est fécondé, se fixe, comme dans un nid, sur la muqueuse utérine ; dans le cas contraire, l'ovule est expulsé, et les mêmes phénomènes se reproduisent.

2° **L'ovulation précède et détermine la menstruation.** — Cette seconde conception a été soutenue sous deux formes différentes. Négrier et Gendrin, frappés de l'analogie qui existe entre la menstruation et le rut des animaux, ont émis cette opinion que l'ovulation est la cause de la menstruation. L'ovule dont l'expulsion détermine la menstruation actuelle, est celui qui vient de se détacher au cours de l'époque cataméniale.

Pour d'autres auteurs, l'ovule qui provoque une menstruation est celui qui provient de la ponte ovulaire du mois précédent. Ainsi, d'après Lœwenhard, l'œuf pondu au cours d'une menstruation ne se fixe dans l'utérus que s'il a été fécondé ; dans le cas contraire, il est expulsé à la menstruation suivante.

Strassmann, en augmentant expérimentalement la tension des vaisseaux ovariques, a pu déterminer des modifications des organes génitaux, et en particulier de l'utérus. Les modifications anatomiques de l'utérus seraient donc le terme d'un réflexe dont le point de départ siège dans l'ovaire. Partant de ce fait, Strassmann suppose qu'à l'approche de chaque ovulation, la muqueuse utérine se modifie (caduque pré-menstruelle). Puis, la ponte ovulaire s'effectue quand la tension des vaisseaux ovariques atteint son maximum. Si l'œuf, émis de la sorte, est fécondé, la muqueuse se transforme en une caduque vraie : la menstruation est alors suspendue. Dans le cas contraire, la muqueuse entre en régression, et l'hémorragie menstruelle ne tarde pas à se produire.

His se range à une opinion analogue. Il a eu l'occasion d'examiner seize embryons dont l'âge pouvait être aisément connu, puisque ces embryons s'étaient développés à la suite d'un coït unique. En se basant sur les dimensions de ces embryons, His conclut que quatre d'entre eux proviennent d'un ovule fécondé au voisinage de la dernière époque menstruelle, et qu'au contraire, pour les douze autres, l'imprégnation a eu lieu vers le moment où aurait dû se produire la première menstruation qui a fait défaut.

Il est très difficile, du reste, de savoir à quel instant précis s'est effectuée la fécondation. L'ovule pondu peut, en effet, demeurer quelque temps dans les organes génitaux internes avant d'être fécondé. D'autre part, les spermatozoïdes ont la propriété de vivre plusieurs jours dans l'utérus et d'y conserver leurs propriétés physiologiques. Comment, dans ces conditions, fixer le moment où le spermatozoïde a pénétré l'ovule pour le féconder ? Il est bon d'ajouter enfin que deux embryons du même âge sont loin de présenter toujours un état de développement identique.

3° **Conclusion.** — Nombre d'objections peuvent être formulées contre les théories qui viennent d'être exposées.

Il est avéré que l'ovulation peut s'effectuer sans s'accompagner de menstruation. Chez certaines jeunes filles qui n'étaient pas encore menstruées, chez des nourrices qui transitoirement ne l'étaient plus, chez des sujets qui paraissaient avoir une ménopause prématurée, enfin chez des femmes qui n'avaient jamais été réglées, on a vu la grossesse se déclarer et parcourir son cycle normal.

D'autre part, il paraît à peu près certain que le processus menstruel peut se dérouler chez des femmes qui n'ont pas d'ovulation. On a même vu des femmes continuer à présenter une menstruation régulière, tout en ayant subi l'ablation bilatérale de leurs ovaires. Coste, Godard, Kölliker, de Sinéty ont signalé des faits de cet ordre.

Si de pareils faits sont exacts, une conclusion paraît s'imposer, c'est que l'ovulation et la menstruation sont deux fonctions indépendantes l'une de l'autre.

L'une est essentielle, elle est commune à tous les animaux. L'autre est accessoire : on l'observe seulement chez quelques vertébrés. La première assure la fécondation, que semble favoriser la seconde. Dans l'espèce humaine, les deux fonctions sont rythmiques. La cause de ce rythme nous échappe : l'intervention du système nerveux, invoquée par de Sinéty, recule la difficulté sans la résoudre.

Les deux fonctions sont indépendantes l'une de l'autre, avons-nous dit, mais rien ne les empêche de se manifester simultanément. Nous savons, en effet, quelles corrélations étroites associent les divers segments de l'appareil géni-

tal, si nous sommes dans l'ignorance des causes qui régissent ces corrélations.

Mais les faits de Coste, de Godard, que nous rappellions plus haut, sont
exceptionnels. Ils cadrent mal avec ce que nous savons de l'involution utérine,
consécutive à la castration. Peut-être sont-ils susceptibles d'une tout autre interprétation, et s'agirait-il de métrorrhagies déterminées par des lésions utérines
jusque-là méconnues.

Nos connaissances actuelles sur le corps jaune nous permettent de donner de
la menstruation une interprétation rationnelle. Nous avons dit que, si l'ovule est
fécondé, il va trouver dans l'utérus un nid formé par la caduque et préparé
d'avance pour le recevoir, nid dans lequel il va se loger, puis se fixer solidement.
Nous pensons, avec Fraenkel, que le corps jaune de la grossesse dirige à la fois
les modifications de l'utérus et la solidité de la fixation de l'œuf. En ce cas, la
caduque reste adhérente à l'utérus, et la grossesse suit son cours sans qu'aucun
écoulement de sang se produise.

Si l'ovule n'est pas fécondé, les choses se passent tout autrement. Le corps
jaune s'atrophie, son action sur la caduque utérine n'a plus lieu de s'exercer ;
aussi cette caduque, devenue inutile, se détache, comme une caduque d'avortement, en même temps que se produit une hémorragie qui n'est autre que l'hémorragie menstruelle. Le sang des règles ne serait donc, d'après cette interprétation, que l'équivalent du sang d'un avortement ovulaire sans fécondation. Le
nid qui avait été préparé pour recevoir un ovule fécondé, n'en recevant pas, se
détache et l'utérus revient au repos, pour, à l'ovulation suivante, repasser par
les mêmes modifications. Le rythme est commandé ici par l'évolution des
follicules de de Graaf et par celle des corps jaunes qui leur succèdent. La menstruation ne serait autre chose qu'un avortement (PINARD).

Sur la menstruation, consulter :

1868. — RACIBORSKY, *Traité de la menstruation*.
1896. — STRASSMANN, Contrib. à l'étude de l'ovulat., de la menstruat. et de la conception. *Arch. f. Gynæk.*, LII, p. 134.

CHAPITRE III

LES ORGANES GÉNITAUX PENDANT LA GROSSESSE

Pendant toute la durée de la grossesse, l'appareil génital subit des changements de forme et de structure, qui portent sur toutes ses parties (ovaires, trompes, utérus et appareil de la copulation). Ces modifications, nous les passerons successivement en revue, en insistant surtout sur leur processus histologique.

§ 1. — Ovaires.

Au cours de la grossesse, les ovaires se tuméfient, et cette tuméfaction inté-resse surtout la glande qui porte le corps jaune. Les ovaires suivent, dans son ascension, le fond de l'utérus aux côtés duquel ils sont placés. Au terme de la gestation, on trouve ces organes dans la région lombaire, à la hauteur du disque qui sépare la 4ᵉ de la 5ᵉ vertèbre lombaire (Waldeyer).

Histologiquement, l'ovaire se recouvre parfois, comme le péritoine pelvien, de végétations déciduales, qui disparaissent ou se calcifient, une fois la grossesse terminée (Schmorl, Kinoshita). Schnell a même vu se développer, dans la couche corticale, des cellules de forme sphérique ou polyédrique.

Il existe aussi un grand nombre de follicules en voie d'atrésie, car la grossesse suspend complètement, mais momentanément, la croissance des follicules.

Enfin, on trouve un corps jaune, en voie d'évolution. Ce corps jaune diffère du corps jaune de la menstruation par sa taille généralement plus volumineuse, sa durée plus longue et sa régression plus tardive. Le corps jaune de la grossesse peut atteindre 2 centimètres de diamètre, et il ne commence à s'atrophier qu'au 5ᵉ ou au 6ᵉ mois de la gestation. Toutefois, ces caractères distinctifs sont loin d'avoir une valeur absolue, car les corps jaunes de la grossesse et de la menstruation présentent la même structure et la même évolution. Nous renvoyons donc pour leur étude au chapitre qui traite de l'ovulation.

§ 2. — Trompes.

Les trompes participent au processus hypertrophique dont tout l'appareil génital est le siège pendant la grossesse. Elles s'allongent, mais leurs flexuosités diminuent de nombre et d'étendue. Leur point d'insertion ne se trouve plus à l'angle supéro-externe de l'utérus : il est reporté, d'une part, à l'union du tiers antérieur et des deux tiers postérieurs des faces latérales de cet organe, et, d'autre part, à l'union de son quart supérieur et de ses trois quarts inférieurs. Ce fait reconnaît pour cause le mode d'ampliation de l'utérus (1). Enfin, les trompes, comme les ovaires, accompagnent la matrice dans son ascension. Elles occupent donc successivement la fosse iliaque et la région des lombes.

Une coupe de l'oviducte permet de constater l'énorme développement des vaisseaux et de la tunique musculaire. La muqueuse s'hypertrophie également pendant la grossesse ; quelquefois même cette hypertrophie est telle que les replis de la muqueuse peuvent oblitérer la cavité tubaire. Les éléments fixes du chorion muqueux sont tuméfiés. Nombre d'entre eux prennent le caractère de cellules déciduales (Mandl, Thomson, Goebel) ; cette particularité a aussi été constatée dans la grossesse extra-utérine (Botti). Quant à l'épithélium superficiel, on n'est pas d'accord sur les modifications qu'il subit. Pour Robin et Janot, cet épithélium perd ses cils vibratiles. Frommel, Mandl, Thomson, Grusdew contestent ce fait. La raison de ces divergences résulte peut-être d'une connaissance insuffisante de l'épithélium tubaire à l'état physiologique. Aujourd'hui on admet, en effet, que la moitié externe de la trompe est revêtue de cellules ciliées, et que sa moitié interne, au contraire, est garnie de cellules qui n'ont pas de cils et qui présentent tous les caractères histologiques d'un travail sécrétoire des plus actifs (Bouin).

§ 3. — Utérus.

L'anatomie de l'utérus puerpéral, en raison de son importance, est longuement étudiée dans les ouvrages d'obstétrique. Nous nous bornerons donc à passer en revue les seules modifications de structure que la grossesse détermine dans les trois tuniques de l'utérus.

1° **Péritoine.** — Le péritoine utérin ne s'amincit point au cours de la gestation. Comme la surface de l'utérus est vingt fois plus considérable à la fin de la grossesse qu'à l'époque de la conception, on admet que les replis du péritoine pelvien s'effacent en partie, de telle sorte que la séreuse utérine s'agrandit, en s'appro-

---

(1) On sait que cette ampliation se produit principalement aux dépens de la face postérieure et du fond de la matrice.

priant momentanément le péritoine de ces divers replis. Et, de fait, au terme de grossesse, les ligaments larges sont réduits à deux lames étroites. Il ne semble rester de ces ligaments que leur partie externe, ou pariétale ; quant à leur région interne, elle s'est dédoublée, et c'est dans l'écartement des feuillets séreux que se logent les faces latérales de l'utérus.

Enfin, le péritoine utérin s'hyperplasie. Sous l'endothélium, Schmorl et Josef. son ont même vu certaines cellules fixes se différencier en cellules déciduales-

2° **Muscle utérin**. — La tunique moyenne de l'utérus est essentiellement musculaire, mais on y rencontre aussi du tissu conjonctif, du tissu élastique et des vaisseaux. Il n'est pas une seule de ces parties qui ne subisse d'importantes modifications au cours de la grossesse.

FIBRES MUSCULAIRES. — Comme Robin l'a signalé le premier, les fibres musculaires de l'utérus s'allongent et s'élargissent pendant la gestation. Au lieu de 40 ou 60 μ, elles mesurent jusqu'à 500 ou 600 μ de longueur ; leur diamètre atteint 14 μ (fig. 22). Les fibres musculaires de l'utérus, non seulement s'hypertrophient, mais encore augmentent de nombre, comme Kölliker et Kilian l'avaient déjà dit en 1849 ; la démonstration de ce fait a été donnée par Cattani, qui, jusqu'aux 5ᵉ et 6ᵉ mois de la grossesse, a pu mettre en évidence les mitoses des fibres lisses de l'utérus (1).

Enfin, on a signalé des modifications de structure qui se produisent en même temps que les phénomènes d'hypertrophie et d'hyperplasie.

La fibre lisse se bifurque parfois à ses extrémités (de Sinéty) ; elle peut présenter deux ou plusieurs noyaux (Elischer). Sur son cytoplasme, se développe une striation transversale (Ranvier) évidente, bien qu'elle soit loin d'être aussi nette que sur les muscles striés ordinaires ; c'est surtout vers la face interne (Girode) et la paroi postérieure de l'utérus (Nehrkorn) que s'observerait cette particularité.

Quelques auteurs ont aussi parlé d'une striation longitudinale : mais cette dernière n'est nullement caractéristique de l'utérus puerpéral, puisque, même à l'état normal, la fibre musculaire lisse présente toujours une striation longitudinale.

D'autre part, Elischer (1876) admet que les fibres musculaires utérines sont

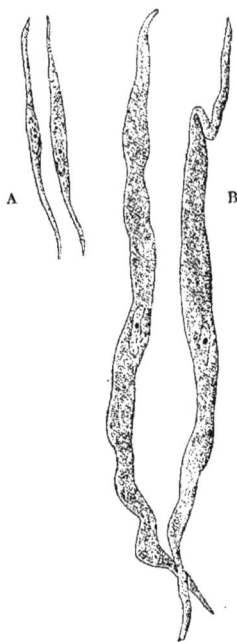

FIG. 22. — Fibres lisses de l'utérus, dessinées au même grossissement.

A, fibres lisses de l'utérus au premier mois de la grossesse ; — B, fibres lisses de l'utérus à terme.

(1) A partir de cette époque, le muscle utérin, distendu par le produit de conception, s'amincit ; on n'y observe plus de karyokinèse.

hérissées « de prolongements ramifiés ». Ces prolongements se rapportent sans doute à ces filaments ténus qui, sur les coupes transversales des fibres lisses, semblent tendus d'une fibre à l'autre. Interprétées comme des ponts intercellulaires, ou comme la coupe des crêtes qui parcourent la surface de la fibre lisse, ces formations ont été étudiées minutieusement par Schaffer, qui les considère comme des produits artificiels, déterminés par l'emploi des réactifs.

Certaines cellules fixes de la tunique musculaire de l'utérus se transforment en cellules déciduales et se localisent autour des vaisseaux sanguins (fig. 23).

Des fibres conjonctives se développent et se groupent, çà et là, à la fin de la grossesse, en faisceaux grêles (Kölliker). Enfin, les fibres élastiques du stratum vasculaire (couche moyenne de l'utérus) et du stratum supravasculaire (région profonde de la couche externe) sont hypertrophiées. Wolke pense qu'elles diminuent de nombre et de diamètre, sur le corps et sur le col, à partir du 7e mois de la grossesse.

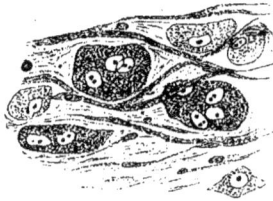

Fig. 23. — Cellules géantes, observées dans le muscle utérin d'une lapine, 26 jours après la fécondation. (D'après Arthur Helme.)

VAISSEAUX ET NERFS. — Les artères, comme les veines, augmentent de volume et présentent des flexuosités très rapprochées. Seules, toutefois, les veines apparaissent plus nombreuses que de coutume. Leur extrême dilatation, au niveau du corps utérin, les a fait qualifier de sinus. En réalité, ce nom ne leur convient nullement : ce ne sont pas, en effet, des lacunes béantes, entourées d'un endothélium et d'une gaine fibreuse ; mais, comme Eberth l'a fait remarquer, il s'agit là de veines véritables, pourvues de fibres lisses disposées longitudinalement.

Les lymphatiques acquièrent un développement considérable. Quant aux nerfs, leur hypertrophie semble être toute d'apparence. Elle résulte, sans doute, du développement exubérant de leur tissu conjonctif.

3° **Muqueuse utérine.** — C'est sur le corps utérin que se concentrent principalement les changements de structure que présente l'endomètre. Au niveau du col, la muqueuse subit néanmoins quelques modifications, mais celles-ci sont de faible importance et d'un tout autre type. Il y a donc lieu de décrire séparément l'évolution de l'endomètre dans ces deux régions.

a) MUQUEUSE DU CORPS UTÉRIN. — Du fait de la grossesse, la muqueuse du corps utérin subit des modifications profondes qui la rendent méconnaissable. Il faut donc avoir suivi tous les stades de son évolution pour reconnaître l'endomètre au milieu des formations multiples qui constituent l'arrière-faix.

La muqueuse du corps utérin se détache de la matrice après l'accouchement. De là le nom de *caduque*, que lui ont donné les anciens auteurs. Pareille désignation consacre une erreur. Si, en effet, la région superficielle de l'endomètre se détache avec les annexes embryonnaires pendant la délivrance, sa région profonde demeure adhérente au muscle utérin ; c'est elle qui va assurer la régénération d'une muqueuse nouvelle : la muqueuse du corps utérin n'est donc caduque qu'en partie.

Cette restriction faite, disons qu'on distingue à la caduque utérine trois territoires différents. Est *caduque vraie* toute la portion de muqueuse utérine qui reste, tout d'abord, à distance de l'œuf fécondé. Cet œuf est comme emprisonné dans une capsule fournie par l'endomètre. La partie superficielle de cette

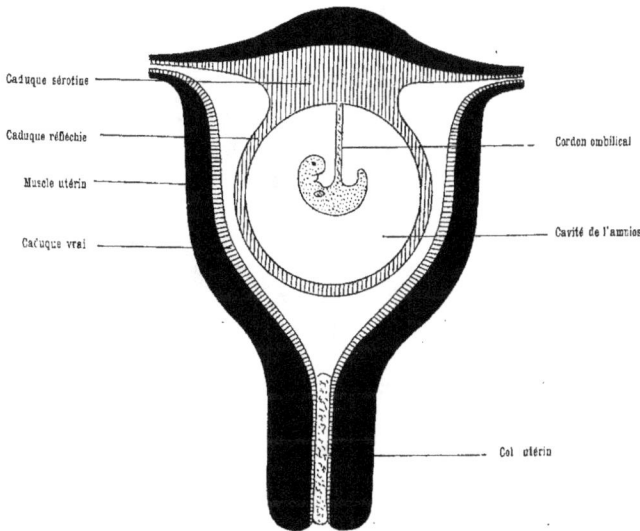

Fig. 24. — Schéma de l'œuf inclus dans l'utérus.

capsule fait saillie dans la cavité de l'utérus : elle constitue la *caduque réfléchie*. Sa partie profonde est tournée vers le muscle utérin, c'est la *caduque sérotine*, ou caduque inter-utéro-placentaire (voir fig. 24).

L'évolution de ces diverses régions de la caduque présente de notables différences. Il est donc de toute nécessité de passer en revue, mois par mois, les modifications que subissent la caduque vraie, la caduque réfléchie et la sérotine. Le travail classique de Léopold nous servira de guide dans cette étude.

I. *Caduque vraie.* — *Premier mois.* — La muqueuse utérine s'est épaissie : elle atteint 5 ou 6 millimètres. De plus, sa texture s'est modifiée. Examinée avec un objectif faible, elle se montre formée de deux parties : sa partie profonde est criblée de vacuoles et, en raison même de cet aspect, elle a reçu le nom de *couche spongieuse*. Sa partie superficielle est dense et d'aspect assez uniforme : c'est la *couche compacte*.

Examinons la muqueuse utérine d'un peu plus près, et voyons quelles modifi-cations apparaissent dans l'épithélium de revêtement, dans les glandes et dans le chorion.

L'épithélium de revêtement est conservé (fig. 25), mais il a perdu ses cils ; il est aplati et, par endroits, commence à faire défaut.

Les glandes utérines sont allongées et, comme la muqueuse ne s'épaissit pas assez vite pour leur permettre de s'accroître à leur aise, elles se pelotonnent sur

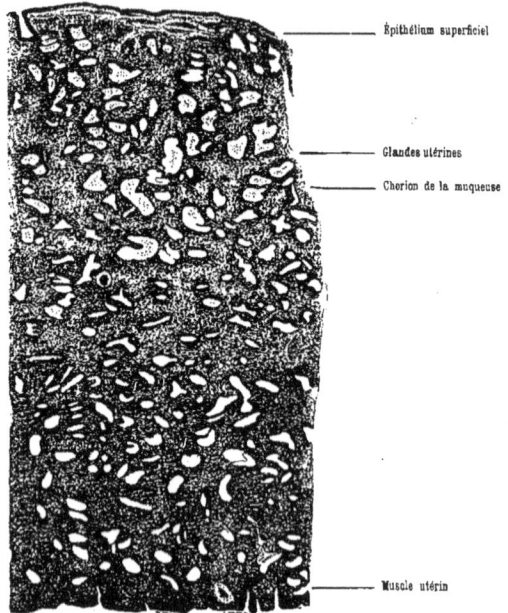

FIG. 25. — La muqueuse utérine au premier mois de la grossesse.

elles-mêmes. De plus, ces glandes se ramifient et se dilatent (Opitz). Pareilles modifications se localisent exclusivement sur leur partie profonde. Elles nous rendent compte de l'aspect lacunaire que présente la région profonde de la muqueuse.

Un épithélium tapisse toujours la paroi glandulaire, mais cet épithélium s'est modifié. Tout à fait normal dans le segment profond de la glande, il s'aplatit progressivement à mesure qu'on le considère dans une région plus rapprochée de la surface interne de l'endomètre ; il est d'abord cubique, puis pavimenteux. Il ne va pas tarder à dégénérer. Détaché par lambeaux, il tombe dans la cavité du tube glandulaire qu'il obstrue.

Les éléments cellulaires du chorion muqueux se sont multipliés. Mais la zone profonde du chorion se montre extrêmement réduite, en raison même de la dilatation des glandes qui tendent à l'occuper toute entière. Elle apparaît infiltrée de cellules, qui sont ou des leucocytes ou des éléments conjonctifs jeunes.

La zone superficielle du chorion a pris, au contraire, un développement considérable ; des cellules conjonctives, irrégulières, ou allongées en fuseau, se sont accumulées dans les espaces que ménagent entre eux les cols des glandes utérines.

Enfin, on commence à constater l'apparition d'éléments volumineux, arrondi s ou polyédriques. Ces éléments sont souvent en mitose. Parfois la division de leu r noyau n'est pas accompagnée de la division du corps cellulaire : ils représenten t

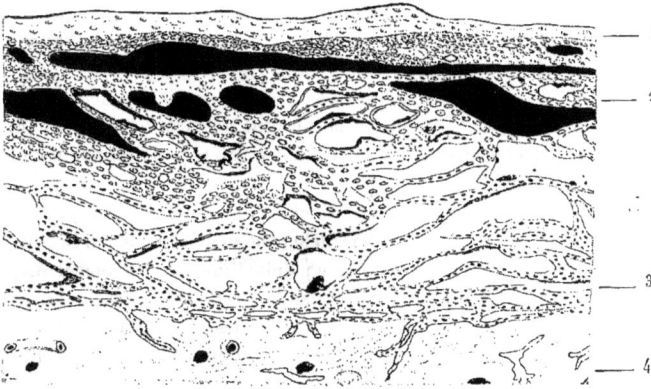

FIG. 26. — Les enveloppes fœtales et l'utérus au sixième mois de la grossesse (d'après Léopold). A la partie supérieure de la figure, l'amnios et le chorion, 1, recouvrent la couche compacte de la caduque vraie, 2. Cette couche compacte est parcourue par de gros vaisseaux représentés en noir. Au-dessous d'elle, la couche spongieuse de la caduque avec ses glandes dilatées, 3. Plus profondément, le muscle utérin, 4.

alors des cellules à noyaux multiples, des cellules géantes. Ce sont les *cellules déciduales*, les *cellules de la caduque.*

Les cellules de la caduque sont groupées autour des vaisseaux sanguins, qui sont alors très dilatés. Comme les cellules interstitielles du testicule, elles représentent des cellules conjonctives, modifiées en vue d'une fonction nouvelle.

Deuxième mois. — Au deuxième mois, les modifications de la caduque s'accusent davantage. Les glandes continuent à s'allonger et à se dilater. Les cellules du chorion sont serrées « au point de rappeler un épithélium stratifié » (Tourneux).

Troisième et quatrième mois. — La caduque, épaisse de 6 à 7 millimètres au 2e mois, atteint 9 à 10 millimètres au 4e mois (1).

Les orifices des glandes sont invisibles : tout se passe comme si ces glandes,

(1) Cette mensuration porte sur la caduque qui revêt la partie moyenne du corps utérin.

jusque-là ouvertes, s'étaient transformées en glandes closes. De plus, elles ont subi une énorme dilatation : la couche profonde de l'endomètre apparaît criblée de lacunes larges et irrégulières. Elle n'a plus l'aspect d'une muqueuse, mais celui d'un tissu caverneux, et il faut recourir aux forts grossissements pour reconnaître à ces lacunes un revêtement épithélial, régulièrement disposé. L'épithélium disparaît progressivement de la partie superficielle des glandes.

Cinquième mois. — Dès lors, la caduque vraie s'amincit rapidement, en raison de la croissance de l'œuf qui la distend. A la fin du 5e mois, son épaisseur a diminué de moitié ; elle est de 4 à 5 millimètres au fond de l'utérus.

L'épithélium superficiel a complètement disparu. La caduque vraie se fusionne alors avec la caduque réfléchie, et cette fusion est tellement intime que les deux portions de la caduque ne vont plus pouvoir être séparées.

Sixième et septième mois. — Aux 6e et 7e mois, les deux couches, compacte et spongieuse, de la muqueuse se sont inégalement développées (fig. 26).

La couche compacte est mince (250 à 750 μ); on finit par n'y plus distinguer de cavité glandulaire.

La couche spongieuse, en revanche, atteint 1.000 à 1.500 μ. Elle est creusée de cavités allongées, disposées parallèlement au muscle utérin. Seules, les cavités les plus profondes montrent encore un épithélium régulièrement disposé. Le tissu de soutien, interposé entre les glandes, est semé de cellules déciduales nombreuses. Il est parcouru par des artères à trajet spiroïde.

Huitième et neuvième mois. — La caduque vraie s'amincit encore. Toute dis-

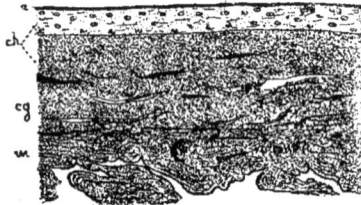

Fig. 27. — Coupe de la paroi utérine et des enveloppes ovulaires, au neuvième mois.
(D'après Léopold.)

a, amnios ; — *ch*, chorion intimement soudé au tissu utérin ; — *cg*, couche spongieuse de la caduque vraie fort réduite ; — *m*, musculeuse.

tinction entre la couche compacte et la couche spongieuse disparaît progressivement. Les cavités glandulaires, disposées sur deux ou trois rangs, se sont aplaties; nombre d'entre elles ont pour lumière une étroite fissure; d'autres n'ont plus de cavité ; elles sont uniquement représentées par leurs parois accolées, c'est-à-dire par des cordons cellulaires pleins (fig. 27).

En résumé, la caduque vraie évolue en deux stades.

Dans le premier stade, la caduque s'épaissit. Elle perd son revêtement épithélial. Ses glandes s'allongent et se pelotonnent; leur partie profonde se ramifie et se dilate ; leur partie superficielle s'ouvre par un orifice arrondi, nettement distinct. C'est seulement dans la partie profonde de la muqueuse (couche spongieuse) que la dilatation des glandes est apparente. Dans la partie superficielle de la muqueuse, tout au contraire, le stroma a pris un développement considérable: il se montre semé de cellules déciduales, et les segments glandulaires qu'on y observe ont leur épithélium en voie de dégénérescence (noyaux pâles, cytoplasme granuleux).

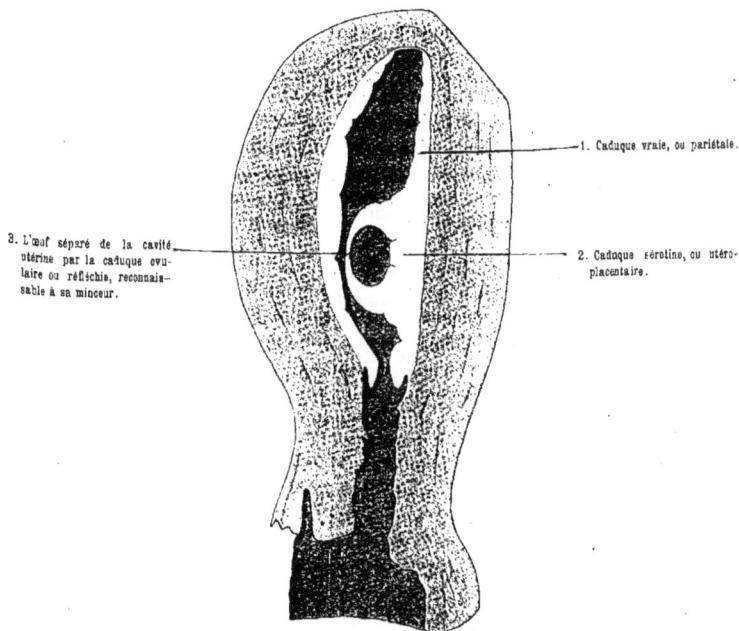

1. Caduque vraie, ou pariétale.

2. Caduque sérotine, ou utéro-placentaire.

3. L'œuf séparé de la cavité utérine par la caduque ovulaire ou réfléchie, reconnaissable à sa minceur.

FIG. 28. — Coupe de l'utérus au début (12e au 16e jour) de la grossesse.
(D'après Kollmann.)

Dans le second stade, la caduque vraie s'amincit (1 ou 2 millimètres) et se soude à la caduque réfléchie ; ce double processus reconnaît pour cause la compression que l'œuf en voie de développement exerce sur la caduque. La distinction d'une couche spongieuse et d'une couche compacte s'atténue progressivement ; les segments glandulaires, qui parcouraient la couche compacte, voient leur épithélium disparaître et leur lumière s'oblitérer. La couche spongieuse est de plus en plus dense, de plus en plus homogène. Ses grandes lacunes s'effacent. Il ne reste d'épithélium que dans le fond des glandes, qui sont réduites à l'état de lacunes étroites ou de cordons pleins, formés de cellules épithéliales.

II. *Caduque réfléchie* (1). — *Premier et second mois*. — La caduque réfléchie circonscrit avec la caduque sérotine une cavité (*chambre ovulaire*), au sein de laquelle l'œuf est appelé à se développer. Cette cavité n'est jamais revêtue d'épithélium; jamais les glandes utérines ne viennent y déboucher. Elle représente une simple lacune, arrondie, creusée dans le chorion de l'endomètre.

La zone du chorion muqueux qui s'étend entre l'œuf et la cavité utérine, constitue la caduque réfléchie. La caduque sérotine, au contraire, est la région de la muqueuse qui va du segment profond ou adhérent de l'œuf jusqu'au muscle utérin.

Dans les six premières semaines du développement, la caduque réfléchie présente à considérer : une *zone centrale*, entourée d'une *zone périphérique* qui se raccorde à la caduque vraie par une *zone de transition* plus ou moins étendue.

a) La zone *centrale* de la caduque réfléchie est très mince et de couleur rougeâtre ; elle répond à peu près au sommet libre de cette caduque. Elle a été figurée par Coste sur un œuf humain de 40 jours. Reichert l'a décrite sous le nom de cicatrice de la capsule embryonnaire. Dans cette zone centrale, le chorion de l'endomètre n'existe plus. A sa place, on trouve un tissu complètement avasculaire et qui offre toutes les apparences d'un exsudat (fibrine, globules rouges et globules blancs). L'épithélium utérin présente, à son niveau, une solution de continuité, que comble un caillot en voie d'organisation. En raison de sa forme, ce caillot a reçu de Peters le nom de *champignon organisé (Gewebspilz)*.

En somme, la zone centrale de la caduque réfléchie n'est pas formée par l'endomètre; c'est un simple exsudat, qui secondairement sera pénétré, de sa périphérie vers son centre, par les éléments fixes de la caduque. Cette pénétration s'effectue au moment où la cicatrice cesse d'être visible dans le cavum utérin (6e semaine).

b) La zone *périphérique* de la caduque réfléchie augmente d'épaisseur à mesure qu'on la considère sur une région plus éloignée du sommet de l'œuf. Son épaisseur est de 100 à 150 µ au voisinage de la cicatrice de la capsule embryonnaire ; elle atteint 1 millimètre à l'union de la caduque réfléchie et de la caduque vraie.

La structure de cette portion de la caduque est des plus simples. Au-dessous d'un revêtement épithélial constitué par l'épithélium utérin, on trouve le chorion muqueux. Le tissu conjonctif de ce chorion est farci de cellules déciduales. Les vaisseaux sont largement espacés. Les glandes sont repoussées excentriquement, du fait du développement de l'œuf : les plus proches de l'œuf ont diminué de nombre et de volume; elles n'ont gardé d'épithélium qu'au fond de leurs culs-de-sac. Ces glandes finissent, du reste, par disparaître.

c) A son pourtour, la caduque réfléchie présente une zone *de transition*, au niveau de laquelle elle revêt progressivement les caractères de la caduque vraie.

Troisième et quatrième mois. — La caduque réfléchie, distendue par le développement de l'embryon, s'est amincie encore (0 mm.5). Elle est devenue de

---

(1) La genèse de la caduque réfléchie sera étudiée avec la fixation de l'œuf et la formation du placenta.

moins en moins vasculaire. Toutes ses glandes se sont atrophiées, à l'exception de celles qu'on observe à son point d'union avec la caduque vraie.

En même temps, la cavité utérine, relativement large, s'efface peu à peu. L'espace qui sépare originellement les caduques pariétale et réfléchie tend à devenir virtuel. Les deux caduques vont entrer en contact par des surfaces de plus en plus étendues.

Cinquième mois. — Une fois leur épithélium de revêtement disparu, les deux caduques se soudent (5e mois). A ce moment, la caduque réfléchie est en rapport direct, par sa face externe, avec la caduque vraie. Sa face interne est séparée de l'amnios par le chorion ovulaire (1).

Toutefois, cette évolution ne s'effectue pas sur toute l'étendue des caduques : « Au moment de la soudure des deux caduques, la portion de la caduque réfléchie, doublant le segment de l'œuf en regard de l'orifice interne du col, se résorbe en entier, si bien que cet orifice se trouve obturé directement par les enveloppes fœtales, comprenant, de dedans en dehors, l'amnios, le corps réticulé, le chorion avec son épithélium.

« A la fin du 5e mois, peu après la soudure, la membrane obturante, ainsi formée par la portion libre des enveloppes, mesure une épaisseur d'environ 200 μ, et sa face inférieure, en rapport avec le bouchon muqueux, est tapissée par une couche de fibrine canalisée, recouvrant l'épithélium chorial. Cette membrane s'insère sur la face interne du corps de l'utérus, suivant une ligne sinueuse, située à une distance de 15 millimètres environ du bord de l'orifice interne, ce qui revient à dire que, dans cette étendue, la soudure des parois de l'œuf avec la muqueuse utérine ne s'est pas effectuée.

« Dans le vestibule qui résulte de cette disposition anatomique et que comble le bouchon muqueux, l'épithélium utérin a persisté, mais s'est sensiblement modifié. A partir de l'orifice du col, il devient successivement cubique, puis pavimenteux, jusqu'à l'angle de réflexion de la membrane obturante où il disparaît.

« On observe des particularités analogues au niveau des trompes de Fallope. » (Tourneux.)

Sixième et septième mois. — Aux 6e et 7e mois, la caduque réfléchie est réduite à une bande de tissu opaque, épaisse de 100 à 500 μ. Ce tissu est uniquement représenté par des cellules déciduales, qui sont remarquables par leur nombre, leur taille considérable et par la surcharge graisseuse de leur cytoplasme. A ce moment, il est impossible de distinguer les deux caduques dans la membrane qui résulte de leur fusion.

Huitième et neuvième mois. — Cette dernière membrane est épaisse de 2 millimètres, mais la caduque réfléchie n'y entre que pour une faible part (125 à 500 μ). Elle est réduite à une zone de cellules déciduales, qui seraient seulement plus serrées sur la caduque réfléchie que sur la caduque directe.

En résumé, la caduque réfléchie évolue en deux temps. Tout d'abord, elle

---

(1) Au dire de S. Minot, la caduque réfléchie subit la dégénérescence hyaline. Cette dégénérescence débute au second mois. Elle est déjà très avancée au troisième mois.

présente une zone centrale et une zone périphérique. La zone centrale est avasculaire (v. Heukelom, Spee). Elle répond à la perte de substance que l'œuf détermine quand il pénètre, par effraction, dans la muqueuse utérine. Cette zone est occupée par un exsudat fibrineux, qui bientôt se transforme en tissu de cicatrice.

La zone périphérique de la caduque réfléchie est pauvre en vaisseaux ; elle est constituée par le chorion de la muqueuse utérine, mais les glandes, refoulées par le développement de l'œuf, y font presque complètement défaut. Elles n'existent guère qu'au point où la caduque réfléchie se continue avec la caduque vraie.

Plus tard, la caduque réfléchie s'amincit, son épithélium de revêtement se desquame ; son chorion s'atrophie. Quand le bouchon muqueux qui remplit la cavité utérine s'est résorbé, la caduque réfléchie disparaît du segment inférieur de l'œuf. Dans le reste de son étendue, la caduque réfléchie se soude intimement à la caduque vraie (5e mois). La caduque réfléchie, dès lors, n'a plus d'histoire.

III. *Caduque sérotine.* — *Premier et second mois.* — La caduque sérotine ne diffère guère de la caduque pariétale. Dès le début du développement, elle contracte des adhérences avec l'œuf ; sa couche compacte est irriguée par un lacis vasculaire très dilaté, dans lequel flottent déjà les villosités choriales.

Troisième et quatrième mois. — Le contraste entre la sérotine et les autres régions de la caduque s'accuse de plus en plus. Au niveau de la sérotine, les cavités glandulaires de la couche spongieuse, larges encore au 2e mois, s'aplatissent progressivement et se réduisent à des fentes, par suite de la compression qu'elles subissent de la part du placenta en voie de croissance. Leur épithélium dégénère et se desquame (1). En somme, l'appareil glandulaire s'atrophie ; mais il s'atrophie beaucoup plus vite que dans la caduque vraie. Il recule devant l'envahissement de la sérotine par les cellules déciduales et par le tissu vasculaire. Ajoutons qu'au 4e mois la sérotine atteint 6 à 8 millimètres d'épaisseur en son centre et 2 à 3 millimètres sur ses bords.

Cinquième mois. — Au 5e mois, la sérotine est épaisse de 3 millimètres ; sa couche compacte mesure 2 millimètres. Elle envoie, dans la direction du chorion fœtal, des cloisons qui sont peu ramifiées ; ces cloisons restent à distance du chorion dans la région centrale de la sérotine ; à la périphérie de la sérotine, au contraire, elles atteignent le chorion et s'y fixent.

Des modifications importantes se sont déjà produites dans le régime vasculaire de la sérotine. Cette membrane s'est creusée de véritables sinus, qui s'étendent entre le chorion ovulaire et la sérotine : ce sont les sinus intra-placentaires. En sortant des sinus, le sang du placenta, avant de passer dans les veines utérines, se collecte dans un plexus situé sur la marge du placenta (sinus marginal).

D'autre part, des cellules géantes apparaissent. Elles résultent de la proli-

---

(1) Ce fait, admis par Léopold, Kölliker et Ruge, est contesté par Friedlander et Heinz chez la femme, par Selenka chez le singe.

fération des cellules de la caduque et comptent 10, 15 ou 20 noyaux. Elles sont disséminées dans toute l'épaisseur de la caduque, il y en a même dans l'intérieur du muscle utérin. Les cellules géantes affectent une localisation particulièrement fréquente autour des vaisseaux, mais c'est dans la couche compacte qu'on les trouve le plus nombreuses. Elles augmentent de nombre à mesure qu'approche le terme de la grossesse.

Sixième et septième mois. — La sérotine s'amincit, mais son amincissement ne porte point également sur toute son étendue.

Elle présente des modifications, qui sont précisément inverses de celles qu'on observe, à la même époque, sur la caduque vraie. C'est, en effet, sa couche spongieuse qui se réduit, car les fentes glandulaires s'y répartissent seulement sur deux ou trois rangs (1). Sa couche compacte, au contraire, s'épaissit. Cette dernière couche, d'ailleurs, ne mérite plus guère le nom de compacte : elle est molle et se montre criblée de trous, qui sont la coupe de capillaires distendus, transformés en sinus.

Huitième et neuvième mois. — A mesure que la grossesse évolue, la couche spongieuse diminue d'épaisseur : les fentes glandulaires n'y sont plus disposées que sur un seul plan. Les espaces intra-placentaires et les veines, qui drainent le sang de ces espaces, atteignent leur développement maximum. Déjà, au 8e mois, nombre de sinus se sont thrombosés et sont devenus impraticables au courant sanguin.

Si l'on examine, sur un placenta qui vient d'être expulsé, sous quel aspect se présentent les cellules déciduales, on constate que ces cellules affectent des caractères qui varient suivant les régions considérées.

α) Les cellules voisines de la face utérine du placenta sont énormes (30 à 60 μ) ; elles sont aplaties parallèlement à cette face. Leur cytoplasme, à peine colorable par les réactifs, est

FIG. 29. — Cellules déciduales occupant la face utérine de la portion caduque de la sérotine. Elles sont dégénérées, comme le montre l'aspect de leur noyau et de leur cytoplasme.

souvent creusé de vacuoles ; c'est dans une de ces vacuoles qu'est logé le noyau, sphérique, aplati, ou déformé en calotte. Ce noyau est réfractaire aux réactifs nucléaires, car la chromatine y fait plus ou moins défaut ; seul, le nucléole fixe encore la safranine, mais il disparaît, lui aussi, sur nombre d'éléments. Le noyau est réduit à sa membrane d'enveloppe et à son réticulum achromatique. Parfois même la membrane nucléaire est la seule partie du noyau qui puisse encore être mise en évidence (fig. 29).

β) Les cellules déciduales superficielles, c'est-à-dire celles qui sont tournées vers la face fœtale du placenta, affectent la forme d'éléments polyédriques, ou

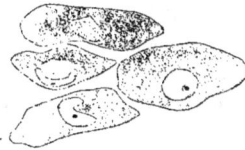

(1) A l'inverse de Kundrat et de Léopold, Kölliker, Turner et Hofmeier considèrent les cavités profondes de la sérotine, non comme des glandes, mais comme des vaisseaux sanguins. « A la fin de la grossesse, il ne reste plus trace de la couche spongieuse de la sérotine. » (Hofmeier.)

plus ou moins régulièrement sphériques. Leur grand diamètre atteint 20 à 30 µ. C'est là, d'ailleurs, un chiffre moyen : on observe des éléments de taille plus exiguë (15 µ) ou beaucoup plus considérable (cellules géantes bi ou multinucléées). Ces formes, naines ou géantes, sont, d'ailleurs, relativement rares (fig. 30).

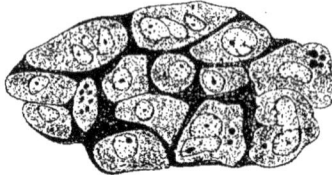

FIG. 30. — Les cellules déciduales et les cellules géantes de la face fœtale de la sérotine dans le placenta à terme. Ces cellules sont plongées dans une gangue de fibrine. Quelques-unes sont bourrées de granulations graisseuses. Ces cellules ont été dessinées sur la même coupe et au même grossissement que les éléments de la figure 29.

Les cellules déciduales sont disséminées dans la caduque, mais il n'est pas rare de les voir s'aligner en files. Elles divergent souvent, à la façon de rayons, autour de l'extrémité d'une villosité-crampon. Elles entrent au contact les unes des autres, ou sont coulées dans une nappe de fibrine qui a les apparences d'une substance fondamentale.

Le cytoplasme des cellules superficielles est homogène, compact et bien colorable ; il est parfois semé de gouttelettes graisseuses ; le noyau, très riche en chromatine, est sphérique, ovoïde, ou de forme irrégulière. Souvent il est en voie de chromatolyse, et son aspect rappelle celui des mitoses dégénératives, qu'il est si fréquent d'observer au cours de l'évolution des produits sexuels.

γ) En regard des régions où les villosités choriales pénètrent dans la caduque pour s'y fixer, en se dépouillant de leur syncytium, l'assise déciduale superficielle présente à sa surface des saillies fines et courtes, dont les dimensions, la forme et le nombre n'ont rien de fixe. Ces prolongements du cytoplasme s'enfoncent dans une nappe fibrineuse, qui s'interpose entre le tissu maternel et le tissu fœtal (axe conjonctivo-vasculaire de la villosité). Ils réalisent une disposition vraisemblablement en rapport avec les échanges nutritifs qui s'effectuent entre le placenta fœtal et le placenta maternel (fig. 32).

FIG. 31. — Cellule déciduale en chromatolyse.

Les cellules déciduales se présentent donc, sur le placenta à terme, avec deux aspects bien différents. Les cellules superficielles sont des éléments polyédriques de 20 à 30 µ, en pleine vitalité, comme le prouve l'état de leur noyau et de leur cytoplasme. Les cellules profondes sont énormes (40 à 60 µ), aplaties parallèlement à la surface du placenta. Leur cytoplasme vacuolaire, leur noyau en pleine chromatolyse nous montrent assez qu'il s'agit là d'éléments dégénérés (fig. 31). Si cette altération n'est pas le fait du travail, elle compte, sans doute, parmi les facteurs qui préparent le décollement du placenta. Elle est à rapprocher de la fonte qui, dans le placenta des rongeurs, réduit les cellules vésiculeuses à l'état de détritus (M. Duval).

Chez la femme, le processus dégénératif est un peu différent, mais son résultat est absolument identique.

En résumé, la caduque sérotine est cette partie de la caduque qui contribue à former le placenta. Elle constitue le placenta maternel ; le reste du placenta (placenta fœtal) sera formé, comme nous le verrons plus loin, par une zone du chorion, le chorion touffu.

La sérotine évolue d'abord comme la caduque vraie. Mais, dès le second mois, elle est le siège de modifications profondes, d'un type très spécial. Sa couche spongieuse se réduit et disparaît presque entièrement. Sa couche compacte, au contraire, acquiert un développement exubérant. Il y apparaît des cellules géantes et les vaisseaux y présentent une disposition particulière que nous étudierons quand nous ferons l'histoire du placenta.

b) MUQUEUSE DU COL. — Au cours de la grossesse, la muqueuse du col s'épaissit. Elle prend une coloration grisâtre. L'épithélium de revêtement s'hypertrophie. Les glandes sont allongées et dilatées, et leur produit de sécrétion est représenté par un bouchon muqueux, qui comble la cavité du col, dès la fin du premier mois de la gestation. Ce bouchon persiste pendant toute la grossesse. Il adhère aux saillies que l'épithélium envoie dans son épaisseur et n'est éliminé qu'au moment du travail.

FIG. 32. — Attache d'une villosité choriale sur le placenta maternel, au terme de la grossesse. La villosité est représentée par son axe conjonctif. Son épithélium a disparu ; à sa place, on trouve une bande fibrineuse dont la face externe présente de fines dentelures qui semblent pénétrer dans le protoplasma des cellules déciduales.

Le chorion de la muqueuse est épaissi, sans que les éléments qui le composent paraissent avoir sensiblement proliféré ; aussi ces éléments sont-ils plus écartés les uns des autres qu'à l'état normal. Parmi ces éléments, on a décrit : 1° quelques cellules déciduales (Küstner), et 2° des mastzellen (leucocytes à granulations basophiles). Ces mastzellen sont surtout localisées autour des glandes cervicales. Elles sont plus nombreuses pendant la puerpéralité qu'à toute autre période de la vie.

§ 4. — Organes de la copulation.

Les organes de la copulation se ramollissent et s'hypertrophient ; de ce fait, ils modifient leur configuration. Leur appareil vasculaire est également le siège d'un développement plus ou moins considérable.

Chez certains animaux, le revêtement épithélial du vagin est représenté, à l'état normal, par un corps muqueux et une couche cornée. Quand survient la gestation, la couche cornée disparaît, l'épithélium stratifié se creuse d'excavations, et les cellules qui bordent ces excavations subissent la transformation muqueuse (1). Plus tard, ces excavations s'ouvrent les unes dans les autres et déversent leur produit de sécrétion dans le vagin ; le revêtement vaginal constitue dès lors une glande à mucus, étalée en surface. Après la parturition, les cellules à mucus disparaissent, de la vulve vers l'utérus ; quant à l'épithélium stratifié, il se régénère aux dépens des cellules les plus profondes du revêtement et récupère une couche cornée.

Ces faits ont été étudiés par Morau chez la souris (1889), par Salvioli chez la lapine (1892), par Retterer chez le cobaye et la chienne (1892), et tout récemment par Tourneux chez la taupe (1903). A l'exception de Morau, ces auteurs sont d'accord pour penser que le *rythme vaginal* est fonction de la gestation.

On n'a pas encore décrit de pareilles modifications chez la femme, mais on sait que, chez elle, il se produit, pendant la grossesse, une sécrétion vaginale plus ou moins abondante, d'aspect leucorrhéique.

Comme le vagin, la vulve se ramollit ; elle prend une teinte violacée. Du pigment se dépose en abondance dans les assises profondes de son revêtement, comme dans celui du périnée (2).

Sur la muqueuse utérine, consulter :

1889. — A. HELME, Histolog. obs. on the musc. fibre and connective tissue of the uterus, during pregnancy and puerpuerium. *Transact. of the Roy. Soc. of Edinburgh*, t. XXXV, p. 359.

1897. — LÉOPOLD, *Uterus und Kind.* Leipzig.

1898. — V. SPEE, Ueber die menschl. Eikammer u. Decidua reflexa. *Verh. d. anat. Gesell*, p. 196.

1898. — JANOT. *De l'oviducte chez la femme ; ses modifications pendant la grossesse utérine.* Thèse de Lyon.

1900. — BOUIN et LIMON, Fonct. sécrét. de l'épith. tub. chez le cobaye. *C. R. Soc. Biol.*, p. 920.

1901. — RIEFFEL, L'appareil génital de la femme. *Traité d'anat. hum. de Poirier et Charpy.*

1904. — BRANCA, Sur les cellules déciduales du placenta humain, *Soc. Biol.*

(1) Les cellules profondes ont gardé leur type morphologique.

(2) Il y a lieu de mettre en relief ce fait que toute cellule conjonctive peut se transformer en cellule déciduale, quand elle appartient à l'un des organes de la sphère génitale.

La grossesse normale provoque la transformation déciduale dans l'ovaire, dans la trompe, dans le péritoine et même dans le col utérin (v. Franqué, Waldstein). Au cours de la grossesse ectopique, on voit également se former des cellules déciduales dans l'utérus, dans la trompe et dans l'ovaire.

La cellule déciduale se développe surtout à l'occasion de la grossesse ; elle n'a pas toutefois la valeur d'un signe histologique spécifique de la puerpéralité.

Elle constitue, en effet, pour le tissu conjonctif utérin, un mode de réaction des plus banals, puisqu'elle apparaît à l'occasion des causes multiples qui peuvent modifier la structure de l'utérus, telles que la menstruation (v. Franqué), l'involution sénile (Klein), la métrite (Ruge, Meyer, Léopold), les tumeurs (Lœfquet), l'intoxication phosphorée (Overlach).

CHAPITRE IV

L'APPAREIL GÉNITAL ET LE POST-PARTUM

§ 1. — Ovaires.

Après la parturition, les ovaires réintègrent assez rapidement leur place normale. Au 3ᵉ jour, ils occupent les fosses iliaques. Dès le 5ᵉ jour, ils sont au-dessus de l'entrée de l'excavation. Au 15ᵉ jour, l'ovaire gauche est de retour dans la fossette ovarienne. Le droit n'y parvient qu'un peu plus tard.

À la surface de l'un des ovaires, on trouve, mais d'une façon inconstante, un tubercule de 6 à 8 millimètres de diamètre, qui représente les restes du corps jaune de la grossesse. Ce tubercule disparaîtra par la suite, mais en laissant à sa place une profonde cicatrice, de forme étoilée. Comme cette cicatrice ne s'efface jamais, on peut, à l'autopsie d'une femme, déterminer rétrospectivement le nombre de ses grossesses, en comptant les cicatrices disséminées à la surface de ses ovaires.

§ 2. — Trompes.

Comme les ovaires, les oviductes récupèrent, après l'accouchement, leur situation, leur forme et leurs rapports. Épithélium et plis de la muqueuse tubaire sont le siège d'une désagrégation complète, qui se manifeste par la présence, dans la cavité de la trompe, d'un amas composé de cellules du tissu conjonctif et de lambeaux plus ou moins volumineux d'épithélium. Il existerait donc une véritable caduque tubaire, bien différente, cependant, au point de vue histologique, de la caduque utérine (Fochier).

§ 3. — Utérus.

1º **Péritoine utérin.** — La tunique péritonéale de l'utérus, distendue par la grossesse, ne revient pas sur elle-même aussi rapidement que le muscle utérin. Elle forme à la surface de la matrice des replis, les replis de Duncan, qui s'effacent progressivement.

2° **Muscle utérin**. — La tunique musculaire de l'utérus s'atrophie, ou plutôt reprend sa structure primitive. Ses fibres diminuent simplement de longueur et de diamètre. Cette notion, avancée par Robin, a été confirmée par Helme (1889). Le protoplasma cellulaire disparaîtrait par peptonisation, en provoquant de la peptonurie (Fischel).

On a remarqué, d'autre part, que les fibres musculaires de l'utérus sont chargées de gouttelettes de graisse, au moment où l'organe entre en régression.

Kilian et Heschl avaient conclu à la dégénérescence totale du muscle utérin. « Une femelle, disait Kilian, qui a passé par la grossesse et l'état puerpéral possède, à la fin de celui-ci, un muscle utérin tout neuf. » Heschl écrivait de même : « De l'utérus qui existait avant l'accouchement, pas une fibre ne survit. » Kölliker, au contraire, pense qu'une partie seulement du muscle utérin disparaît par dégénérescence graisseuse.

Quant à Sänger et Mayor (1888), ils avaient bien reconnu la présence de granulations graisseuses dans les fibres musculaires utérines, mais ils admettaient que ces fibres ne se détruisent pas et qu'elles reviennent simplement à l'état normal.

On trouve donc de la graisse dans les fibres de l'utérus en involution, et nous ne croyons pas que les constatations négatives de Helme sur l'utérus de la lapine, soient de nature à infirmer ce fait, qu'ont signalé de nombreux observateurs. Mais où les divergences commencent, c'est quand il s'agit de préciser la signification des gouttelettes adipeuses. Sont-elles l'expression d'une dégénérescence, c'est-à-dire d'une lésion irrémédiable de la cellule ? ou, au contraire, sont-elles en rapport avec une surcharge transitoire, compatible avec la survie de la cellule ? Cette dernière hypothèse nous paraît la seule acceptable.

Le tissu conjonctif du muscle utérin disparaît par dégénérescence granuleuse (Helme) ou hyaline (Polano). Tant que dure cette dégénérescence, les capillaires trombosés sont entourés de leucocytes mononucléaires, qui fixent le pigment sanguin et le résorbent. De plus, Helme figure, dans la couche musculaire de l'utérus de la lapine, des cellules géantes multinucléées, que l'on rencontre pendant les derniers jours de la grossesse et les six premiers jours du post-partum. Ces cellules, qui, d'ailleurs, sont peut-être des cellules déciduales, Helme les considère comme les agents de destruction et de résorption du tissu conjonctif. Quant au tissu élastique, il s'atrophie ou dégénère.

Les vaisseaux, dont la grossesse amène l'hypertrophie et peut-être la néoformation, sont intéressés par le mouvement de régression qui frappe tout l'appareil génital. Les grosses artères sont le siège d'artérite. L'endartère entre en prolifération. Cette prolifération finit par amener l'oblitération du vaisseau, et quand le tissu jeune s'est transformé en tissu adulte, au vaisseau s'est substitué un cordon fibreux, qui lui-même finit par entrer en régression. Les artères de taille moyenne voient leur paroi musculaire s'atrophier. Quant aux petites artérioles, elles sont momentanément fermées par la rétraction de l'utérus. De ces artères, les unes s'oblitèrent par artérite, les autres redeviennent perméables. Les sinus veineux intra-utérins partagent le sort des petites artères.

3° **Muqueuse utérine**. — Si l'on ouvre un utérus qui vient d'expulser son contenu et qu'on examine sa face interne, on y distingue facilement la muqueuse du col de celle du corps. Une ligne déchiquetée, distante de 5 à 6 centimètres de l'orifice vaginal du col, marque la limite des deux muqueuses. C'est là que la caduque utérine s'est séparée de la muqueuse cervicale persistante.

a) Muqueuse du corps de l'utérus. — La face interne de l'utérus est rouge, saignante, tomenteuse, ulcérée. L'examen à l'œil nu y montre l'existence de deux zones. L'une de ces zones, large comme une paume de main, est d'un rouge noirâtre ; partout semée d'orifices vasculaires, elle est remarquablement anfractueuse ; c'est la zone d'insertion placentaire, *l'aire placentaire*.

Tout le reste de la cavité utérine constitue la zone extra-placentaire, ou *aire membraneuse*, comme on l'appelle encore, en raison de ses rapports avec les membranes ovulaires. Elle est caractérisée par sa couleur pâle, sa grande étendue, sa surface plane, hérissée de filaments déchiquetés.

1° *Aire membraneuse*. — Aussitôt après l'accouchement, les restes de la caduque ou, pour mieux dire, les restes de la muqueuse se montrent couverts, çà et là, de bourgeons grêles, de taille et de forme irrégulière. Ces bourgeons sont constitués par des amas de cellules déciduales et par des vaisseaux déchirés, quelquefois béants. Ces deux ordres d'éléments sont dissociés par le sang épanché. Du côté du muscle utérin, la caduque se limite profondément par une ligne dentelée ; c'est au voisinage de cette ligne que s'observent les glandes utérines, ou plutôt les fentes aplaties et irrégulières qui les représentent encore. Ces lacunes sont revêtues d'une bordure épithéliale, plus ou moins discontinue.

Vers le 10ᵉ jour après l'accouchement, la caduque s'est amincie ; sa face interne est devenue lisse. Les bourgeons qui s'y dressaient ont disparu. Frappées de nécrose de coagulation ou de dégénérescence graisseuse, les cellules déciduales qui constituaient ces bourgeons se sont désagrégées, et le produit de leur fonte constitue les lochies. Quant aux lacunes glandulaires, elles se sont redressées : ce sont maintenant des tubes perpendiculaires au muscle utérin. Par glissement et karyokinèse, les cellules épithéliales qui les tapissaient incomplètement se sont étendues ; dorénavant, le revêtement glandulaire est continu et, par endroits, il commence à envahir la surface libre de la muqueuse. Le tissu conjonctif est semé de cellules rondes (1), et se montre encore infiltré de sang.

Trois semaines après l'accouchement, la muqueuse s'est encore amincie (1 millimètre). L'épithélium superficiel (2) est presque totalement régénéré ; le stroma de la muqueuse est formé de cellules fusiformes et de capillaires sanguins ; il est encore infiltré d'hématies, de cristaux d'hématoïdine et de pigment. Six semaines après l'accouchement, quand la *restitutio ad integrum* est presque

_____

(1) Pour quelques auteurs, ces cellules rondes proviendraient de la division des cellules déciduales qui n'ont pas été frappées de dégénérescence.

(2) Barfurth, dans l'utérus post-partum, décrit les cellules épithéliales comme réunies par des ponts d'union. Entre ces ponts d'union, il existerait des espaces intercellulaires, qui permettraient au sang épanché de se résorber plus facilement. (Voir BARFURTH, 1896, Zellücken und Zellbrücken in Uterusepithel. *Verh. Anat. Ges.*, p. 23.)

achevée, la muqueuse utérine se montre encore pigmentée. Cette pigmentation est un des stigmates de la grossesse.

2° *Aire placentaire.* — Le premier jour après l'accouchement, la zone d'insertion placentaire diffère peu de la zone membraneuse. Toutefois, elle est plus anfractueuse. Ses culs-de-sac glandulaires sont beaucoup moins nets que partout ailleurs. A sa surface, fait saillie, sous une couche de fibrine, un lacis de vaisseaux volumineux, de 1 à 4 millimètres de diamètre. Ces vaisseaux sont gorgés de sang, contournés et tassés par la rétraction de l'utérus. C'est à la présence de ces vaisseaux que la zone placentaire doit ses caractères essentiels. Cette zone ne se régénère pas autrement que la zone membraneuse. Nous nous bornerons donc à préciser l'évolution de ses vaisseaux.

Les artères et les veines se trouvent exclues de la circulation, après le décollement de la sérotine qu'elles irriguaient; c'est pourquoi elles s'oblitèrent. Le sang qu'elles renferment se coagule. Le coagulum se dispose d'abord contre la tunique interne du vaisseau; de là, il se propage vers son centre.

Le trombus est constitué le 8ᵉ jour. C'est d'abord un simple feutrage de fibrine, parsemé d'hématies. Puis, peu à peu, l'endartère ou l'endoveine s'épaissit; son endothélium prolifère; ses cellules plates se transforment en cellules étoilées et anastomosées, qui pénètrent, sous forme de bourgeons, dans le trombus.

Ces bourgeons grandissent et se vascularisent; leur tissu prend le type adulte; alors la lumière du vaisseau, progressivement réduite, disparaît. Un cordon fibreux occupe désormais sa place. Il se montre, sur les coupes, comme un nodule transparent, faiblement coloré, à limites nettes, à contour plus ou moins onduleux. Ce nodule est encore très apparent, six semaines après l'accouchement.

b) MUQUEUSE DU COL. — De la muqueuse de cette région, nous dirons peu de chose. Elle s'est étalée et déplissée pendant le travail. Mais, quand l'utérus s'est rétracté, elle présente à nouveau des plis irréguliers, qui s'accentuent de plus en plus; l'arbre de vie, d'abord méconnaissable, commence à se reconstituer vers le 8ᵉ jour. L'épithélium de revêtement est demeuré presque partout intact. Enfin, quand l'infiltration sanguine du chorion se sera résorbée, le col sera complètement reconstitué.

Consulter sur ce sujet :

1900. — VARNIER, *La Pratique des accouchements* (*Obstétrique journalière*). Paris, G. Steinheil, éditeur.

ARTICLE III

CHAPITRE PREMIER

LA FÉCONDATION

L'ovule est une cellule périssable, comme toutes les cellules de l'organisme. Mais vient-il à s'unir au spermatozoïde? Aussitôt, l'ovule se divise pour constituer un germe. L'être nouveau, qui naît de la sorte, est doué des propriétés morphologiques et des fonctions de ses ascendants. Il est capable de transmettre à ses descendants les caractères dont il a hérité de ses ancêtres et ceux qu'il a pu acquérir lui-même. La fécondation constitue le mode de reproduction le plus complexe; c'est le seul qu'on observe chez les vertébrés; il exige le concours de produits sexuels profondément différenciés, et son importance n'échappera point, puisque, seule, la fécondation est capable d'assurer le renouvellement de l'espèce zoologique.

Pour analyser les phénomènes de la fécondation, la souris nous servira d'exemple, et nous prendrons pour guide les recherches de Sobotta (1).

1° **Phénomènes nucléaires.** — Nous avons laissé l'ovule au moment où il se prépare à émettre son globule polaire, s'il n'en émet qu'un, ou le second de ses globules, dans le cas moins fréquent où il se forme deux corpuscules de rebut.

L'œuf est sur le pavillon de la trompe ou dans la partie externe du canal tubaire. Des spermatozoïdes ont pénétré jusque-là (2). Ils sont en petit nombre, contrairement à ce qu'on observe chez beaucoup d'animaux. Un seul d'entre eux se dirige vers l'ovule et l'aborde, en un point quelconque de sa surface; il écarte les

---

(1) La pénétration du spermatozoïde dans l'œuf des mammifères a surtout été observée par trois auteurs : SOBOTTA, TAFANI, VAN DER STRICHT.

(2) C'est de six à douze heures après le coït que se produit la fécondation chez la lapine.

cellules folliculeuses dont l'ovule est encore entouré, six à dix heures après la
copulation. Il traverse alors la membrane ovulaire et prend contact avec le cyto-

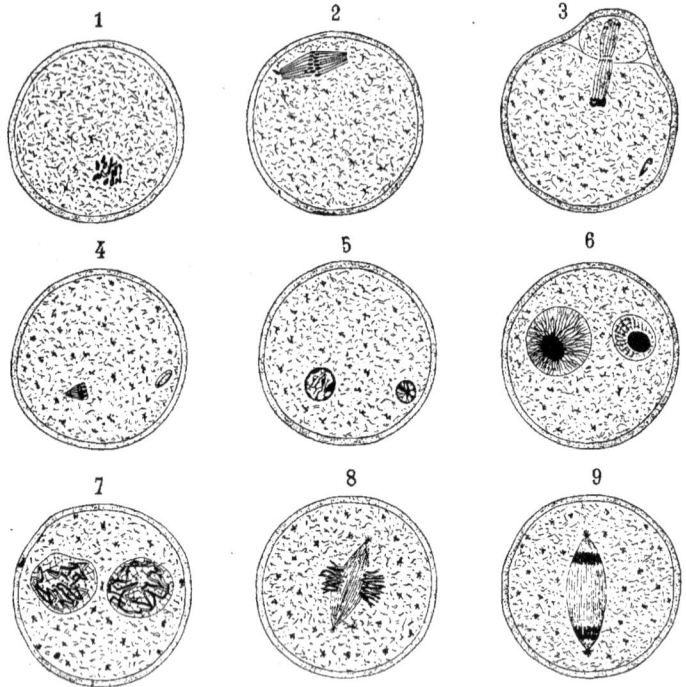

FIG. 33. — La fécondation chez la souris.

1. Ovule de souris recueilli dans la trompe de Fallope ; son noyau, de siège périphérique, se prépare à
la mitose qui précède la formation du globule polaire ; — 2. Ovule recueilli dans la trompe de Fallope ;
le noyau, avec son grand axe tangentiel, est en mitose ; son fuseau manque de pôle, c'est-à-dire que
ses filaments ne convergent pas à ses deux extrémités. Il n'existe ni centrosome, ni radiations
polaires. Les chromosomes sont déjà divisés et disposés en deux rangées ; — 3. Ovule en voie
d'éliminer son globule polaire. En bas et à droite, on voit la tête du spermatozoïde (pronucléus
mâle) qui a pénétré dans l'ovule ; — 4. Ovule, après l'expulsion de son globule polaire, montrant à
gauche le pronucléus femelle et à droite le pronucléus mâle ; — 5. Ovule dont les pronucléi se sont
accrus et présentent un réticulum chromatique et un nucléoplasme abondant ; — 6. Les deux pronucléi, dont la substance chromatique s'est ramassée au centre du noyau sous la forme d'une masse
rappelant un nucléole ; — 7. La substance chromatique des deux pronucléi accrus s'est disposée
en un filament contourné et pelotonné, dans lequel on distingue déjà des anses chromatiques ; —
8. Après l'accolement des deux pronucléi, on assiste à la formation du fuseau achromatique et à
l'arrangement des anses chromatiques à l'équateur du fuseau. On remarquera, comme sur la figure
suivante, la présence d'une sphère directrice avec un corpuscule central ; — 9. Stade diaster de la
première division de segmentation, c'est-à-dire de la division du noyau karyogamique (d'après
Sobotta, empruntée à Retterer). La figure 1 doit être retournée ; son noyau doit occuper la partie
supérieure de l'ovule et non sa partie inférieure.

plasme, qui, chez nombre d'animaux (chauve-souris), émet un cône d'attraction
(van der Stricht) (1).

(1) Le cône d'attraction, ou mamelon de conception, est une saillie que le vitellus envoie, chez certains animaux, à la rencontre du spermatozoïde.

Dès lors, le spermatozoïde est immobilisé ; il pénètre tout entier dans l'ovule, et sa queue cesse de s'agiter (1). Sa tête se tuméfie ; et le spermatozoïde se transforme en un corpuscule oblong, très colorable, qu'entoure une aréole claire. A quelque distance de ce corpuscule, un centrosome apparaît : c'est le seul centrosome que contienne l'œuf fécondé : il provient du spermatozoïde. A ce moment, le globule polaire est éliminé, et, chez nombre d'animaux, l'œuf fécondé s'entoure d'une membrane qui, désormais, rendra impossible toute fécondation ultérieure (fig. 33).

L'ovule est alors constitué par un corps cellulaire et deux noyaux. De ces noyaux, l'un est d'origine maternelle, l'autre d'origine paternelle. Le premier est assez volumineux, quoique de diamètre bien inférieur au noyau de l'ovocyte, dont il ne représente qu'une partie. Il est réduit à une « couronne dense de chromatine, avec quelques restes de fuseau achromatique ». Le second est plus petit, mais il est notablement plus volumineux que la tête du spermatozoïde dont il provient ; sa taille s'est accrue, parce qu'il s'est hydraté aux dépens du cytoplasme ovulaire.

Pour se transformer en pronucléus, chacun des noyaux augmente de volume ; la chromatine se résout en grains de taille irrégulière, et ces grains se disséminent sur le réseau achromatique et sur la face interne de la membrane nucléaire. Le pronucléus mâle est toujours plus petit que le pronucléus femelle. Cette inégalité de taille persiste, pendant que les noyaux subissent des changements de structure, d'ailleurs absolument comparables. Dans chacun des deux pronucléi, en effet, les grains chromatiques confluent les uns vers les autres ; ils se rassemblent au centre des noyaux, en une ou deux masses volumineuses, et de ces masses irradient des filaments grêles, qui semblent venir s'insérer sur la membrane nucléaire.

Dès lors, le pronucléus femelle cesse de s'accroître ; le pronucléus mâle, au contraire, continue à grossir, jusqu'à ce qu'il ait atteint le volume du pronucléus femelle. Désormais, les deux pronucléi sont absolument semblables ; il est impossible de les distinguer l'un de l'autre, ni par la taille ni par la structure. La chromatine s'est répartie sur un cordon replié qui occupe toute l'aire du noyau. Pendant les douze heures que dure leur existence, les deux pronucléi se sont donc bornés à subir des changements de structure et à s'accroître sur place. Après cette période d'évolution, ils vont effectuer leur *copulation*.

Dans chacun d'eux, le peloton chromatique se contracte (prophase). Puis il se fragmente en anses allongées, et ces anses se disposent de part et d'autre du fuseau achromatique, qui s'est développé entre les deux pronucléi. A chacun des

(1) Van der Stricht a établi que, chez la chauve-souris, le spermatozoïde pénètre dans l'œuf en un point quelconque de sa surface. Il pénètre avec sa queue. La queue du spermatozoïde peut être décelée pendant longtemps. On peut encore la colorer sur l'œuf muni de son premier fuseau de segmentation. La pénétration du spermatozoïde dans l'œuf n'est pas un fait isolé. Kostanecki et Wierzieski l'ont observée chez la *Physa Fontinalis* et l'ont représentée dans de belles figures (Voir 1896, *Arch. f. mikr. Anat.*, XLVII, p. 309). Nicolas l'a signalée chez l'orvet.

pôles du premier fuseau de segmentation, il existe un centrosome et une sphère directrice.

Les anses chromatiques, probablement au nombre de 24, se groupent alors à l'équateur du fuseau. A la plaque équatoriale (métaphase) ainsi constituée succède un diaster (1). Finalement, les deux moitiés du noyau se séparent ; une cloison apparaît dans le cytoplasme, et l'ovule se segmente en deux sphères, pourvues chacune d'un noyau. Ce sont là les deux premières cellules de l'embryon, qu'on appelle encore les deux premières *sphères de segmentation*.

Pendant cette dernière période de leur évolution, les pronucléi, mâle et femelle, sont le siège de phénomènes identiques à ceux qu'on observe dans la karyokinèse, mais le résultat du processus est profondément différent. Dans la mitose vraie, typique, un noyau se divise pour donner naissance à deux noyaux-fils. Dans la copulation des pronucléi, au contraire, deux noyaux s'accolent, mais sans se confondre, et il ne se produit point de noyau de segmentation (2).

D'autre part, si l'on compare le fuseau dans les figures de maturation et dans les figures de segmentation, on constate que, dans les premières, il n'existe ni centrosomes, ni sphère attractive. Dans les secondes, au contraire, ces organes cellulaires ne font jamais défaut. Les deux centrosomes proviennent du centrosome unique qu'apporte le spermatozoïde et qu'on voit apparaître, entre les deux pronucléi, au moment de la prophase.

Tels sont les phénomènes nucléaires qu'on observe au cours de la fécondation.

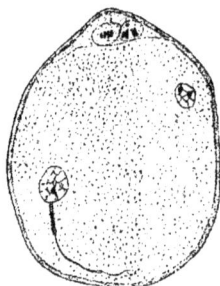

FIG. 34. — Ovule de chauve-souris fécondé. Cet ovule a émis ses globules polaires, et, dans son cytoplasme, on observe : en haut, le noyau de l'ovule ; en bas, le spermatozoïde avec sa queue (pronucléus mâle). (D'après van der Stricht).

2° **Modifications du cytoplasme**. — Les transformations du cytoplasme, pour être moins connues, n'en sont pas moins intéressantes. Nous les résumerons d'après les recherches de van der Stricht sur l'ovule de la chauve-souris.

Rappelons que l'ovocyte, arrivé au terme de son accroissement, nous

(1) Sobotta n'a jamais pu constater le dédoublement des anses chromatiques dans la plaque équatoriale.

(2) Van Beneden a montré depuis longtemps que, dans la fécondation de l'*Ascaris megalocephala*, le pronucléus mâle et le pronucléus femelle ne se fusionnent pas. Aussi, quand se forme le premier fuseau de segmentation, les chromosomes mâles et les chromosomes femelles viennent se ranger à l'équateur de ce fuseau. Cette observation a été confirmée par Zoja ; cet auteur a pratiqué des fécondations croisées avec deux variétés d'Ascaris (*Ascaris bivalens* et *A. monovalens*), et il a montré que l'on peut aisément recon_ naître les chromosomes mâles et femelles dans le premier fuseau de segmentation. Les chromosomes mâles de l'*Ascaris monovalens* sont toujours plus petits que les chromosomes femelles de la variété *bivalens* (Voir 1895, ZOJA, *Anat. Anzeig*, t. XI).

présente un cytoplasme criblé d'alvéoles. Ces alvéoles sont séparés les uns des autres par une charpente filaire et par des cordons de protoplasma différencié, connus sous le nom de boyaux vitellogènes, en raison de leur rôle physiologique (1). A ce moment, le vitellus nutritif est disséminé dans toute l'étendue de l'œuf : il n'est pas séparé du vitellus formatif.

Quand apparaît le premier fuseau de maturation, le deutoplasma s'accumule au centre de l'œuf : il est reconnaissable à ses alvéoles ; le protoplasma, au contraire, se localise au pourtour de l'œuf et au voisinage du fuseau ; il forme là une coque mince, d'aspect homogène, de structure compacte. Plus tard, lors de la formation du second fuseau, le vitellus formatif s'accroît aux dépens du vitellus nutritif.

Puis, en un point quelconque de sa surface, il émet un cône d'attraction, au niveau duquel pénètre le spermatozoïde. A partir de ce moment, le vitellus plastique s'épaissit, mais il s'épaissit seulement au pôle animal ; le deutoplasma s'accumule dans la zone d'émission des globules polaires (pôle végétatif).

Sur ces entrefaites, les pronucléi mâle et femelle se sont formés ; loin de rester au centre de l'œuf fécondé, ils émigrent dans la région de l'œuf où le vitellus formatif est le plus abondant, et c'est encore dans cette région qu'ils se rapprochent l'un de l'autre pour donner naissance au premier fuseau de segmentation (2).

En somme, le phénomène de la fécondation évolue en deux phases. Dans la première phase, qui commence à la pénétration du spermatozoïde dans l'ovule, les deux pronucléi s'accroissent dans des proportions considérables et finissent par atteindre le même volume. En même temps, la chromatine des deux pronucléi subit des modifications profondes et se présente sous des aspects différents. D'abord disposée sur les mailles d'un réseau, elle se groupe ensuite en un bloc central muni d'irradiations périphériques ; enfin, elle se résout en un cordon, irrégulièrement contourné dans l'aire du noyau.

Dans la seconde phase, les deux pronucléi s'accolent sans se confondre. L'un et l'autre sont le siège des mêmes phénomènes karyokinétiques ; chromosomes mâles et femelles sont représentés dans la plaque équatoriale et dans le diaster. De la séparation des deux plaques chromatiques et de la division de la zone de cytoplasme qui les environne, résultent les deux premières cellules de l'embryon (*blastomères*).

3° **Mécanisme de la fécondation**. — Mais quel moyen emploie le spermatozoïde pour assurer la fécondation ? On a cru, tout d'abord, que cet élément

---

(1) Ces boyaux vitellogènes résultent, chez la chauve-souris, de la différenciation des filaments qui, primitivement, entourent le corps de Balbiani et constituent la couche palléale. Quand le corps de Balbiani s'est séparé de la couche palléale, les filaments de cette couche deviennent plus courts et plus épais ; ils se fragmentent et se disséminent dans toute l'étendue du cytoplasme. C'est d'eux que provient le vitellus nutritif.

(2) La migration du pronucléus mâle s'effectue toujours ainsi, quand le spermatozoïde pénètre par le pôle végétatif.

apportait à l'œuf des ions métalliques et, en particulier, du manganèse. Ce manganèse agirait comme excitant sur l'ovule et déterminerait la fécondation. Mais on sait aujourd'hui que le manganèse est plus abondant dans l'œuf que dans le sperme. Cette hypothèse ne peut donc plus être soutenue.

Nous avons vu que le spermatozoïde qui pénètre dans l'œuf se tuméfie. Cette tuméfaction, on la croit due à ce fait que la tête du spermatozoïde s'hydrate aux dépens du cytoplasme ovulaire. C'est donc par soustraction d'eau qu'agirait le pronucléus mâle sur l'ovule à maturité (Bataillon).

Des travaux récents posent la question de savoir si le spermatozoïde n'apporte point des ferments capables de déterminer la fécondation. En filtrant du sperme de *Cœlentéré*, dont les éléments ont été détruits par un excès de chlorure sodique, on obtient un liquide qui provoque un début de segmentation (Pietri, 1899 ; Winkler, 1900).

Nous ne pouvons insister davantage sur tous ces faits, encore à l'étude. En nous plaçant à un point de vue très général, nous nous bornerons donc à rappeler qu'il y a fécondation quand deux fractions de cellules, l'une mâle, l'autre femelle, réunissent leurs substances nucléaires. « A la suite de cette union, il se produit, dans l'intérieur du protoplasma femelle, un nouveau noyau, qui se divise comme un noyau ordinaire pour engendrer des générations de cellules susceptibles d'édifier un nouvel organisme. Ce jeune individu prend peu à peu les caractères et les formes de l'espèce, et parcourt des phases évolutives analogues à celles par lesquelles ont passé ses parents. »

« Pendant la réunion des substances chromatiques mâle et femelle, il ne s'effectue pas entre elles une fusion complète : chacune semble conserver une partie des propriétés originelles, c'est-à-dire ces caractères propres qui se reflètent sur l'enfant, de façon à transmettre et à imprimer au descendant l'influence prépondérante de l'un de ses parents immédiats, ou de l'un de ses ancêtres. » Comme le dit fort bien Retterer, « l'addition de chromatine confère et assure à la substance vivante une nouvelle énergie évolutive, un véritable rajeunissement du protoplasma ».

Consulter sur ce sujet :

1889. — TAFANI, La fécondation et la segmentation observées dans les œufs des rats. *Arch. ital. de biol.*, t. XI.
1895. — SOBOTTA, Die Befruchtung und Furchung des Eies der Maus. *Arch. f. mikr. Anat.*, t. XLV, p. 15.
1896. — SOBOTTA, Die Furchung des Wirbeltiereies. *Merkel u. Bonnet Ergeb, d. Anat. u. Entwick*, t. V, p. 500.
1899. — M. DUVAL, Études sur l'embryologie des Cheiroptères. *J. de l'anat.*
1901. — DELAGE, Les théories de la fécondation. *Rev. gén. des sciences*, n° 19, p. 864.
1902. — RETTERER, Fécondation. *Dict. de Phys. de Ch. Richet.*
1902. — VAN DER STRICHT, Le spermatozoïde dans l'œuf de la chauve-souris (Vespertilio noctula). *Verh. d. anat. Gesell.*, p. 163.
1903. — VAN DER STRICHT, La struct. et la polarité de l'œuf de la chauve-souris. *C. R. Ass. des Anat.*, session de Liège, p. 43.

CHAPITRE II

LA SEGMENTATION DE L'ŒUF

Après la fécondation de l'ovule, l'œuf, encore réduit à une cellule unique, est constitué. Mais il ne tarde pas à se diviser, et de cette division procèdent une série d'éléments, connus sous le nom de *sphères de segmentation*, ou de *blastomères*. Ces sphères sont groupées en une masse pleine, sphérique : la *morula*.

La morula se transforme bientôt en une vésicule (Lieberkühn). A cet effet, les sphères de segmentation se répartissent à la périphérie de cette vésicule. Elles circonscrivent ainsi une cavité, connue sous le nom de *cavité de segmen-*

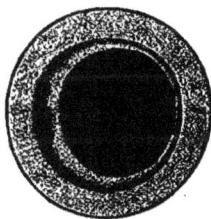

FIG. 35. — Œuf de lapine, recueilli dans la trompe, 18 heures après le coït. (D'après Coste.)

FIG. 36. — Œuf de lapine, 24 heures après le coït. Cet œuf contient deux sphères de segmentation. On voit encore dans l'œuf les globules polaires et quelques spermatozoïdes. (D'après Coste.)

tation, cavité remplie d'un liquide transparent, de nature albumineuse : la morula est devenue une *blastula*.

Examinons donc comment s'opère la segmentation, chez les mammifères, et comment se produit la cavité de segmentation, dont les dimensions sont si considérables, chez ces vertébrés, qu'elles constituent le caractère fondamental de leur blastula.

Segmentation chez les mammifères. — Dans cette étude, nous prendrons pour type l'œuf de la lapine.

Chez la lapine, les spermatozoïdes arrivent à la surface de l'ovaire trois heures après la copulation (1) ; ils entrent donc très rapidement en contact avec l'ovule, mais ils n'y pénètrent qu'après l'achèvement des phénomènes de maturation.

Quatre à six ovules entrent à la fois en maturation. D'abord, leur vitellus se rétracte, en expulsant un liquide, qui se répand entre le vitellus et la zone pellucide (*liquide périvitellin*). Puis, les globules polaires sont éliminés, et le vitellus présente alors un mouvement de rotation lente : il tourne en bloc sur lui-même. Ce phénomène se passe dix heures après le coït (Bischoff, 1841).

À la treizième heure, les ovules sont déjà engagés dans la trompe, où ils s'entourent d'une gaine albumineuse. « Quelques cellules de la couronne radiée sont restées adhérentes à la face externe de la zone pellucide et se trouvent emprisonnées dans les couches concentriques d'albumine, sécrétées à la surface des ovules par la muqueuse de la trompe (albumen) » (Tourneux).

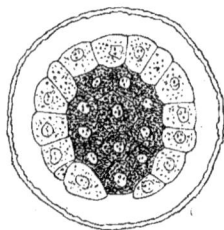

FIG. 37. — Œuf de lapine, 70 heures après la fécondation (d'après van Beneden). Limité par une zone pellucide, l'œuf est constitué à la périphérie par des cellules claires et au centre par des cellules sombres. Les cellules périphériques sont sur le point d'envelopper complètement les cellules centrales (stade de morula).

Les ovules, fécondés seulement dans la partie externe de la trompe, arrivent à la partie moyenne de ce canal vers la 21ᵉ heure. A ce moment, chaque ovule est déjà segmenté en deux sphères vitellines, de 80 à 90 μ de diamètre. Ces deux sphères, qui sont de taille inégale et d'aspect différent (van Beneden), sont séparées de la membrane pellucide par une nappe de liquide péri-vitellin, où l'on trouve les globules polaires et des spermatozoïdes (Coste) qui vont disparaître par dégénérescence (fig. 36).

La segmentation se poursuit rapidement ; les sphères de segmentation sont de plus en plus nombreuses, mais de plus en plus petites. On en compte successivement 4 (29ᵉ heure), 8 (35ᵉ heure), 28 (49ᵉ heure).

Quand il a pénétré dans le tiers interne de la trompe (2) (51ᵉ heure), l'œuf continue à se diviser, et la segmentation aboutit à la formation d'un amas cellulaire plein (76ᵉ heure), qui est la morula (fig. 37). A la périphérie de la morula, sont disposées des cellules claires, de forme cubique (cellules animales). En son centre, sont accumulés des éléments volumineux, d'aspect sombre et granuleux (cellules végétatives).

(1) Les données chronologiques qui sont indiquées dans ce chapitre de la segmentation sont empruntées à l'excellent *Précis d'embryologie humaine* du professeur F. Tourneux.

(2) Jusqu'au stade à 8 blastomères, les sphères de segmentation présentent toutes une zone cytoplasmique qui s'adosse à la zone pellucide. A partir de ce stade, chez la chauve-souris (van Beneden), il existe des blastomères centraux, qui n'ont aucune connexion avec la surface de l'œuf.

Tels sont, brièvement exposés, les premiers phénomènes qu'on observe sur l'ovule fécondé. Il est nécessaire de revenir sur quelques-uns d'entre eux, pour mettre en relief un certain nombre de faits dont l'importance est fondamentale.

Particularités de la segmentation. —Remarquons tout d'abord que, depuis la fécondation jusqu'à la formation de la morula, l'œuf chemine dans la trompe, du pavillon jusqu'à l'ostium uterinum (1). Ce trajet, il ne l'effectue pas avec une vitesse égale. Il parcourt en huit heures la première moitié de la trompe ; il

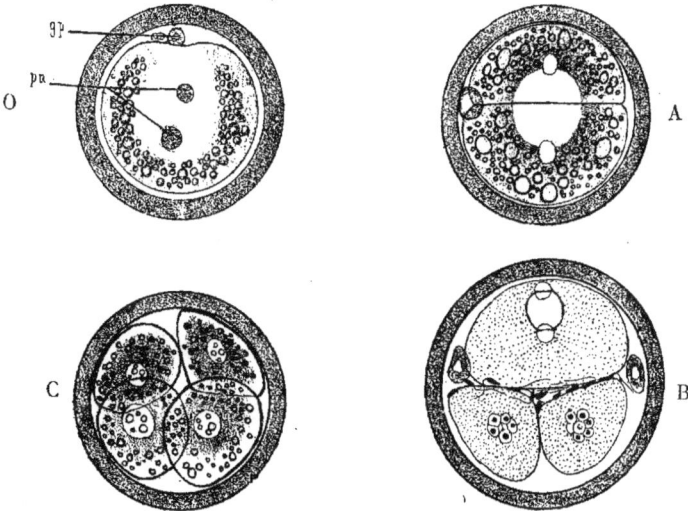

FIG. 38. — Segmentation inégale de l'œuf des Cheiroptères (empruntée à Prenant).
(D'après van Beneden.)

O. OEuf d'un Dascynème ; — gp. Les deux globules polaires ; — pn. Les deux pronucléi. — A. OEuf de Dascynème, au premier stade de la segmentation. — B. OEuf de Vespertilio mystacinus, segmenté en trois blastomères. — C. OEuf du Grand Fer à cheval, où la deuxième segmentation est complètement terminée.

met sept fois plus de temps à traverser la seconde moitié de la trompe. Le ralentissement qu'on observe dans la progression de l'œuf doit être attribué, au moins en partie, au dépôt d'albumine de plus en plus considérable, qui s'effectue à la surface de l'œuf, dont il augmente, en apparence du moins, le volume et le poids (2).

(1) A l'inverse de ce qu'on observe chez la lapine, la plus grande partie de la segmentation s'effectue dans l'utérus, chez la chauve-souris (van Beneden).
(2) La couche d'albumine mesure, en effet :

17 μ	sur l'œuf,	21 heures après le coït ;		
40 μ	—	29	—	
60 μ	—	49	—	
110 μ	—	51	—	
190 μ	—	76	—	

Quant à l'œuf proprement dit, ses dimensions sont restées invariables, mais son aspect s'est profondément modifié. Sa masse toute entière s'est segmentée en éléments d'autant plus nombreux, qu'ils sont plus petits : les blastomères. En d'autres termes, l'œuf a subi la *segmentation totale.*

Toutefois les sphères de segmentation ne sont ni de dimensions ni d'aspect rigoureusement identiques. Des deux premières sphères de segmentation, l'une est déjà plus volumineuse et plus sombre que sa congénère. De la sphère claire, dériveront les cellules animales ; de la sphère sombre, proviendront les cellules végétatives. Ces différences, entre les deux ordres de cellules, sont peu apparentes, sans doute ; elles n'en existent pas moins, et c'est pour les rappeler qu'on définit la segmentation des mammifères une *segmentation totale et subégale* (1).

Deux faits justifient d'ailleurs cette distinction. D'abord, les cellules animales et les cellules végétatives se divisent avec une inégale rapidité.

Chez le lapin, cette particularité s'observe assez tôt. Il existe un stade à 2 cellules, un stade à 4 et un stade à 8 cellules. Ces 8 cellules ne sont pas identiques : 4 d'entre elles sont d'un type que nous qualifierons de type animal, 4 sont de type végétatif. Ces 8 cellules n'entrent plus en division simultanément : les 4 cellules animales se divisent, tandis que les 4 cellules végétatives restent au repos. A ce stade, il existe donc 12 sphères de segmentation. Puis, à leur tour, les 4 cellules végétatives entrent en karyokinèse (stade à 16 blastomères), et ce processus se poursuit (stade à 24 blastomères, etc.) (2).

D'autre part, les cellules animales et les cellules végétatives se répartissent en deux groupes distincts : le groupe des cellules animales occupe un hémisphère de l'œuf ; le groupe des cellules végétatives se localise dans l'hémisphère opposé. Mais les cellules animales se multiplient beaucoup plus rapidement que les cellules végétatives ; de ce fait, elles empiètent sur l'hémisphère végétatif et l'entourent progressivement. Finalement, la morula nous apparaît comme formée par un amas cellulaire plein. Les éléments qui constituent cet amas sont lâchement unis les uns aux autres et se groupent en un noyau central, composé de cellules végétatives. Autour de ce noyau, se dispose une assise périphérique de petites cellules (cellules animales), qui, par leur pôle libre, font saillie à la surface du blastocyte et lui donnent l'aspect d'une mûre (morula) (fig. 37).

La morula résulte d'un mécanisme de segmentation, toujours identique à lui-même.

Chez les vertébrés inférieurs, tels que la grenouille, le processus de la segmentation est assez facile à suivre. L'œuf non fécondé présente deux segments. L'un de ces segments est incolore et volumineux : c'est le pôle végétatif ; l'autre est petit et fortement pigmenté : c'est le pôle animal. Dès que l'œuf est

_____

(1) « La segmentation est inégale, surtout au début; mais il existe, quant au degré de l'inégalité, des différences individuelles fort apparentes » (v. Beneden) ; ces différences sont parfois peu accusées, comme chez la chauve-souris.

(2) Des phénomènes identiques s'observent chez la chauve-souris (v. Beneden) et chez la souris, où Sobotta a noté successivement 2, 3, 4, 6, 8, 12, 16 sphères de segmentation.

pondu, il est lesté par les réserves nutritives, accumulées dans le pôle végétatif; l'œuf flotte, et son pôle animal, le plus léger, s'oriente toujours vers la surface de l'eau.

Une fois fécondé, l'œuf se segmente. Le premier plan de segmentation est vertical : il apparaît sur le pôle animal et s'enfonce vers le pôle opposé, en passant par la ligne de conjugaison des deux pronucléi. Le second plan de segmentation est également vertical : il passe aussi par un méridien de l'œuf, en formant un angle droit avec le premier plan de segmentation. Quant au troisième plan de segmentation, il est horizontal, c'est-à-dire perpendiculaire aux deux premiers plans de segmentation. Comme il passe au-dessus de l'équateur de l'œuf, il est plus rapproché du pôle animal que du pôle végétatif.

« Les produits de cette division sont donc de volume inégal et de structure différente... Les quatre segments dirigés vers le haut sont plus petits et moins riches en deutoplasma ; les quatre segments inférieurs sont beaucoup plus volumineux et beaucoup plus riches en deutoplasma » (Hertwig).

Le mécanisme de la segmentation est d'une étude beaucoup plus difficile chez les mammifères. Toutefois, il semble rappeler, dans ses grands traits, le processus qui vient d'être indiqué chez la grenouille (1).

A l'inverse de ce qu'on observe chez nombre de vertébrés, le premier plan de segmentation, chez la souris, est indépendant de la situation qu'occupent les globules polaires (Sobotta) (2).

(1) Il est intéressant de rappeler ici que les premières sphères de segmentation présentent, chez la chauve-souris, une polarité très nette. Quand l'œuf est réduit à deux cellules, le deutoplasme s'accumule à l'un des pôles de ces cellules ; le noyau se réfugie au pôle opposé. Quand l'œuf compte 4 sphères de segmentation, il n'a pas encore perdu sa polarité : le deutoplasme s'accumule de part et d'autre des plans de segmentation. Le vitellus formatif et les noyaux sont rejetés à la périphérie de la morula.

(2) Nous avons constaté que les deux premiers blastomères diffèrent de taille et d'aspect chez les vertébrés. Ils constituent, l'un la cellule-mère de l'endoderme, l'autre la cellule-mère de l'ectoderme.

Pareille différence a été observée par Boveri sur l'œuf de l'Ascaris. L'un des deux premiers blastomères serait l'origine des cellules somatiques, l'autre serait la cellule-mère des cellules du germen (cellules sexuelles).

Enfin, Chabry, en détruisant certaines cellules d'un œuf en voie de segmentation, a obtenu des fractions d'embryons (semi-gastrula, etc.).

La conclusion que semblent comporter de pareils faits est la suivante : les deux premiers blastomères jouissent d'une spécificité véritable, et l'œuf dont ils dérivent est une cellule anisotrope. Une de ses moitiés est appelée à passer dans la cellule ectodermique, l'autre moitié constituera la cellule-mère de l'endoderme. D'autre part, les feuillets blastodermiques, qui résultent de la division de ces deux cellules-mères, jouissent également d'une véritable spécificité : de l'endoderme, en effet, dériveront toujours l'épithélium intestinal et ses glandes ; de l'ectoderme, le système nerveux, le tégument externe et les phanères.

En d'autres termes « l'on pourrait, en remontant à l'œuf fécondé ou même à l'œuf non fécondé, réussir à déterminer le lieu qui, dans l'œuf, est destiné à fournir l'ébauche de chaque organe embryonnaire ». Telle est la *théorie des zones organogènes du germe*.

Cette théorie, exposée par His, on a voulu la préciser, et l'on s'est demandé si les zones organogènes du germe étaient localisées dans le cytoplasme ou dans le noyau de l'œuf. De là sont nées la *théorie cytoplasmique de l'anisotropie* de l'œuf et la *théorie nucléaire*, dite *théorie de la mosaïque* (Roux).

Pour juger de ces *théories de la préformation*, mettons à l'épreuve les faits principaux sur lesquels elles s'appuient.

Van Beneden (1899) a noté que les différences qu'on observe entre les deux premiers blastomères sont parfois peu accusées.

D'autre part, Wilson a mis en doute les conclusions de Boveri, et il a fait voir qu'en isolant un blastomère, au moment où la morula compte 2, 4 ou 8 blastomères, on pouvait obtenir, non pas une fraction de gastrula, mais une gastrula typique.

L'œuf serait donc isotrope. Une portion quelconque de cet œuf serait capable de donner naissance à un organe, ou même à un organisme entier, qui diffère seulement par sa taille moindre d'un organisme normalement engendré.

Les feuillets dérivés de cet œuf isotrope se montrent dénués de toute spécificité. L'embryologie des mammifères nous montre, en effet, que le mésoderme et l'ectoderme sont, l'un et l'autre, capables d'élaborer des fibres lisses ou du tissu conjonctif et de prendre l'aspect épithélial. L'embryologie comparée nous apprend aussi que l'intestin est d'origine ectodermique chez certains Arthropodes (Insectes), que le cœur et le système nerveux sont endodermiques chez certains Tuniciers.

Chez les Tuniciers, en particulier, les divers feuillets « s'équivalent ». Tel organe d'origine endodermique se reconstitue, au cours du bourgeonnement, ou se régénère aux dépens d'éléments dont l'origine blastodermique est différente.

Il y a donc lieu de conclure que l'œuf est *isotrope*, que les lames cellulaires qu'il édifie (feuillets) sont des organes morphologiques, dénués de toute signification histo-physiologique, et que les différenciations dont les feuillets sont le siège sont commandées par les conditions dans lesquelles est appelé à vivre l'organisme. Quand ces conditions se modifient, la fonction se modifie parallèlement et, par contre-coup, se modifient les organes qui doivent assurer cette fonction. Telle est la doctrine de *l'épigenèse*, la plus généralement admise actuellement.

Les feuillets n'auront donc, pour nous, qu'une importance relative, et quand nous indiquerons, ici et là, les origines blastodermiques de tel ou tel organe, nous voudrons dire simplement que, chez le lapin, par exemple, dans les conditions normales du développement, tel organe procède de tel ou tel groupe cellulaire.

CHAPITRE III

FORMATION DES FEUILLETS EMBRYONNAIRES

Aussitôt la segmentation terminée, l'œuf pénètre dans l'utérus pour s'y greffer et achever son développement.

Pendant 5 jours, il séjourne dans l'utérus sans s'y fixer (80e à 180e heure). Puis, il contracte des adhérences avec l'endomètre. Enfin il différencie sa forme extérieure, et l'embryon est dorénavant constitué.

1° Les premières modifications de l'œuf. — Une fois parvenu dans l'utérus, l'œuf, dont la taille était demeurée stationnaire (180 μ), s'accroît rapidement. Son diamètre atteint successivement 1 mm. 25 (116 h.), 1 mm. 50 (125 h.), 2 mm. 50 (140 h.), 5 millimètres (180 h.).

Les enveloppes de l'œuf se modifient. La membrane pellucide s'atrophie (89 h.) et disparaît (116 h.), probablement phagocytée par les cellules blastodermiques. L'albumen se tasse, s'amincit (12 μ à la 116e h.) et perd ses stries concentriques. Au moment où la pellucide se résorbe, l'albumen entre au contact du blastoderme (1) et forme une membrane homogène et transparente, qui cesse d'être visible, quand l'œuf se fixe à la paroi de l'utérus. Cette membrane a été qualifiée de prochorion (Hensen) ; en réalité, ce nom ne lui convient nullement : elle n'est point, en effet, un chorion, c'est-à-dire une membrane cellulaire, mais bien une simple couche albumineuse.

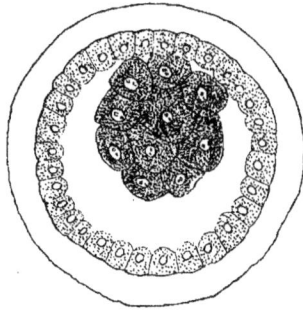

Fig. 39. — Œuf de lapine, 95 heures après la fécondation. L'œuf apparaît comme une vésicule creuse, limitée par des cellules claires. Dans sa cavité (cavité de segmentation) fait saillie l'amas vitellin. (D'après van Beneden.)

Pendant que les enveloppes de l'œuf se réduisent de la sorte, le blastocyte subit de profondes modifications.

(1) Le liquide péri-vitellin a disparu avec les éléments qu'il pouvait contenir (spermatozoïdes, etc.).

Il s'accroît dans des proportions considérables, et cela avec une extrême rapidité. Sa masse cellulaire (1), jusque-là pleine, se transforme en une vésicule creuse : la *blastula* (2).

A cet effet, une cavité apparaît au centre de la morula. Les sphères de segmen-

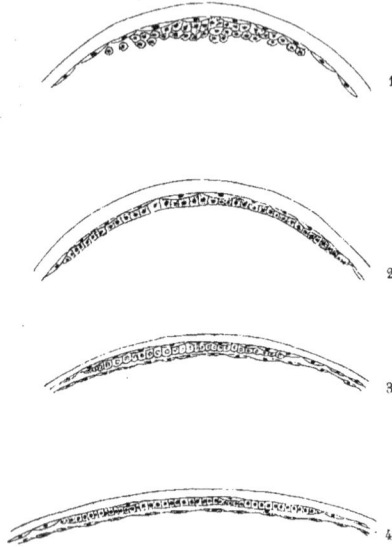

FIG. 40. — Évolution du blastoderme chez la lapine. La zone pellucide a disparu. L'œuf est entouré d'albumine condensée (en partie d'après Tourneux).

1. L'amas vitellin commence à s'étaler à la face profonde de cellules animales ; — 2. Stade didermique primitif. Cellules animales et cellules végétatives sont disposées sur une seule assise ; — 3. Stade tridermique primitif. Le blastoderme comprend de dehors en dedans : 1° l'ectoderme primitif (couche de Rauber), 2° l'ectoderme définitif, 3° l'endoderme ; — 4. Stade didermique secondaire. La couche de Rauber est en voie de disparition ; l'œuf est réduit à ses deux feuillets primordiaux, l'ectoderme et l'endoderme.

tation se disposent à la périphérie de la morula, dont la surface se régularise.

(1) Sur les œufs de 75 heures, van Beneden figure une solution de continuité dans les cellules périphériques de la morula. Cette solution de continuité a pour plancher l'amas central des cellules végétatives. L'auteur la considérait comme un blastopore, c'est-à-dire comme l'orifice d'une gastrula. En réalité, elle représente uniquement la région de l'amas vitellin, que les cellules animales, au cours de l'épibolie, n'ont pas encore eu le temps de revêtir (Voir fig. 37).

(2) « La cavité blastodermique n'apparaît pas, chez le murin, sous la forme d'une fente continue, séparant la couche enveloppante de l'amas cellulaire interne de l'œuf enveloppé » (van Beneden). Elle a pour origine des vacuoles intra-cellulaires qui se développent dans certaines cellules de l'amas vitellin, et dans celles-là précisément qui limiteront ultérieurement la cavité blastodermique. Ces vacuoles grandissent, s'ouvrent les unes dans les autres et constituent la cavité blastodermique, qui représente, originellement, une *cavité intra-cellulaire*.

Elles constituent un feuillet mince, et ce premier feuillet blastodermique circonscrit une cavité, qui devient de plus en plus spacieuse (*cavité de segmentation*) et se remplit d'un liquide que troublent et coagulent la plupart des réactifs histologiques. La membrane blastodermique est mince ; pourtant, en un point de son étendue, elle présente un épaississement à sa face interne. Cet épaississement, connu sous le nom d'*amas vitellin*, de *reste vitellin*, est constitué par les cellules végétatives. Il fait saillie dans la cavité de segmentation (fig. 39).

L'amas vitellin est tout d'abord cunéiforme. Par sa base, il s'adosse au pôle supérieur du blastocyte et s'accole à la face interne des cellules animales. Ses éléments, volumineux, de forme polyédrique, se distinguent aisément des cellules animales, de type pavimenteux (96ᵉ h.).

Quelques heures plus tard (100ᵉ h.), l'amas vitellin s'étale à la face profonde des cellules animales (1). Mais son étalement est incomplet. Il simule un disque,

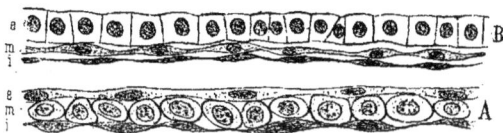

FIG. 41. — Coupe d'une aire embryonnaire de lapin à deux stades successifs (empruntée à Prenant). (D'après van Beneden.)
Les cellules ectodermiques, encore aplaties en A, sont devenues cylindriques en B ; — e, ectoderme ; m, mésoderme ; — i, endoderme.

le *gastro-disque*, plus épais en son centre qu'à sa périphérie. Au centre du gastro-disque, les cellules végétatives sont disposées sur deux ou trois rangs ; au niveau de ses bords, elles sont réparties sur une seule assise (fig. 40) (2).

Il est probable chez le lapin, il est certain chez le murin (Duval), que l'amas vitellin continue à s'étaler à la face profonde des cellules animales. Finalement, cellules animales et cellules végétatives sont disposées, les unes et les autres, sur une seule couche. Tel est le *stade didermique primitif* (Duval).

L'ectoderme (cellules animales) s'épaissit alors au niveau du disque embryonnaire. Il apparaît formé de deux assises cellulaires : l'une est superficielle, c'est *l'ectoderme primitif*, ou *couche de Rauber* ; l'autre est profonde, elle s'interpose entre l'ectoderme primitif et l'endoderme (cellules végétatives), c'est *l'ectoderme définitif*. A ce stade, étudié par Rauber et Kölliker, on peut donner le nom de *stade tridermique primitif* (116ᵉ h.).

Mais ce dernier stade est transitoire. L'ectoderme primitif ne tarde pas, en effet, à s'exfolier (120ᵉ à 140ᵉ h.). Le germe est alors constitué uniquement par deux feuillets. Jusqu'au 5ᵉ jour, le feuillet externe (ectoderme définitif) n'est

(1) Ce stade est décrit comme stade didermique primitif par nombre d'auteurs.
(2) Ce stade est qualifié de stade tridermique primitif par van Beneden.

doublé d'endoderme que dans l'hémisphère supérieur de l'œuf. Mais, à la fin du 6ᵉ jour, l'endoderme revêt la face profonde de l'ectoderme, sur toute son étendue. L'endoderme est uniquement représenté par des cellules pavimenteuses. L'ectoderme, au contraire, présente une structure qui varie avec les points considérés. Au niveau du disque embryonnaire, il est formé de cellules prismatiques ; partout ailleurs, il est constitué par des cellules aplaties qui sont farcies de cristalloïdes albumineux (van Beneden, 1880). Tel est le *stade didermique secondaire*.

Nous verrons ultérieurement qu'entre les deux feuillets primaires du blastoderme apparaît un feuillet nouveau, le mésoderme (*stade tridermique définitif*) ; mais, avant d'aller plus loin, il importe d'examiner, sur des vues en surface, l'aspect qu'affecte alors le blastocyte (fig. 41).

2° **Examen en surface du disque embryonnaire**. — a) *Embryons de 140 heures*. — Pendant que se prépare et s'effectue la formation des deux feuillets primaires du blastoderme, la tache embryonnaire apparaît ; dès lors, c'est aux vues

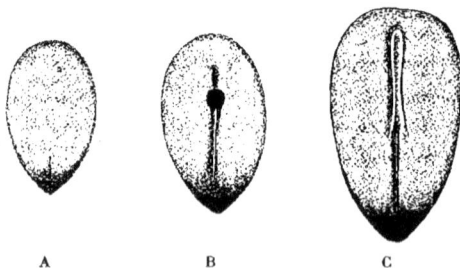

FIG. 42.

A, aire embryonnaire d'un lapin de 6 jours et 18 heures, avec sa ligne primitive (d'après Kölliker) ; — B, aire embryonnaire d'un lapin un peu plus âgé, avec sa ligne primitive et son prolongement céphalique (d'après van Beneden) ; — C, aire embryonnaire d'un lapin de 7 jours, avec sa ligne primitive et sa gouttière médullaire.

en surface qu'il faut recourir pour prendre connaissance des premiers développements de l'aire ou disque embryonnaire.

L'aire embryonnaire, ou germinative, se différencie vers la 106ᵉ heure, au moment où se forme le gastro-disque et au niveau même de ce gastro-disque. C'est une tache sombre, arrondie, et dont les limites, d'abord assez floues, s'accusent nettement après l'exfoliation de la couche de Rauber (140 heures).

Puis la tache embryonnaire s'allonge. Elle devient piriforme. Sa grosse extrémité peut être qualifiée d'extrémité antérieure : c'est à son voisinage, en effet, que se formera la tête de l'embryon. Sa petite extrémité est effilée.

b) *Embryons de 150 heures*. — Au début du 7ᵉ jour, le germe atteint un millimètre ; une traînée sombre court dans le grand axe de la tache embryonnaire et dans le segment postérieur de cette tache : c'est *la ligne primitive*. Cette ligne présente en avant une extrémité renflée : *tête de la ligne primitive*, ou *nœud de Hensen*. En arrière, elle se termine en s'étalant sur l'extrémité postérieure de la tache embryonnaire (fig. 42, A).

c) *Embryons de 160 heures.* — Un peu plus tard (160 heures), la ligne primitive se déprime : un sillon longitudinal, *sillon ou gouttière primitive*, apparaît dans toute son étendue. En même temps, une traînée sombre se détache de l'extrémité antérieure de la ligne primitive, se porte directement en avant et se perd à quelque distance du nœud de Hensen : c'est le *prolongement céphalique de la ligne primitive* (fig. 42, B).

Ajoutons qu'à ce moment l'extrémité postérieure de l'embryon est encadrée par une zone obscure, qui marque le commencement de l'aire opaque.

d) *Embryons de 173 heures.* — La tache embryonnaire mesure 1 millimètre et

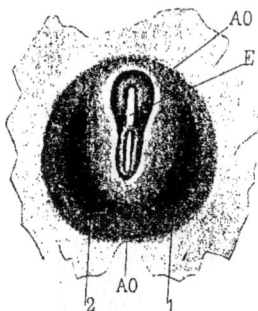

FIG. 43. — Embryon de lapin de 7 jours et demi entouré de son aire opaque.
AO, AO, limites antérieure et postérieure de l'aire opaque ; — 1, 2, croissants ectoplacentaires ; —
E, embryon. — Grossissement : 8 diamètres (d'après M. Duval).

demi sur les œufs de cet âge. Son accroissement a principalement porté sur la région du disque embryonnaire, située au-devant de la ligne primitive.

Le disque embryonnaire est soulevé en bouclier ; sur la ligne médiane, on y remarque, en arrière la ligne primitive avec son sillon, en avant une gouttière largement ouverte : c'est la *gouttière médullaire*. Gouttière médullaire et ligne primitive sont situées l'une au-devant de l'autre ; le prolongement céphalique de la ligne primitive se voit, par transparence, dans la partie postérieure de la gouttière médullaire (fig. 42, C).

La tache embryonnaire est entourée d'une zone étroite et claire : *l'aire transparente*. L'aire transparente, en retrait sur la tache embryonnaire, se montre à son tour circonscrite par une zone sombre : *l'aire opaque*. Cette aire s'est développée sous la forme d'un croissant ; elle encadre primitivement la partie postérieure du disque embryonnaire. Au stade qui nous occupe, le croissant s'est étendu d'arrière en avant ; ses deux cornes atteignent le niveau de l'extrémité antérieure du disque germinatif; elles ne tarderont pas à se rejoindre en avant du disque embryonnaire.

e) Embryons de 190 *heures.* — A ce stade, l'aire embryonnaire a la forme d'un sablier; elle est étranglée à sa partie moyenne et s'est transformée toute entière en un embryon. L'aire transparente entoure l'embryon; elle est deux ou trois fois plus large à sa partie postérieure qu'à son extrémité opposée. L'aire opaque enveloppe complètement l'aire transparente, dont elle reproduit la forme. Elle est étroite en avant, et elle augmente progressivement d'étendue, d'avant en arrière. Elle est large surtout en arrière de l'embryon. Dans l'aire opaque, à égale distance de son bord central et de son bord périphérique, se sont développés deux épaississements, en forme de croissants. Ces croissants sont situés, à droite et à gauche, en regard de la partie postérieure du disque embryonnaire. Ce sont les *croissants ectoplacentaires* (fig. 43).

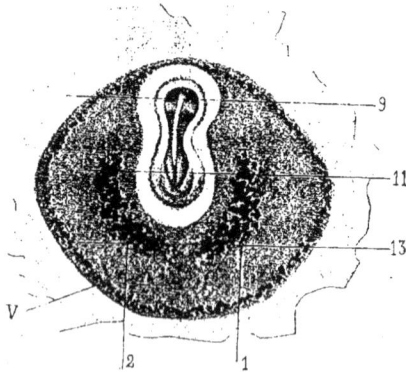

Fig. 44. — Embryon de 8 jours avec son aire opaque.

V, les îlots vasculaires de la périphérie de l'aire opaque; — 1, 2, croissants ectoplacentaires. — Grossissement : 8 diamètres (d'après Duval).

f) Embryons de 195 *heures.* — Sur l'embryon de 195 heures, ces croissants se sont fusionnés par leur extrémité postérieure; ils constituent le *fer à cheval placentaire*. Ce fer à cheval entoure, à distance, la moitié postérieure de l'embryon; c'est à son niveau que s'effectuent les adhérences de l'endomètre et du placenta. Le fer à cheval placentaire est d'aspect marbré; cet aspect est dû aux inégalités d'épaisseur qu'il présente; les parties saillantes alternent avec les parties déprimées; les premières pénètrent dans la muqueuse utérine pour assurer la fixation du disque embryonnaire (fig. 44).

Chez le lapin, l'aire opaque toute entière se transforme en *aire vasculaire*; les premiers germes vasculaires apparaissent à la périphérie de l'aire opaque, en regard de l'extrémité postérieure de l'embryon.

Sur les œufs de 195 heures (2 mm. 5), l'embryon nous présente sur la ligne médiane, en avant la gouttière médullaire, en arrière la ligne primitive. Ces deux formations occupent le grand axe d'une zone ovalaire, dite *zone centrale* ou *rachidienne*.

Dans cette zone, à droite et à gauche de la moelle, on trouve de petites plaques rectangulaires, situées les unes au-dessus des autres : ce sont les *segments primordiaux*, au nombre de 3 paires sur l'embryon de 195 heures, de 7 paires sur l'embryon de 205 heures. La zone centrale est entourée d'une zone

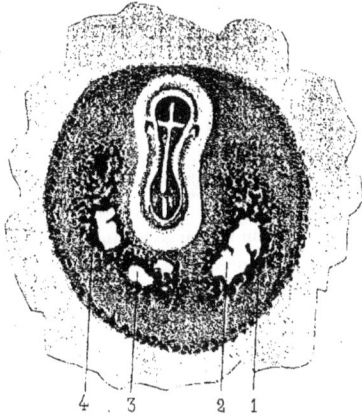

Fig. 45. — Embryon de 8 jours et demi avec son aire opaque.
1, 4, croissants ectoplacentaires ; — 2, 3, lacunes produites dans ces croissants pendant l'arrachement du blastoderme, et résultant de ce que des portions d'ectoderme sont restées adhérentes aux saillies cotylédonaires de l'utérus. — Grossissement : 8 diamètres (d'après Duval).

claire, *la zone pariétale*, elle-même encadrée par l'aire transparente, qui sépare l'embryon proprement dit de l'aire opaque (fig. 45) (1).

3° **Examen des coupes du disque embryonnaire.** — Il importe de compléter, par l'examen de quelques coupes, les notions que viennent de nous fournir les vues en surface d'une série de disques embryonnaires. Il nous suffira d'examiner à quelles particularités répondent les aspects connus sous le nom de

_____

(1) Toutes ces indications chronologiques sont empruntées à l'excellent précis du professeur Tourneux. Il importe toutefois de retenir qu'il existe des variations individuelles considérables dans l'état de développement que présentent deux embryons du même âge et de la même portée. Les variations dans l'accroissement sont plus considérables encore sur les embryons de portées différentes : tel embryon du 12e jour est moins avancé que tel autre du 10e, comme l'ont établi Mehnert (1895) chez la tortue, Bonnet chez la brebis, Keibel chez le porc, et Fischel (1896) chez le canard. Ce dernier auteur a montré que la croissance procède par « à-coups » chez les embryons qui sont restés longtemps petits (voir : 1896, FISCHEL, *Morphol. Jahrb.*, t. XXIV, p. 369).

ligne primitive, de *prolongement céphalique de la ligne primitive*, de *segments primordiaux* et de *mésoderme*.

A. LIGNE PRIMITIVE. — Si l'on débite en coupes sériées un disque embryonnaire de la 130e heure, on constate que la région antérieure du disque est mince : elle est formée uniquement par l'ectoderme et l'endoderme.

La région postérieure du disque embryonnaire est parcourue, dans son grand axe, par la ligne primitive. La ligne primitive répond à un épaississement, très localisé, du blastoderme. A son niveau, l'ectoderme et l'endoderme sont réunis en un amas cellulaire, dont nous aurons à déterminer l'origine. De cet amas procèdent deux expansions, l'une droite et l'autre gauche, qui s'insinuent entre les deux feuillets primaires du blastoderme. Ce sont les *initiales mésodermiques*.

A ce stade, le disque embryonnaire est didermique dans sa région antérieure et tridermique dans sa région postérieure. La ligne primitive nous apparaît comme un épaississement axial du blastoderme ; de cet épaississement dérive le mésoderme (fig. 46 et 47).

B. PROLONGEMENT CÉPHALIQUE DE LA LIGNE PRIMITIVE. — Nous avons assisté à la naissance du prolongement céphalique sur les embryons de 160 heures. A cet âge, la région axiale de l'embryon comprend trois parties : une antérieure, une moyenne, une postérieure.

1° La région antérieure est occupée par l'ectoderme et l'endoderme, accolés, sur la ligne médiane, séparés l'un de l'autre, sur les côtés, par le mésoderme qui pénètre jusque dans l'aire opaque.

2° La région postérieure est parcourue par la ligne primitive. Dans cette région, le blastoderme est tridermique, sur la ligne médiane comme sur les côtés.

3° La région moyenne, ou région du prolongement céphalique, présente une disposition particulière, qu'il est facile d'étudier sur des coupes en série, pratiquées d'arrière en avant.

a) A son niveau, l'ectoderme s'est déprimé sur la ligne médiane, et il simule un cul-de-sac oblique d'arrière en avant et de haut en bas. Par son extrémité borgne, le cul-de-sac butte contre l'endoderme embryonnaire. Le fond du cul-de-sac et l'endoderme accolés se résorbent. Le cul-de-sac est, dès lors, transformé en canal.

b) C'est le canal qu'on observe sur les embryons de 160 heures ; il traverse le nœud de Hensen, et il apparaît comme une traînée obscure sur les disques embryonnaires examinés par leur surface. Son orifice extérieur est étroit et difficile à voir ; son trajet est oblique d'arrière en avant et de haut en bas ; son orifice profond est relativement large. Cet orifice se prolonge par une gouttière médiane, qui s'atténue d'arrière en avant et meurt très vite sur la région antérieure du disque embryonnaire.

Ce canal est jeté entre l'ectoderme et l'endoderme de l'embryon ; il établit donc une communication entre le milieu extérieur et la cavité blastodermique. De sa paroi supérieure dérive la *chorde dorsale*, ou *notochorde* : aussi désigne-t-on ce canal sous le nom de *canal chordal*.

Le canal chordal, à l'inverse de l'endoderme, est bordé de hautes cellules, et ses

parois « contribuent latéralement à la formation des lames mésodermiques »
(Tourneux).

c) Quand la gouttière médullaire est close et que, par suite, elle est isolée de
l'ectoderme dont elle provient, la moelle est constituée. Le canal chordal s'est
trouvé comme absorbé dans la partie caudale du névraxe.

Son orifice profond ne s'est pas modifié ; son orifice extérieur, au contraire, n'a plus les mêmes rapports. Il ne débouche plus à la surface de l'embryon.
Il s'ouvre dans le canal médullaire et constitue l'orifice du *canal neurentérique*. En

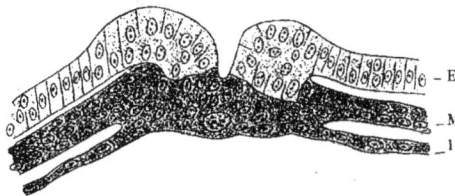

FIG. 46. — Aire embryonnaire du lapin. Coupe transversale passant par le sillon primitif
(blastopore). Les trois feuillets sont soudés, sur une certaine étendue, en une masse
cellulaire commune.

E, ectoderme ; — M, mésoderme ; — I, endoderme (d'après van Beneden).

somme, canal chordal et canal neurentérique nous apparaissent comme deux
stades successifs d'une même formation ; ils ne diffèrent que par un point. Le
canal chordal s'ouvre sur l'ectoderme tégumentaire ; le canal neurentérique débouche dans le névraxe, c'est-à-dire sur un dérivé de l'ectoderme embryonnaire.

Nous rappellerons, en terminant, que le canal chordal a été observé chez un

FIG. 47. — Aire embryonnaire du lapin. Coupe transversale passant en avant du sillon
primitif. L'aire embryonnaire est réduite à l'ectoderme et à l'endoderme, sur la ligne
médiane. Latéralement, le mésoderme s'interpose entre les deux feuillets primordiaux.

E, ectoderme ; — M, mésoderme ; — I, endoderme (d'après van Beneden).

embryon humain de 2 millimètres (Spee). Quant au canal neurentérique, Eternod
(1898) l'a reconnu sur un œuf de 2 à 3 semaines. A son pourtour, les trois feuillets

embryonnaires étaient fusionnés (1) en une masse, que l'auteur regarde « comme une matrice unique et non différenciée, lieu d'accroissement et point de départ de l'allongement du corps de l'embryon ».

C. SEGMENTS PRIMORDIAUX ET MÉSODERME. — a) Nous venons de voir le mésoderme *apparaître* sous la forme d'une nappe indivise, qui siège au niveau de la ligne primitive.

b) Vingt-quatre heures plus tard (embryon de 173 heures), le mésoderme *s'est étendu*. Dans la région de la ligne primitive, il a gardé sa disposition première, mais il s'est étalé latéralement, entre les deux feuillets primaires du blastoderme. Le mésoderme s'est encore propagé en avant, à droite et à gauche de la ligne médiane, de chaque côté du névraxe. A cette phase du développement, le mésoderme pénètre dans l'aire opaque et présente une disposition différente suivant les régions qu'il occupe.

Au niveau de la ligne primitive, le mésoderme existe à la fois sur la ligne médiane et sur les côtés : c'est une nappe cellulaire indivise (*mésoderme péri-blastoporique* de Rabl). Dans la région de la moelle, il est pair et bilatéral ; il fait défaut sur la ligne médiane (*mésoderme pré-blastoporique* de Rabl) (2).

Mais cette distinction d'un mésoderme médian et d'un mésoderme latéral n'a qu'une valeur topographique ; tout le mésoderme se développe au niveau de la ligne primitive ; il ne devient latéral qu'au cours du développement.

c) D'importantes modifications sont déjà réalisées, dans la *disposition* du mésoderme, sur les embryons de 193 heures. Elles portent surtout sur le *mésoderme péri-médullaire*.

Ce mésoderme, disposé de chaque côté de la moelle épinière, se répartit en deux zones, l'une interne et l'autre externe :

1° La *zone interne* est fragmentée en segments disposés en file régulière, d'avant en arrière. Ces segments sont au nombre de 3 sur les embryons de 193 heures, de 7 et de 28 sur les embryons âgés respectivement de 203 et de 224 heures. Ce sont les *segments primordiaux*, les *protovertèbres*, comme on les appelle aussi. De grandes cellules, d'aspect épithélial, disposées sur un seul rang, circonscrivent la cavité qu'on trouve au centre des segments primordiaux.

2° La *zone externe* forme une lame d'autant plus mince qu'on la considère plus loin de la ligne médiane. Elle porte le nom de *lame latérale*.

La lame latérale est formée d'éléments, irrégulièrement disposés sur un, deux ou trois rangs. Ces éléments ne tardent pas à se modifier, dans leur forme et dans leurs rapports. Ils se répartissent en deux assises, d'aspect épithélial : l'externe, formée de cellules cubiques, l'interne, de hautes cellules prismatiques.

Puis, des fentes étroites apparaissent, çà et là, entre les faces proximales des

---

(1) Ils étaient distincts partout ailleurs.
(2) Ces expressions s'expliqueront d'elles-mêmes quand nous aurons vu que la ligne primitive est l'homologue du blastopore, c'est-à-dire de l'orifice de la gastrula de l'Amphioxus. L'ébauche impaire est située au niveau du blastopore (obturé chez les mammifères) ; l'ébauche paire occupe la partie de l'embryon antérieure au blastopore ; elle procède de l'ébauche impaire, dont elle représente un prolongement.

deux assises cellulaires. Ces fentes s'agrandissent. Elles sont « séparées les unes des autres par des bandes de mésoderme restées pleines, et dans lesquelles les deux lamelles fibro-cutanée et fibro-intestinale sont encore confondues. Sur les coupes, ces lacunes... rappellent assez des vaisseaux vides (1). »

Quand ces lacunes discontinues se sont ouvertes les unes dans les autres, il en résulte une large fente, qui s'étale parallèlement à la surface de l'embryon, de chaque côté de la ligne médiane. Cette fente, c'est le *cœlome*, qui cloisonne la lame latérale en deux lamelles : l'une profonde, la *lame fibro-intestinale* ou *splanchnique*, l'autre superficielle, la *lame fibro-cutanée* ou *somatique*.

Cependant il importe de remarquer que la région interne des lames latérales, celle-là qui précisément confine aux protovertèbres, demeure indivise : le cœlome n'y pénètre point, au dire de Balfour. C'est la *masse cellulaire intermédiaire*. Certains auteurs admettent toutefois que le cœlome se prolonge jusque dans la protovertèbre. La cavité des segments primordiaux représenterait alors une portion du cœlome.

Le cœlome occupe toute la zone pariétale. Au-devant de l'extrémité céphalique de l'embryon, le cœlome du côté droit communique avec le cœlome du côté gauche. Tout autour de la moitié postérieure de l'embryon, le mésoderme et le cœlome occupent l'aire transparente et l'aire opaque. Les vaisseaux de l'aire opaque, qui sont des vaisseaux extra-embryonnaires, communiquent avec les vaisseaux développés dans l'embryon, au niveau de la lame fibro-cutanée.

d) Ultérieurement, le mésoderme entoure de toutes parts l'embryon. Cependant, en regard de la tête de l'embryon, il existe dans l'aire transparente un territoire semi-lunaire où le mésoderme se développe tardivement. De là l'aspect clair que présente ce territoire, plus mince que le reste du blastoderme. On lui donne le nom de *proamnios*, car, à son niveau, apparaît celui des deux replis de l'amnios, le repli céphalique, qui se développe le premier (v. Beneden et Julin). (Voir plus loin Amnios, p. 127.)

D'autre part, il existe encore, au-dessus de la dépression médullaire, un territoire au niveau duquel le blastoderme reste mince. Quand la zone de blastoderme, située au-dessus de l'embryon, s'infléchit vers la cavité blastodermique, cette région se trouve reportée au-dessous du cerveau. Elle constitue la *membrane pharyngienne*. Cette membrane est didermique, comme la membrane anale, et, comme elle, appelée à se résorber.

Sur la segmentation et les feuillets embryonnaires, consulter :

1880. — Van Beneden, Rech. sur l'embryol. des mammif. Format. des feuillets chez le lapin. *Arch. de biol.*, t. I.

1892. — Born, Erste Entwickelungsvorgänge, Furchung, Gastrulation. *Merkel u. Bonnet, Ergeb,* p. 446.

1895. — Assheton, On the growth in length of the Frog embryo. *Quart. Journ. of micr. sc.*, t. XXXVII, p. 223.

1899. — M. Duval, Embryologie des Cheiroptères. *Journ. de l'Anat.*

(1) 1892. — Vialleton, Dével. des aortes chez l'embryon. *Journ. de l'Anat.*, p. 19.

1899. — V. Beneden, Rech. sur les premiers stades du développement du murin. *Anat. Anzeig.*, t. XVI, p. 3o5-334.

1900. — Eternod, Hypoth. sur le mode de gastrul. probable de l'embryon humain. *C. R. Congrès Méd.*, Paris, 1901, t. I, sect. d'Hist. et d'Embryol., p. 134-137.

1901. — Keibel, Die Gastrulation und die Keimblattbildung der Wirbeltiere. *Ergeb. d. Anat. u. Entwick.*

1903. — Sobotta, Die Entwicklung des Eies der Maus vom Schlusse der Furchungsperiode bis zum Auftreten der Amniosfalten. *Arch. f. mik. Anat.*, t. LXI, p. 274.

CHAPITRE IV

INTERPRÉTATION DES FAITS

Nous nous sommes bornés, jusqu'ici, à l'exposé d'une série de faits de développement. Il importe maintenant de grouper ces faits et d'examiner comment on doit comprendre la formation de l'œuf, muni d'un, de deux ou de trois feuillets, comment, en d'autres termes, s'effectuent la blastulation, la gastrulation et la genèse du mésoderme, chez l'embryon des mammifères.

Afin de faire saisir plus nettement la marche de ces processus, nous rappellerons d'abord brièvement comment s'effectue la formation des feuillets chez l'Amphioxus.

§ 1. — L'Amphioxus.

Quand l'œuf a achevé sa segmentation, il est représenté par une masse cellulaire pleine. Cette masse est sphérique, et sa surface est mamelonnée. Des

Fig. 48.

A, blastula de l'Amphioxus avec sa cavité de segmentation ; — B, gastrula de l'Amphioxus ; la cavité de segmentation s'est effacée. Le germe est formé de deux feuillets accolés. Il présente une cavité (archenteron) qui s'ouvre à l'extérieur par un blastopore (d'après Hatscheck).

cellules volumineuses, lâchement unies les unes aux autres, la constituent. L'œuf est au stade de morula.

Bientôt apparaît, au centre de la morula, une cavité qui s'agrandit progressive ment (cavité de segmentation, cavité de von Baer). Les blastomères sont repoussés à la périphérie ; ils se disposent sur un seul rang et forment une membrane mince et lisse. La morula est maintenant transformée en blastula. Mais les éléments de la blastula ne sont point d'aspect identique. Les cellules de l'hémisphère supérieur (1) sont claires et petites (micromères), les cellules de l'hémisphère opposé sont granuleuses et de grande taille (macromères). Dès le stade de blastula, il est donc possible de distinguer les éléments qui donneront ultérieurement naissance à l'endoderme et à l'ectoderme (fig. 48, A).

Jusqu'ici, la larve de l'Amphioxus, réduite à un seul feuillet, représente une vésicule sphérique, munie d'une paroi mince et d'une large cavité de segmentation. Mais bientôt des modifications surviennent qui, par processus d'embolie, vont transformer la blastula en une larve à deux feuillets.

A cet effet, l'hémisphère inférieur de la blastula s'invagine dans l'hémisphère supérieur : la cavité de segmentation disparaît, et l'embryon prend l'aspect d'une coupe largement ouverte. Sa paroi est constituée par un double feuillet : l'externe, formé par les micromères ectodermiques, l'interne, formé par les macromères endodermiques. Ce dernier n'est autre chose que l'hémisphère invaginé : il circonscrit une cavité spacieuse qui a la valeur d'une cavité digestive (archenteron). L'archenteron s'ouvre au dehors par un large orifice, le blastopore, que circonscrit la zone circulaire, où se raccordent les deux feuillets primaires du blastoderme (fig. 48, B).

Telle est la gastrula de l'Amphioxus ; c'est une gastrula palingénétique. Elle reproduit un type ancestral qui s'est conservé dans toute sa pureté. Elle résulte d'un simple processus d'invagination, qui n'aboutit pas seulement à la production d'une larve à deux feuillets, mais encore d'une larve pourvue d'une cavité gastrique.

Ultérieurement la larve s'accroît ; le blastopore se rétrécit, et le mésoderme, c'est-à-dire le troisième feuillet blastodermique, ne tarde pas à se développer. Il nous reste donc à examiner maintenant par quelle série de phénomènes la gastrula se transforme en une larve à trois feuillets.

La gastrula s'allonge et s'effile ; l'embryon présente dès lors une grande ressemblance avec l'individu adulte : il est vermiforme comme lui.

Pendant ce temps, le blastopore change de forme et de siège. Il était large et de contour circulaire. Ce n'est bientôt plus qu'une fente étroite, allongée dans le sens antéro-postérieur, et qui court le long du dos de l'embryon. Le blastopore s'est en partie fermé : en effet, son occlusion est excentrique (Hertwig), car l'orifice de la gastrula se clôt en avant, à mesure que le blastopore s'étend en arrière ; il se ferme par rapprochement et fusion de ses deux lèvres.

La moelle se différencie sur la face dorsale de l'embryon. Son extrémité antérieure s'ouvre dans le milieu extérieur; son extrémité caudale entoure et absorbe une partie du blastopore. Le canal neurentérique se constitue ; il a la

(1) Le pôle de cet hémisphère est marqué par le point d'émission des globules polaires.

coudure d'un tube incurvé en U ; l'une des branches de l'U est représentée par la cavité médullaire ; l'autre branche est formée par l'intestin.

La partie la plus reculée du blastopore reste ouverte : c'est elle qui deviendra l'orifice anal.

Quant au mésoderme, il provient d'une série de petites ébauches, disposées métamériquement. Ces ébauches sont creuses ; elles procèdent de l'endoderme primordial et s'accroissent en se portant d'avant en arrière, de leur point d'origine jusqu'à la portion du blastopore qui reste ouverte. Elles se séparent finalement de l'endoderme, qui prend alors le nom d'endoderme secondaire.

§ 2. — **Mammifères**.

Nous avons vu que la segmentation de l'œuf des Mammifères est une segmentation totale et subégale. Des blastomères issus de cette segmentation, les uns sont petits et clairs, les autres sont gros et d'aspect granuleux. Des premiers, proviendront les cellules de l'ectoderme ; des seconds, dérivera l'endoderme. Cette distinction entre les micromères et les macromères est très précoce : elle s'observe déjà, comme nous l'avons dit, sur les deux premières cellules qui résultent de la segmentation de l'œuf fécondé.

1° **La blastula**. — Comme celle de l'Amphioxus, la blastula des mammifères est sphérique ; elle est volumineuse, et ce volume constitue même l'un des traits

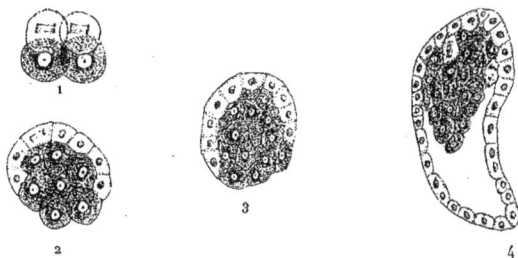

FIG. 49. — Les premiers stades du développement chez les Cheiroptères (D'après M. Duval.)
1, l'œuf et ses quatre premiers blastomères. Les blastomères clairs sont l'origine de l'ectoderme ; les blastomères foncés sont l'origine de l'endoderme ; — 2, les cellules ectodermiques commencent à recouvrir l'amas endodermique ; — 3, l'amas endodermique est presque complètement entouré par l'ectoderme ; — 4, la gastrula s'est formée ; l'amas endodermique fait saillie dans sa cavité.

les plus saillants de cette blastula. Une cavité de segmentation occupe son centre.

Rappelons, en quelques mots, avec M. Duval, comment la morula des Mammifères se transforme en blastula (fig. 49).

« Les cellules ectodermiques se multiplient plus activement que les cellules endodermiques ; elles s'étendent à la surface de celles-ci, en marchant de l'hémisphère supérieur vers l'équateur de l'œuf, puis vers l'hémisphère inférieur, puis enfin vers le pôle inférieur. Quand l'occlusion de cette enveloppe ectodermique est accomplie, au niveau du pôle inférieur, la masse des cellules endodermiques est entrée tout entière dans la cavité ainsi circonscrite et s'est accumulée à sa partie supérieure. Il y a donc, en même temps qu'épibolie de l'ectoderme, embolie de la masse endodermique, c'est-à-dire quelque chose qui rappelle une invagination, mais l'invagination d'une masse pleine. Du liquide s'accumule dans l'œuf. »

2° **La gastrula**. — Jusqu'ici, l'œuf de mammifère n'est encore qu'au stade blastula. Un seul feuillet le circonscrit dans toute son étendue. L'amas endodermique existe bien, mais il est très réduit ; il occupe seulement le pôle supérieur de l'œuf.

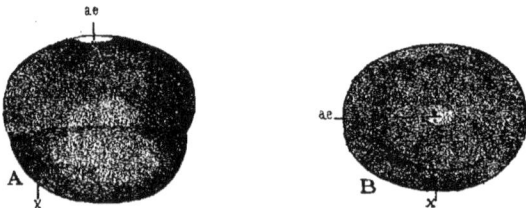

Fig. 5o. — Vésicules blastodermiques d'une lapine au 7ᵉ jour (empruntée à Prenant).
(d'après Kölliker).

A, vue de profil ; — B, vue de face et d'en haut ; — *ae*, aire embryonnaire. — La ligne *x* marque
l'endroit jusqu'où la vésicule a une paroi formée de deux feuillets.

Bientôt on voit la masse endodermique s'étaler au niveau de l'hémisphère supérieur, de façon à y former un second feuillet composé de cellules, l'endoderme primitif. Dès lors, la gastrula est constituée, car nous sommes en présence d'un blastoderme didermique, autrement dit d'une gastrula. Mais il convient de préciser encore davantage le mode de formation de cette gastrula.

Sur la figure 5O qui représente, de profil, un œuf de lapine au 7ᵉ jour, Kölliker nous montre que l'œuf est formé de deux hémisphères, l'un supérieur, l'autre inférieur. Au pôle de l'hémisphère supérieur, il existe une aire embryonnaire, en forme d'écusson.

Au niveau de l'aire embryonnaire, la paroi de l'œuf est constituée de dedans en dehors : 1° par une assise de cellules endodermiques, de forme aplatie ; 2° par un ectoderme stratifié. La couche profonde de cet ectoderme est formée d'éléments polyédriques ; sa couche superficielle est constituée par une rangée de cellules plates (couche de Rauber). Sur le reste de l'hémisphère supérieur, la paroi de l'œuf est représentée par les deux feuillets primordiaux du blastoderme, réduits chacun à une assise de cellules pavimenteuses.

L'hémisphère inférieur de l'œuf, au contraire, est revêtu d'une assise unique de cellules ectodermiques.

Au niveau de l'équateur de l'œuf, l'endoderme se termine par un bord très irrégulièrement déchiqueté. Au cours du développement, il progresse, en empiétant peu à peu sur l'hémisphère inférieur. Finalement, il atteint le pôle inférieur de l'œuf : la cupule est alors transformée en une vésicule close. Mais comme, pendant ce temps, la couche de Rauber s'est exfoliée, la paroi de la vésicule embryonnaire n'est plus formée que par l'ectoderme et par l'endoderme superposés, c'est-à-dire qu'elle est didermique sur toute son étendue.

Quant à la large cavité que circonscrit la paroi du blastocyte, nous sommes donc en droit de la considérer comme une cavité gastruléenne, puisqu'elle est limitée par un blastoderme didermique.

En résumé, la blastula des mammifères est circonscrite par un seul feuillet embryonnaire : elle est monodermique ; la gastrula, au contraire, est didermique. La cavité de segmentation n'est autre chose que la cavité de la blastula, et l'archenteron représente la cavité de la gastrula. En d'autres termes, la cavité blastodermique porte successivement les noms de cavité de segmentation et de cavité du cœlenteron, selon qu'elle est limitée par un seul feuillet ou par les deux feuillets du blastoderme (1).

Il n'en est pas de même chez l'Amphioxus : la cavité de segmentation s'interpose entre les deux feuillets primordiaux de l'embryon et s'efface quand apparaît la cavité gastruléenne, que limitent l'ectoderme et l'endoderme, accolés l'un à l'autre.

Il importe de remarquer encore que la cavité gastruléenne des mammifères est originellement close de toutes parts. Elle semble donc, au premier abord, profondément différente de la gastrula de l'Amphioxus. Ces différences toutefois sont plus apparentes que réelles. La genèse des deux feuillets primaires du blastoderme n'est, en effet, qu'un des phénomènes de la gastrulation. Chez l'Amphioxus, cette genèse est contemporaine de la formation de l'archenteron. Chez les mammifères, au contraire, la formation des feuillets et celle du blastopore sont des actes successifs.

Nous venons d'examiner comment apparaissent l'ectoderme et l'endoderme. C'est là le plus précoce et le plus important des phénomènes de la gastrulation. Recherchons maintenant quelles portions du disque embryonnaire doivent être rapprochées du blastopore et des organes qui procèdent de lui.

Un peu plus haut, à propos de l'Amphioxus, nous avons étudié la *ligne primitive* et son prolongement céphalique. La ligne primitive a la valeur d'un blastopore, mais d'un blastopore allongé, dont les lèvres sont soudées dès l'origine. Ultérieurement, la ligne primitive, simple épaississement du blastoderme,

(1) Quelques auteurs pensent que la cavité de segmentation apparaît très tôt, chez les mammifères (œuf de lapine de 1 millimètre), et qu'elle sépare les cellules endodermiques des cellules ectodermiques. Comme chez l'Amphioxus, elle disparaîtrait secondairement par accolement des deux feuillets primaires du blastoderme. Cette manière de voir est en contradiction avec ce fait qu'il n'existe jamais la moindre fente entre les petites et les grosses cellules du gastrodisque et, en second lieu, avec la suite du développement (Hertwig).

devient, à chacune de ses extrémités, le siège de processus complexes.

a) Au niveau de l'*extrémité céphalique* de la ligne primitive, nous avons vu l'ectoderme se déprimer, en formant un cul-de-sac étroit : ce cul-de-sac étroit n'est autre chose que l'ébauche du canal gastruléen. Il est tapissé par de hautes cellules cylindriques qui ont la valeur d'un endoderme (endoderme gastruléen), puisqu'elles proviennent de l'ectoderme invaginé (voir planche II).

Ce cul-de-sac ne tarde pas à s'ouvrir dans la cavité blastodermique ; il se transforme en un canal, oblique d'arrière en avant et de haut en bas. C'est le canal chordal, qui fait communiquer le milieu extérieur avec la cavité blastodermique. Ce canal représente la partie antérieure du blastopore, c'est-à-dire la partie antérieure de la ligne primitive, devenue secondairement perméable.

Nous savons que, plus tard, le canal chordal se transforme en canal neurentérique et que le canal neurentérique disparaît à son tour. L'extrémité céphalique de la ligne primitive s'oblitère donc, après avoir, un moment, présenté un canal perméable.

Le canal gastruléen porte successivement les noms de canal chordal et de canal neurentérique, suivant les rapports qu'il affecte aux deux stades de son développement.

b) La *portion moyenne* de la ligne primitive est caractérisée par sa grande étendue, par son épaisseur considérable. Elle apparaît comme une formation massive, constituée par les trois feuillets embryonnaires. Elle n'a pas à se fermer, puisqu'elle ne résulte pas de l'occlusion d'un orifice, et jamais elle ne devient perméable. C'est d'elle que procède la protubérance caudale, c'est-à-dire le rudiment de la queue. Dans cette protubérance s'engage transitoirement un diverticule de l'intestin (intestin caudal ou post-anal), qui, plus tard, s'atrophie, se fragmente et se résorbe.

c) L'*extrémité postérieure* de la ligne primitive garde longtemps la constitution de cette ligne primitive. C'est à un stade relativement avancé du développement (embryon de 205 heures), que le mésoderme disparaît de cette région. L'extrémité postérieure de la ligne primitive est alors essentiellement formée par une membrane didermique, des plus minces : la membrane anale. Plus tard, cette membrane se déchire, et l'anus se constitue.

En définitive, le blastopore est représenté chez les mammifères par la ligne primitive, c'est-à-dire par un épaississement de la portion postérieure et axiale du disque embryonnaire. De bonne heure, la ligne primitive se creuse, à son extrémité antérieure, d'un canal, le canal gastruléen, qui ne tarde pas à s'oblitérer. La ligne primitive reprend donc, pour un moment, les caractères morphologiques d'un blastopore ; mais elle se ferme bientôt sur toute son étendue. Finalement, son extrémité postérieure se transforme en une membrane mince, la membrane anale. Quand cette membrane se déchire, l'anus devient perméable ; l'orifice anal est déjà constitué sur l'embryon humain de 2 cm. 5.

3° **Le mésoderme.** — L'histoire du *mésoderme* se rattache étroitement à la question de la ligne primitive. Dans le précédent chapitre, nous avons précisé en quelles régions du blastoderme apparaît d'abord le feuillet moyen, et nous avons conclu qu'il procède de la ligne primitive.

Il nous reste encore à passer en revue les interprétations qu'on a données de l'origine du mésoderme ; mais c'est là une question de doctrine qui n'est point encore tranchée. Au niveau de la ligne primitive, en effet, les trois feuillets blastodermiques sont confondus : il est donc tout à fait impossible de fixer leurs limites et, à plus forte raison, de préciser leurs dérivés.

Les conceptions formulées, par les divers auteurs, sur le mésoderme des mammifères sont étayées bien moins sur des constatations directes que sur des comparaisons tirées du développement d'autres vertébrés.

Le mésoderme provient-il de l'endoderme (Kowalesky, Hatscheck, Hertwig, Balfour, Duval) ? Provient-il de l'ectoderme, en totalité, ou seulement en partie (Kölliker, Tourneux, Bonnet, Keibel) ? Est-ce un feuillet véritable, ou représente-t-il le produit de fusion d'ébauches, originaires de l'un des feuillets primaires du blastoderme (Kleinenberg) ? Le terme de feuillet moyen n'est-il qu'une « expression topographique » (Bonnet) ? Toutes ces interprétations ont été soutenues et rejetées tour à tour.

Mais quelle que soit l'origine du mésoderme, ce qu'il importe de retenir, c'est ce fait fondamental, à savoir que, chez les vertébrés, le feuillet moyen procède de la ligne primitive, c'est-à-dire du blastopore. Voilà pourquoi nous avons rattaché son histoire à celle de la gastrulation.

4° **Origine de la gastrulation des mammifères.** — L'œuf des mammifères est un œuf à segmentation totale et subégale, comme celui de l'Amphioxus. Il semble donc qu'on puisse s'attendre à voir la gastrulation du mammifère reproduire la gastrulation très simple de l'Amphioxus.

Il n'en est rien cependant. Les mammifères dérivent des Sauropsidés (oiseaux et reptiles). Chez les Sauropsidés, l'œuf est pourvu d'un vitellus de nutrition des plus abondants. Ce vitellus entrave le processus d'invagination ; il le complique et le déforme ; il l'oblige à s'accomplir dans des conditions nouvelles et par des moyens détournés. La gastrula des Sauropsidés est une gastrula cœnogénétique. « Elle s'effectue par extension du blastoderme » autour du jaune de l'œuf. Elle résulte d'un processus d'épibolie.

Les mammifères ayant eu pour ancêtres les Sauropsidés, leur gastrulation devrait donc être une répétition de la gastrulation des Sauropsidés. Mais des conditions particulières interviennent dans l'embryologie des mammifères, qui modifient profondément le processus de la gastrulation. L'œuf des mammifères, en effet, est appelé à se développer dans l'utérus ; aussi va-t-il emprunter à l'organisme maternel les matériaux nécessaires à son évolution. Il n'a donc plus besoin de vitellus : le vitellus disparaît de l'œuf, et, de ce fait, la gastrulation va s'effectuer dans des conditions nouvelles. Elle répète, en la modifiant, la gastrulation de l'Amphioxus et celle des Sauropsidés. Elle s'effectue, en somme, par un double processus d'embolie et d'épibolie.

« La formation de la gastrula chez les mammifères offre ceci de particulier que la membrane qui s'invagine ne forme pas de cul-de-sac fermé, mais possède un bord libre à l'aide duquel elle prolifère, à la face profonde de l'ectoderme, jusqu'à ce qu'elle tapisse complètement la vésicule blastodermique. L'absence du plancher du cœlenteron, chez les mammifères, s'explique si nous nous figurons que la masse vitelline s'est atrophiée et a complètement disparu chez ces animaux. Dans ce cas, il est clair que la cavité du cœlenteron et la cavité de segmentation doivent se confondre, comme c'est réellement le cas dans l'œuf des mammifères » (Hertwig).

Deux phénomènes principaux caractérisent donc le processus de la gastrulation. Ce sont la formation d'un germe à deux feuillets et l'apparition d'une cavité digestive. Les deux actes de la gastrulation sont contemporains chez l'Amphioxus ; ils sont successifs chez les mammifères. Pour n'être pas toutes connues, les homologies n'en existent pas moins entre ces deux formes de la gastrulation.

CHAPITRE V

ESQUISSE DU DÉVELOPPEMENT GÉNÉRAL DE L'EMBRYON

Nous avons étudié l'évolution générale du blastoderme et montré comment se développent les feuillets blastodermiques. Ces feuillets une fois formés, il y a lieu de distinguer, dans l'œuf, une aire embryonnaire, d'où dérive le corps de l'embryon, et une zone extra-embryonnaire, d'où procèdent les annexes.

Dans ce chapitre, nous esquisserons, à grands traits, l'évolution du corps de l'embryon, et nous envisagerons successivement le développement du tronc et celui des extrémités céphalique et caudale. Nous étudierons ensuite, avec détails, dans l'article suivant, l'histoire des organes qui doivent fournir à l'embryon les matériaux indispensables à son évolution.

§ 1. — Développement du tronc.

1° **Névraxe.** — Le névraxe apparaît sur la face dorsale de l'embryon, en avant de la ligne primitive, sous la forme d'une gouttière occupant le grand axe de l'embryon. Cette gouttière se creuse de plus en plus; ses bords se relèvent et se soudent, d'avant en arrière. La gouttière est alors transformée en un canal : le canal médullaire.

Ce canal est d'abord adhérent à l'ectoderme tégumentaire ; mais il s'en sépare bientôt et va présenter, à sa partie antérieure, une série de dilatations et d'inflexions qui constituent l'ébauche du cerveau.

2° **Notochorde.** — Au-dessous du névraxe, court une tige grêle : la notochorde. Nous savons que cette tige procède du toit du canal chordal. Ce toit, d'abord en continuité avec l'endoderme de l'embryon, se détache de cet endoderme et se place au-devant de la face ventrale du névraxe. Autour de la notochorde se développeront les corps vertébraux.

3° **Ligne primitive.** — Au cours du développement, la ligne primitive est englobée à sa partie antérieure par la gouttière médullaire, et elle semble reculer peu à peu vers l'extrémité caudale de l'embryon. Suivant le stade auquel on l'étudie, elle se trouve dans la région cervicale, dans la région dorsale ou dans la région lombaire, c'est-à-dire que son éloignement de la partie antérieure du tube mé-

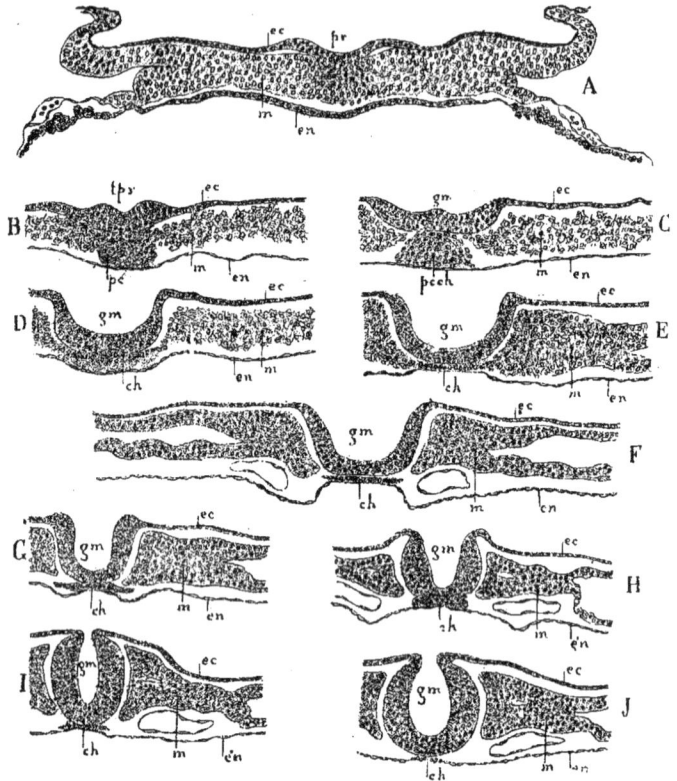

Fig. 51. — Coupes successives du blastoderme chez un embryon de lapin de 8 jours.

A, est la coupe la plus reculée; J, la plus antérieure. — *ec*, ectoderme; — *en*, endoderme; — *m*, mésoderme; — *pr*, ligne primitive; — *lpr*, tête de la ligne primitive; — *pc*, prolongement céphalique; — *pcch*, prolongement céphalique appliqué à l'endoderme (ébauche chordale); — *ch*, chorde dorsale; — *gm*, gouttière médullaire (d'après Prenant).

dullaire s'accroît de plus en plus avec l'âge des embryons. Mais ce recul est tout d'apparence; il est fonction des phénomènes qui se succèdent au niveau de la ligne primitive. L'extrémité antérieure de la ligne primitive ne disparaît pas : elle se transforme, au contraire. C'est ainsi que, d'avant en arrière, elle participe à la formation d'une série d'organes, tels que la moelle, la chorde dorsale, l'endoderme, les segments primordiaux, etc. De sa partie moyenne, procède encore la protubérance caudale, et de son extrémité postérieure, la membrane anale.

4° **Protovertèbres**. — Les protovertèbres augmentent de nombre. Leur cavité disparaît ; leur paroi prolifère et donne naissance aux deux *membranes réunissantes*. La membrane réunissante supérieure s'étend entre les faces dorsales des deux protovertèbres ; elle sépare l'ectoderme tégumentaire de l'ectoderme neural. La membrane réunissante inférieure unit les faces ventrales des segments primordiaux. Elle se dédouble pour engainer la notochorde, qu'elle isole de la moelle, d'une part, de l'endoderme intestinal, d'autre part.

5° **Formation de la paroi ventrale.** — Jusqu'ici, l'embryon était constitué par une lame aplatie. Il va maintenant changer d'aspect. Les portions intra-embryonnaires de la splanchnopleure et de la somatopleure se portent en avant et en dedans. De ce fait, l'embryon prend une forme cylindrique ; l'intestin change d'aspect ; la paroi thoraco-abdominale se constitue.

a) En se portant en avant et en dedans, la *splanchnopleure* transforme l'intestin, qui, jusque-là, était largement étalé, en une gouttière de plus en plus profonde.

La splanchnopleure donne naissance à deux replis, l'un supérieur, ou *repli cardiaque*, et l'autre inférieur, ou *repli allantoïdien*. Ces deux replis se regardent par leur concavité. Chacun d'eux présente une moitié droite et une moitié gauche. Les deux moitiés d'un même repli se rapprochent et se soudent ; la soudure se fait d'avant en arrière, sur le repli cardiaque, et d'arrière en avant, sur le repli allantoïdien. D'autre part, les deux replis se rapprochent l'un de l'autre. Il en résulte que l'intestin se ferme. Sa partie antérieure constitue l'intestin antérieur ; sa partie postérieure constitue l'intestin postérieur. A sa partie moyenne, l'intestin présente un orifice, par lequel il communique avec la vésicule ombilicale (*ombilic intestinal*).

b) La *somatopleure* intra-embryonnaire se comporte comme la splanchnopleure. Sa moitié droite se soude à sa moitié gauche pour constituer la paroi primitive du corps. Toutefois, l'occlusion de la somatopleure n'est pas complète. Elle s'arrête au pourtour de l'ombilic intestinal, c'est-à-dire à l'*ombilic cutané*.

c) Quant au *cœlome*, il suit l'inflexion de la somatopleure et de la splanchnopleure. Il se divise en deux parties : l'une intra-embryonnaire (*cœlome interne*), l'autre extra-embryonnaire (*cœlome externe*). Ces deux parties du cœlome communiquent l'une avec l'autre, au niveau de l'ombilic (*ombilic cœlomique*). Là, comme partout ailleurs, le cœlome sépare la splanchnopleure de la somatopleure ; il entoure l'ombilic intestinal et, à son tour, il est circonscrit par l'ombilic cutané.

Il importe de remarquer que le développement précoce d'un cœlome externe très étendu est un des traits caractéristiques de l'embryon humain (Spee, Keibel, Eternod). Dans ce cœlome, s'accumulent probablement une partie des matériaux nutritifs que l'œuf emprunte à l'utérus et qu'il utilisera au cours de sa croissance.

§ 2. — Développement de l'extrémité céphalique.

Quand le proamnios (voir développement de l'amnios, p. 127) s'est soulevé en un pli qui fait saillie sur la face dorsale du disque germinatif (*pli céphalique de l'amnios*), la tête de l'embryon s'infléchit en avant. Dans ce mouvement, elle entraîne naturellement les parties qui sont situées au-dessus d'elle. Or, sur la ligne médiane, on trouve successivement, en s'éloignant du névraxe : 1° une membrane didermique ; 2° la portion de la zone pariétale située en avant de l'extrémité céphalique ; 3° le proamnios (voir planche III, fig. 1).

Ces diverses parties, en se rabattant vers la face ventrale de l'embryon, constituent un cul-de-sac de plus en plus profond. Le fond de ce cul-de-sac (sillon amniotique) répond à l'insertion de l'amnios sur la paroi thoracique de l'embryon. Sa face antérieure est représentée par l'amnios. Sa face postérieure est constituée de haut en bas : 1° par la *membrane pharyngienne*, c'est-à-dire par la membrane didermique, située d'abord au-dessus de la moelle ; 2° par la *zone pariétale*. Ces deux dernières parties contribuent à former le cul-de-sac antérieur de l'intestin, ou *intestin céphalique*, le futur pharynx.

La membrane pharyngienne est appelée à se résorber et à faire communiquer le pharynx avec la fosse naso-buccale située au-devant d'elle.

Dans la zone pariétale se développe le cœur. Or, avant son inflexion vers la face ventrale de l'embryon, cette zone présente, de chaque côté de la ligne médiane, une ébauche cardiaque qui fait saillie dans le cœlome et se montre en continuité avec les veines omphalo-mésentériques. Quand la portion céphalique de la zone pariétale s'est rabattue sur la face ventrale de l'embryon, on y trouve encore deux ébauches cardiaques droite et gauche. Ces ébauches se fusionnent de haut en bas, et leur ensemble constitue le *repli cardiaque*. A mesure que ce repli s'abaisse, il augmente d'autant l'étendue de l'intestin céphalique.

§ 3. — Développement de l'extrémité caudale.

L'extrémité postérieure de l'embryon est constituée par la ligne primitive et par la membrane cloacale ; au-delà, commence le blastoderme extra-embryonnaire. Ce blastoderme extra-embryonnaire comprend, nous le savons, deux parties : la somatopleure et la splanchnopleure, séparées par le cœlome externe.

La somatopleure extra-embryonnaire se soulève en formant un pli sur la face dorsale du disque germinatif : c'est l'origine du *repli caudal de l'amnios*.

La splanchnopleure se porte vers la face ventrale de l'embryon, en constituant un autre pli, connu sous le nom de *repli allantoïdien*. Ce repli, qui s'élèvera jusqu'à l'ombilic, forme la paroi antérieure d'un cul-de-sac, le *cul-de-sac allantoïdien*, délimité en arrière par la membrane cloacale (voir planche III, fig. 2).

L'embryon, jusqu'alors rectiligne, s'incurve ; son extrémité caudale s'infléchit autour du nœud de Hensen comme centre. De là résulte la formation d'un nouveau cul-de-sac, le cul-de-sac caudal de l'intestin. Le bourgeon allantoïdien simule, dès lors, une dépression de la paroi antérieure de ce cul-de-sac.

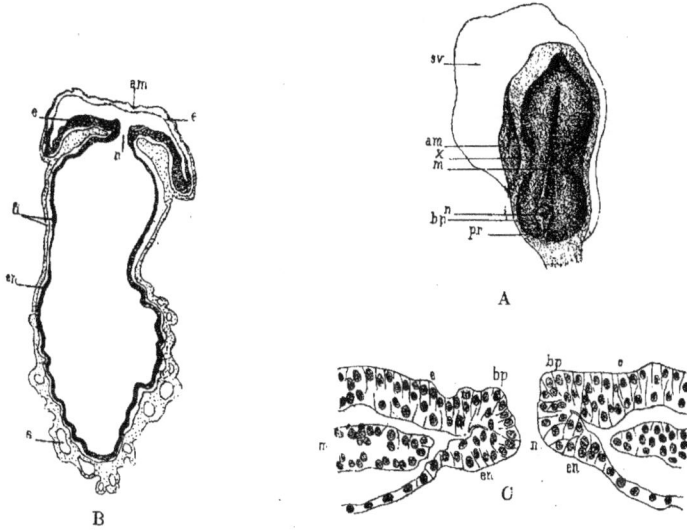

FIG. 52. — Le canal neurentérique chez un embryon humain de 2 millimètres
(d'après Spec) (empruntée à Prenant).

A, vue dorsale du disque germinatif, montrant l'orifice du canal neurentérique, *n* ; — *bp*, bourrelet annulaire autour de l'ouverture du canal ; — *pr*, gouttière primitive ; — *m*, sillon médullaire ; — *sv*, sac vitellin ; — *am*, membrane amniotique ; — *x*, ligne de réflexion de la membrane amniotique sur le disque germinatif.
B, coupe totale de l'œuf passant par le canal neurentérique, l'amnios et le sac vitellin, et montrant le trajet des feuillets ; — *n*, canal neurentérique ; — *am*, membrane amniotique ; — *e*, ectoderme ; — *en*, endoderme ; — *fi*, feuillet fibro-intestinal ; — *s*, ébauches vasculaires dans la paroi du sac vitellin.
C, milieu de la coupe dessinée en B, vu à un plus fort grossissement ; — *n*, canal neurentérique ; — *bp*, bourrelet annulaire entourant le canal ; — *e*, ectoderme ; — *en*, endoderme ; — *m*, mésoderme.

Bientôt le cul-de-sac intestinal se dilate. Dans cette partie dilatée, connue sous le nom de *cloaque*, débouchent : en avant l'allantoïde, en arrière l'intestin.

Un cloisonnement dans le sens transversal se produit alors : il divise le cloaque et la membrane cloacale qui l'obture inférieurement, en deux formations disposées l'une au-devant de l'autre. En avant, c'est le *sinus uro-génital*, avec la lame uro-génitale. En arrière, c'est le rectum, avec la *membrane anale*.

§ 4. — Particularités propres au développement
de l'embryon humain.

Au cours de son développement, l'œuf humain présente une série de caractères qui le différencient de l'œuf des mammifères étudié jusqu'ici.

Dès le 5e ou 6e jour, l'œuf humain présente une
cavité de dimensions relativement considérables.
Cette cavité est remplie par un liquide albumineux,
coagulable. Ce liquide disparaît ; la place qu'il
occupait est alors envahie par du tissu conjonctif,
qui constitue le *tissu muqueux inter-annexiel*, le
corps réticulé de Velpeau.

Les coupes pratiquées sur des œufs jeunes ont
montré trois particularités portant sur les feuillets
embryonnaires :

1° L'ectoderme est très épais, comme l'a bien
fait voir Spee.

2° L'endoderme est représenté par un amas
vitellin, dont la taille, très réduite, n'est nullement
en rapport avec le volume total de l'œuf. Cet amas
se creuse bientôt d'une cavité, dont le toit est appelé
à former l'intestin, et dont le plancher constitue la
vésicule ombilicale ; celle-ci conserve, dans l'espèce humaine, des dimensions remarquablement
réduites.

FIG. 53. — Embryon humain de
3 mm. 2 (d'après His). Cet
embryon présente le pédoncule ventral qui le relie au
chorion ; sa face dorsale simule une courbe à conca-
vité postérieure ; sur sa face
ventrale se trouve l'insertion
de la vésicule ombilicale qui
a été sectionnée.

3° Le mésoderme présente un développement
des plus précoces. De bonne heure, il double la
face interne de la vésicule ectodermique, dans
toute son étendue, et il se creuse d'une cavité. Cette
cavité apparaît d'abord en dehors de l'embryon :
autrement dit, le cœlome externe apparaît avant le
cœlome interne. D'autre part, la fente cœlomique
acquiert un développement considérable ; c'est elle
qui constitue la cavité du blastocyte (1). Elle est
comprise entre le feuillet somatique et le feuillet splanchnique du mésoderme.
Le feuillet somatique est accolé à l'ectoderme, il présente donc une étendue considérable. Le feuillet splanchnique, au contraire, se contente de revêtir l'endoderme ombilical ; aussi son étendue est-elle des plus restreintes.

Mésoderme pariétal et mésoderme viscéral sont unis l'un à l'autre, au niveau
de l'extrémité postérieure de l'embryon. La zone épaisse qui résulte de cette

(1) Cavité qui, chez les mammifères, est représentée par la vésicule ombilicale.

union, a la forme d'un cordon épais et large, qui s'étend de l'embryon à la face interne du chorion. Il porte le nom de pédicule abdominal ou de pédicule ventral. Nous étudierons, plus tard, la constitution du pédicule ventral, en traitant des annexes embryonnaires, et nous aurons alors l'occasion de mettre en relief les particularités que présentent ces annexes dans l'espèce humaine. Nous nous bornerons donc à rappeler ici, en terminant, les caractères qu'offrent, dans leur forme extérieure, les embryons humains jeunes.

L'embryon humain, nous dit Prenant, présente une flexion cranienne, une légère torsion spirale de l'axe du corps et une incurvation à convexité dorsale (1), pareilles à celles que l'on observe chez les autres mammifères. Chez de très jeunes

FIG. 54. — Embryon hu-
main de 5 millimètres
(d'après His). On voit
sur cet embryon la
flexion cranienne, la
torsion spirale de l'axe
du corps, l'incurva-
tion à convexité dor-
sale.

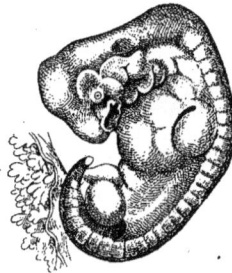

FIG. 55. — Embryon humain de
7 mm. 5 (d'après His). Sur cet
embryon, l'appendice caudal est
nettement dessiné.

embryons (2), il existe, au contraire, une courbure à concavité dorsale, dont le sommet correspond à l'ouverture de l'intestin dans la cavité ombilicale.

La constitution anatomique de l'embryon humain est, d'ailleurs, essentielle-ment semblable à celle que l'on rencontre chez d'autres mammifères. L'extrémité postérieure du corps, que l'on croyait pouvoir distinguer de celle des autres vertébrés par l'absence de tout prolongement caudal est, au contraire, ter-minée par une queue bien caractérisée.

§ 5. — Notion de l'inversion des feuillets embryonnaires.

Nous avons déjà montré que l'œuf humain est caractérisé par l'épaisseur de

(1) Embryons de 5 millimètres.
(2) Embryons de His de 2 mm. 15, de 3 mm. 2.

son ectoderme, par le développement précoce de son mésoderme, par la grande étendue du cœlome externe. Nous venons de voir, de plus, que la vésicule ombilicale est de taille très réduite, et que l'amnios est représenté de très bonne heure, sinon d'emblée, par une vésicule close.

Tous ces caractères, tirés de l'embryon et de l'évolution de ses annexes, ont permis de rapprocher l'œuf humain de l'œuf des rongeurs à feuillets invertis.

Ce terme d'*inversion* des feuillets demande à être précisé. Veut-il dire que les origines blastodermiques des divers organes de l'embryon sont précisément inverses de ce qu'elles sont dans la généralité des cas ? Exprime-t-il ce fait que les dérivés ectodermiques proviennent de l'endoderme ou inversement ? Assurément non. Il énonce une exception aux lois d'évolution des feuillets blastodermiques, et encore cette exception est-elle toute d'apparence. Elle consiste en un simple déplacement des feuillets, l'ectoderme occupant une situation interne, l'endoderme une situation externe.

Signalé par Bischoff (1852) et par Reichert (1862), le processus de l'inversion des feuillets fut élucidé par Kuppfer (1882), par Selenka (1884) et par Mathias Duval (Voir planche VI).

Quand le blastocyte est réduit à une vésicule ectodermique et à un amas vitellin limité au pôle supérieur de l'œuf, on voit l'ectoderme s'épaissir en regard de cet amas vitellin. Cet épaississement est connu sous le nom de *suspenseur*; c'est par lui que l'œuf se fixe à la muqueuse utérine : le suspenseur a donc la valeur de l'ectoplacenta, puisque l'ectoplacenta n'est qu'un épaississement ectodermique.

Bientôt une cavité apparaît dans la masse du suspenseur : cette cavité est ectodermique, comme le suspenseur lui-même. En même temps, l'endoderme s'étale sur la face profonde de l'ectoderme, qu'il double sur toute son étendue. La gastrula est alors complètement constituée.

Cela fait, la cavité ectodermique s'allonge en boyau, puis s'étrangle à sa partie moyenne. Elle se montre donc subdivisée en deux cavités superposées. Ces cavités communiquent d'abord entre elles ; plus tard, elles se séparent l'une de l'autre : la cavité supérieure devient la *cavité ectoplacentaire*; la cavité inférieure se transforme en *cavité amniotique*.

Enfin, l'ectoderme et l'endoderme, qui constituent le segment inférieur du blastocyte, se résorbent. La cavité ectoplacentaire s'efface complètement. La surface de l'embryon est alors représentée par l'ectoderme au niveau de l'ectoplacenta et par l'endoderme sur le reste du blastocyte. En d'autres termes, l'endoderme forme une partie du revêtement extérieur de l'œuf, et cette disposition *secondaire* caractérise le phénomène connu sous le nom d'inversion des feuillets.

Ajoutons que, pendant toute cette évolution, l'embryon s'abaisse de plus en plus : il occupait le pôle supérieur de l'œuf au début de la formation des feuillets ; il arrive à constituer finalement le pôle inférieur du blastocyte.

Tel est, réduit à ses traits essentiels, le processus de l'inversion des feuillets, chez le campagnol.

Pour bien mettre en lumière le processus de l'inversion, il importe de rappeler que chez nombre de « vertébrés inférieurs, tels que les batraciens, l'embryon se forme et demeure sans annexes. Chez les oiseaux, l'embryon se développe d'abord, puis il constitue ses annexes. Chez la plupart des mammifères, la formation de l'embryon et celle des annexes marchent à peu près parallèlement. Enfin, chez les rongeurs à feuillets inversés, les annexes se développent d'abord, puis le segment non embryonné du blastoderme se résorbe et disparaît ; c'est en dernier lieu qu'apparaît l'embryon » (Duval).

Nous aurons l'occasion de constater que, chez le lapin, l'hémisphère inférieur de l'œuf s'atrophie, comme chez les rongeurs à feuillets invertis. En revanche, l'amnios se développe après l'embryon, comme chez la majorité des mammifères. Le lapin constitue donc un type de transition entre les mammifères sans inversion et les mammifères à feuillets invertis.

Il serait intéressant de connaître les causes de l'inversion des feuillets. Mais, si c'est là un problème qu'on peut poser, il faut convenir qu'il est encore impossible de le résoudre, dans l'état actuel de nos connaissances. Qu'il nous suffise donc d'avoir élucidé le côté morphologique de la question et d'avoir constaté que l'œuf humain se rapproche à divers titres des œufs à feuillets invertis, quoi qu'en dise Keibel (Spee, Mall).

§ 6. — Les facteurs du développement embryonnaire.

Tels sont, rapidement esquissés, les premiers stades du développement de l'embryon ; nous en savons assez pour saisir maintenant le mécanisme des processus qui président à la formation du jeune être.

Pendant toute la période de segmentation, la division cellulaire fait tous les frais du développement. Cette division, d'ailleurs, est inégale : certains éléments se multiplient beaucoup plus rapidement que d'autres.

A partir du moment où la gastrulation est achevée, les processus se compliquent ; la division cellulaire présente un caractère d'inégalité qui s'accentue de plus en plus. Certains groupes cellulaires se divisent, à l'exclusion des groupes cellulaires voisins ; d'où l'apparition de bourgeons pleins ou creux, qui pénètrent dans les tissus embryonnaires (invaginations) ou font saillie à leur surface (évaginations).

Les bourgeons, qui se sont formés de la sorte, entrent en connexion avec des bourgeons cellulaires, de provenance identique ou d'origine très différente. De là, entre les organes, des rapports secondaires, qui persistent (soudure), ou qui disparaissent (résorption).

En même temps, les appareils ainsi constitués voient leurs éléments prendre des caractères nouveaux : la différenciation physiologique est connexe de la différenciation anatomique. La différenciation dans la forme prépare la différenciation dans la fonction ; elle la précède dans le développement de l'individu : l'œil est complètement développé avant que la vision ne trouve à s'exercer. En un mot, l'organe précède la fonction. L'ontogenèse a mis ce fait hors de doute. Mais il est vraisemblable qu'à l'origine des espèces, c'est la fonction qui a créé l'organe chargé de la remplir.

1° Sur le développement, consulter :

1847-1879. — Coste, *Histoire générale et particulière du développement des corps organisés*
1882. — Kölliker, *Embryologie, ou Traité complet du développement de l'homme et des animaux supérieurs.*
1881-1888. — Romiti, *Lezioni di embryog. umana et comparata dei vertebrati.*
1888. — M. Duval., *Atlas d'Embryologie.*
1891. — Hertwig, *Traité d'Embryologie, trad. Julin.*
1891. — Prenant, *Éléments d'Embryologie* (t. I).
1897. — Minot, *Human Embryology.*
1898. — Tourneux, *Précis d'Embryologie.*
1898. — Kollmann, *Traité d'Embryologie des vertébrés.*
1900. — Wilson, *The cell in development and inheritance.*
1901. — Hertwig, *Handbuch der vergleichenden u. experiment. Entw. der Wirbelthiere.*

2° Sur la question de l'inversion des feuillets, consulter :

1889-1892. — M. Duval, *Le placenta des Rongeurs, Journ. de l'Anat.*
1889. — Spee, *Arch. f. Anat. u. Phys.*, p. 159.
1893. — Mall, *Anat. Anzeiger*, 5 août.

3° Sur le développement des jeunes embryons humains, consulter :

1880. — His, *Zur Kritik jüngerer menschlicher Embryonen. Arch. f. Anat. u. Entw.*
1880-1882. — His, *Anat. menschlicher Embryonen.* Leipzig.
1898. — Marchand, Mikroskopische Präparate von zwei frühzeitigen menschlichen Eiern und einer Decidua. *Sitzungsber d. Ges. z. Beförderung der gesamt. Naturwissenschafte zu Marburg,* n° 7.
1898. — Heukelom et Peters (cités à l'article *Placenta*).

ARTICLE IV

LES ANNEXES EMBRYONNAIRES

CHAPITRE PREMIER

GÉNÉRALITÉS

L'œuf des mammifères est pauvre en vitellus nutritif ; il se segmente en totalité, et les éléments cellulaires, issus de cette segmentation, sont de taille presque égale, d'aspect presque identique.

Par tous ces caractères, l'œuf des mammifères se rapproche de l'œuf de l'Amphioxus, type de l'œuf oligolécithe, à segmentation totale et sub-égale. Or, l'embryon de l'Amphioxus se développe sans édifier de membranes destinées à le protéger ou à le nourrir. Il semble donc, au premier abord, que l'embryon des mammifères doive aussi parcourir les stades de son évolution, sans recourir à l'intervention d'annexes embryonnaires. Il n'en est rien cependant.

L'œuf des mammifères ne se développe point directement dans le milieu extérieur : il se comporte comme s'il était pourvu d'un abondant vitellus.

Rabl a cherché à expliquer ces apparentes contradictions entre les caractères de l'œuf et l'évolution ultérieure de l'embryon chez les vertébrés supérieurs. L'hypothèse, qu'il a émise à ce sujet, est lumineusement exposée par Hertwig.

« Les mammifères doivent dériver d'animaux ovipares, dont les œufs étaient abondamment pourvus de vitellus, et chez lesquels, à cause de ce fait, se développaient des enveloppes fœtales comme chez les reptiles et les oiseaux. Les œufs de ces ancêtres des mammifères doivent avoir secondairement perdu leur vitellus, à partir du moment où ils ont cessé d'être pondus, pour se développer à l'intérieur de l'utérus maternel. Dès ce moment, l'embryon en voie de développement a trouvé une source nouvelle et indéfinie d'éléments nutritifs dans des substances élaborées, qui lui sont fournies par le sang maternel circulant dans les parois de l'utérus. L'œuf n'avait donc plus besoin de renfermer du vitellus de nutrition. Toutefois, les enveloppes fœtales, dont la formation avait été originellement déterminée par la présence du vitellus dans l'œuf, se sont maintenues, parce qu'elles étaient encore nécessaires à l'embryon, mais dans un tout autre but : elles ont changé de fonction, elles sont intervenues dans les phénomènes de la nutrition intra-utérine et, en même temps, ont subi des transformations morphologiques en rapport avec leur changement de fonction. »

La teneur de l'œuf en vitellus nutritif détermine donc le mode de segmentation de l'œuf fécondé. Au point de vue physiologique, ce vitellus constitue, pour l'embryon, une réserve nutritive. Cette réserve ralentit et transforme le mécanisme du développement : elle provoque, en particulier, la formation d'annexes. De son côté, le milieu où doit évoluer l'embryon nous apparaît comme un facteur capable, lui aussi, d'apporter des variations dans la phylogenèse. Nous n'en voulons que l'exemple suivant, fourni par les Cladocères, et que nous empruntons à Samasa. Les œufs d'hiver de certains Cladocères sont volumineux et riches en vitellus ; ils se segmentent en totalité. Les œufs d'été, qui sont petits et de type oligolécithe, ne subissent jamais qu'une segmentation superficielle.

L'œuf des mammifères a dû, tout d'abord, être chargé de vitellus. Du fait des conditions dans lesquelles il s'est développé, cet œuf est devenu oligolécithe, comme l'œuf de l'Amphioxus. Mais l'évolution ultérieure de l'embryon vient démentir cette similitude, toute d'apparence, et rappeler la distance qui sépare originellement la larve de l'Amphioxus de l'embryon des mammifères.

Placée au sommet de l'échelle des vertébrés, l'espèce humaine va nous présenter, au cours de son développement, la série complète des annexes qui se sont différenciées chez ses ancêtres. Mais, quoi qu'on les rencontre d'une façon constante, certaines de ces annexes n'en ont pas moins une durée transitoire, un rôle limité. Il en est ainsi pour la vésicule ombilicale qui, chez l'homme, n'a d'autre signification que de rappeler l'existence d'un organe ancestral, aujourd'hui sans usage. D'autres annexes vont prendre, en revanche, une importance inusitée, tels l'amnios et surtout le placenta : ce sont des organes nouveaux, édifiés pour répondre à des besoins nouveaux.

Quelle que puisse être leur valeur physiologique, les annexes embryonnaires ont un caractère commun, celui de se développer aux dépens de la zone extra-embryonnaire du blastocyte. De plus, leur importance est assez grande pour qu'on puisse fonder sur leur présence une classification des vertébrés, aussi logique que la classification établie à l'aide des caractères morphologiques fournis par les divers organes.

CHAPITRE II

LA VÉSICULE OMBILICALE

§ 1. — La vésicule ombilicale du lapin.

1° Origine de la vésicule ombilicale. — Deux régions, d'étendue et d'épaisseur très inégales, constituent la blastula. Ce sont le disque embryonnaire et la zone extra-embryonnaire du blastoderme, qu'on appelle aussi le sac vitellin.

Quand la gastrulation s'est effectuée, le sac vitellin, jusque-là monodermique, se montre composé de deux feuillets accolés, concentriquement disposés. Le feuillet superficiel entre en contact avec le milieu extérieur ; il est ectodermique : c'est le *sac vitellin cutané*. Le feuillet profond est endodermique, il limite la cavité gastruléenne : c'est le *sac vitellin intestinal*.

Puis, le mésoderme se développe sous la forme d'une nappe cellulaire, partout continue à elle-même. Cette nappe s'interpose entre les deux feuillets primaires du blastoderme, qui étaient étroitement accolés. Chez le lapin, toutefois, cette nappe limite son extension à l'hémisphère supérieur du sac intestinal. L'hémisphère inférieur de ce sac reste didermique. Il ne possédera jamais de mésoderme.

« Représenté tout d'abord par des éléments fusiformes, disposés sur un, deux ou trois rangs, le mésoderme ne tarde pas à se montrer constitué par deux assises cellulaires, d'aspect épithélial : l'assise externe est formée de cellules cubiques ; l'assise interne, de hautes cellules cylindriques. Des fentes étroites apparaissent, çà et là, entre les faces proximales des deux assises cellulaires. Ces fentes s'agrandissent. Elles sont séparées les unes des autres par des bandes de mésoderme restées pleines. Sur les coupes, ces lacunes... rappellent assez des vaisseaux vides » (Vialleton).

Quand ces lacunes discontinues se sont ouvertes les unes dans les autres, une longue fente en résulte, qui s'étale parallèlement à la surface du blastoderme. Cette fente, c'est le cœlome, qui cloisonne le mésoderme, jusque-là indivis, en deux lames : l'une, interne (*lame fibro-intestinale*, ou *lame splanchnique*), l'autre, externe (*lame fibro-cutanée*, ou *lame somatique*).

La lame somatique s'accole à l'ectoderme pour constituer la *somatopleure* ; la lame splanchnique s'applique sur l'endoderme et forme avec lui la *splanch-*

nopleure. Entre la somatopleure et la splanchnopleure s'étale la cavité générale de l'embryon, ou *cœlome.*

La portion extra-embryonnaire du cœlome (cœlome extra-embryonnaire, cœlome externe) sépare le sac vitellin cutané, origine du chorion, du sac vitellin intestinal, origine de la vésicule ombilicale.

Le sac vitellin intestinal ne tarde pas à s'étrangler, en regard de la région moyenne du corps de l'embryon. Il se divise en deux parties fort inégales. L'une, petite, reste incluse dans l'intérieur du corps : c'est l'*intestin* ; l'autre forme une saillie volumineuse, implantée sur la face ventrale de l'embryon : c'est la *vésicule ombilicale,* dont l'hémisphère supérieur se vascularise rapidement.

On désigne sous le nom de *canal vitellin* l'étroit canal qui, momentanément, fait communiquer la cavité de l'intestin avec celle de la vésicule ombilicale.

2° **Évolution de la vésicule ombilicale.** — Examinons le développement ultérieur de cette vésicule.

Au 9ᵉ jour, la vésicule ombilicale est sphérique. Sa paroi est constituée par de l'endoderme. Dans l'hémisphère supérieur de l'œuf, l'endoderme est doublé de mésoderme. Dans l'hémisphère inférieur, le mésoderme fait défaut ; l'endoderme reste au contact de l'ectoderme. La limite des deux hémisphères est marquée par un gros vaisseau annulaire, chargé de sang artériel : le *sinus terminal* (Planche I, figure 2, S. T.).

Au 10ᵉ jour, l'hémisphère inférieur a cessé d'être convexe ; il s'étend comme un diaphragme horizontal, qui va rejoindre la périphérie de l'œuf au niveau du sinus terminal et diviser la cavité de l'œuf en deux étages : l'inférieur, très simple, représenté par la cavité de la vésicule ombilicale ; le supérieur, plus complexe, comprenant l'embryon avec ses annexes (amnios, placenta). (Planche I, figure 3.)

Un peu plus tard, au 12ᵉ jour, l'hémisphère supérieur de la paroi de la vésicule ombilicale commence à descendre dans la cavité de cette vésicule, cavité qui, de sphérique qu'elle était primitivement, devient cupuliforme (Planche I, figure 4).

3° **Régression de la vésicule ombilicale.** — Vers le 15ᵉ jour, « l'hémisphère supérieur est de plus en plus descendu dans la vésicule ombilicale. En même temps, les éléments ectodermiques et endodermiques de l'hémisphère inférieur commencent à entrer en dégénérescence, à être résorbés ; c'est pourquoi ils sont ici représentés par des traits interrompus. Seule, la partie de cet hémisphère, adhérente à la région du sinus terminal, reste intacte et sera plus ou moins conservée sous le nom de *zone résiduelle,* R » (Duval) (Planche I, figure 5).

Plus tard encore, vers le 17ᵉ jour, il ne reste plus de cet hémisphère inférieur que des débris méconnaissables. Au contact de ces débris, est descendu l'hémisphère supérieur, de sorte qu'il n'y a réellement plus de cavité de la vésicule ombilicale. Par suite de l'inégale croissance des parties, la zone inter-ombilico-placentaire est devenue relativement étroite et courte. La zone résiduelle lui fait suite, appendue à la région du sinus terminal.

Enfin, la constitution définitive de l'œuf est réalisée vers le 24ᵉ jour. « On voit qu'à cette époque la plus grande partie de la surface de l'œuf est formée par la portion de vésicule ombilicale retournée, et présentant à l'extérieur sa surface primitivement interne. C'est que toute trace de l'hémisphère inférieur de cette vésicule a disparu. Il n'en reste qu'un fragment méconnaissable, la zone résiduelle, très courte à ce stade. Le reste de la surface est formé par l'ectoderme, constituant la lame inter-ectoplacentaire, l'ectoplacenta, et la zone inter-ombilico-placentaire, devenue relativement très peu étendue, par suite de l'inégale croissance des parties » (M. Duval).

En somme, la vésicule ombilicale est primitivement sphérique. Elle ne tarde pas à changer de forme, comme l'avaient vu Needham dès 1667 et, plus tard, Cuvier (1817), Coste (1834), de Baer (1837) et Bischoff. Cette modification est due à ce fait que l'embryon descend dans la vésicule et s'y invagine.

La vésicule ombilicale représente originellement un sac clos. Mais au cours du développement, chez le lapin, on voit s'atrophier, puis se résorber, l'hémisphère inférieur de la vésicule, celui-là précisément que constitue l'endoderme accolé à l'ectoderme. La vésicule ombilicale, au lieu de rester fermée, s'ouvre par conséquent, et cette particularité s'observe chez tous les rongeurs à feuillets invertis.

4° Circulation de la vésicule ombilicale. — C'est sur la vésicule ombilicale que se développe le premier réseau vasculaire de l'embryon. Cette première circulation est d'apparition précoce ; mais, chez le lapin, elle s'étend seulement sur l'hémisphère supérieur de la vésicule, qui, de ce fait, prend le nom d'*aire vasculaire*. Il est bon de rappeler que cet hémisphère supérieur est le seul qui soit pourvu de mésoderme. La circulation de la vésicule ombilicale persiste durant toute la vie fœtale.

Sur l'œuf du lapin au 8ᵉ jour, le régime circulatoire de la vésicule ombilicale est complètement établi (van Beneden et Julin). Le sang artériel arrive de l'embryon par l'artère omphalo-mésentérique, ou artère vitelline. Cette artère, parfois bifurquée, se rend à la périphérie de l'aire vasculaire qu'elle entoure d'un anneau complet : le sinus terminal. De l'artère vitelline et du sinus terminal, naissent des artérioles qui se résolvent en capillaires. Du réseau de capillaires, émanent des veinules dont le calibre augmente progressivement. Ces veinules collectent leur sang dans deux troncs veineux, qui cheminent dans le feuillet splanchnique du mésoderme, côtoient les bords latéraux du trou inter-amniotique et abordent l'embryon pour se jeter dans le cœur (extrémité inférieure) (1). (Voir planche V.)

(1) Dans toutes les espèces animales, chez lesquelles la première circulation s'étend seulement au segment supérieur de la vésicule ombilicale, cette circulation persiste pendant toute la durée de la vie fœtale.

§ 2. — La vésicule ombilicale dans l'espèce humaine.

A. — ÉVOLUTION MORPHOLOGIQUE DE LA VÉSICULE OMBILICALE.

Il est encore difficile de se prononcer sur les premiers stades du développement de la vésicule ombilicale dans l'espèce humaine. Mais des travaux de F. Spee il semble résulter que l'évolution de cette vésicule diffère notablement du processus qu'on observe chez les autres mammifères.

1° **Origine de la vésicule.** — De bonne heure, sur des œufs dont le diamètre ne dépasse guère 1 millimètre, l'amas vitellin se transforme en une petite vésicule, qui ultérieurement donnera naissance, par son toit, à l'endoderme intestinal et, par son plancher, à l'endoderme ombilical. Immédiatement après la formation de cette vésicule, le mésoderme se clive : sa lame somatique vient doubler le chorion villeux; sa lame splanchnique s'applique sur l'endoderme ombilical. Entre la splanchnopleure et la somatopleure, s'étend une cavité extrêmement développée : le cœlome externe. Chez la plupart des mammifères, la cavité de l'œuf est représentée par la vésicule ombilicale; chez l'homme, cette cavité n'est autre que le cœlome extra-embryonnaire, et c'est dans le cœlome qu'au cours de son accroissement vient faire hernie, en quelque sorte, la vésicule ombilicale (Voir planches IV et V).

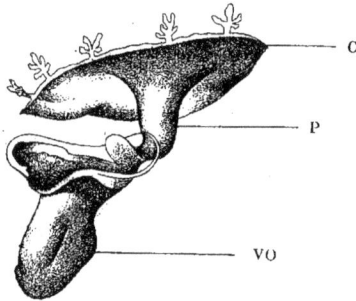

FIG. 56. — Embryon humain de 2 millimètres (d'après Spee).

C, chorion ; — P, pédoncule ventral; — VO, vésicule ombilicale.

2° **Évolution de la vésicule.** — Sur les œufs très jeunes, la vésicule ombilicale (1 millimètre) est plus volumineuse que l'embryon (0 mm. 4).

Du 13e au 20e jour, la vésicule ombilicale est à peu près aussi longue que l'embryon, comme le montre le tableau suivant :

Dimensions de la vésicule.	Longueur de l'embryon.	Age de l'embryon
1 millimètre	1 millim. à 1 mm. 5.	13 jours
2 millim. à 2 mm. 5.	1 millim. 5 à 2 mm. 5.	14 à 16 jours
3 millim. à 4 millim	3 millim. à 4 millim.	19 à 21 jours

En même temps, on constate que l'intestin commence à se différencier en intestin antérieur et intestin postérieur (13e jour). Le cœur apparaît (14 à 16 jours) entre la tête de l'embryon et la vésicule qui, bientôt, se déjette sur le côté droit de l'embryon et communique par un canal étroit et court avec la cavité intestinale (19 à 21 jours).

La vésicule ombilicale et l'embryon continuent à s'accroître, mais la croissance de l'embryon est beaucoup plus rapide que celle de la vésicule : sa longueur l'emportera dorénavant sur celle de la vésicule.

Le cordon ombilical est nettement différencié sur les embryons de 5 à 6 millimètres; la vésicule (3 mm. 5) proémine librement dans le cœlome externe (21 à 25 jours).

Un peu plus tard (28 à 30 jours), le canal vitellin est presque entièrement inclus dans la partie du cœlome externe que parcourt le pédoncule ventral. Enfin, vers le 33e jour, la vésicule (5 mm. 5) est reliée à l'embryon par un étroit canal. Elle nous apparaît alors comme une dilatation de ce pédicule, déjà long de 4 millimètres.

A l'inverse de l'amnios, la vésicule ombilicale n'acquiert jamais chez l'homme de grandes dimensions. Elle atteint son développement maximum vers la septième semaine de la vie embryonnaire. A ce moment, son diamètre mesure de 6 à 10 millimètres, et son canal vitellin est long de 25 millimètres.

3° **Vascularisation de la vésicule ombilicale.** — La paroi de la vésicule est richement vascularisée sur toute sa périphérie, ce qui s'explique par ce fait que, sur tous les points de sa périphérie, l'endoderme de la vésicule ombilicale est doublé d'une lame mésodermique (lame splanchnique).

Les vaisseaux de la vésicule se comportent chez l'homme comme chez le lapin, avec cette différence toutefois que, dans l'espèce humaine, il n'existe pas de sinus annulaire. Cette disposition serait même constante (Fleischmann) chez tous les vertébrés qui présentent une vésicule ombilicale vascularisée dans toute son étendue (1).

(1) Sur un œuf humain très jeune (embryon de 1 mm. 3), Eternod a signalé une disposition particulière de l'appareil veineux que, plus tard, Selenka a retrouvée chez le singe. Les veinules, venues en grand nombre du chorion et du placenta, affluent dans le pédicule abdominal pour y former un tronc très court (future veine ombilicale unique), qui résulte de l'anastomose de deux veines, primitivement distinctes (segment distal des veines ombilicales). De ce tronc commun se dégagent deux veines (segment proximal des veines ombilicales), qui passent dans l'épaisseur du mésoderme de la vésicule ombilicale, contournent le champ embryonnaire, circonscrivent l'orifice omphalo-vitellin futur et aboutissent enfin, de chaque côté, dans le cœur.

Tout près de leur origine dans le pédoncule ventral, ces deux veines ombilicales sont reliées par une anse veineuse (anse veineuse vitelline), qui, dans sa partie céphalique, paraît produite par la confluence, sur la ligne médiane, de deux veines primitivement symétriques. Dans l'anneau veineux ainsi constitué passe le canal allantoïdien.

L'anse vitelline relie donc la circulation de l'embryon et celle de la vésicule ombilicale. Elle constitue probablement le premier vaisseau de retour de la circulation de la vésicule ombilicale, qui serait destiné à s'effacer rapidement, par confluence de ses deux moitiés, pour faire place aux veines ombilicales ou vitellines classiques.

On ignore encore si la circulation de l'embryon précède la circulation de la vésicule ombilicale, ou si la circulation de cette vésicule est la première en date, comme le veut Selenka. Au dire de cet auteur, les veines se développent en premier lieu, puis apparaissent successivement le cœur et les artères.

4° **Régression de la vésicule ombilicale.** — La régression de la vésicule ombilicale commence entre la 6ᵉ et la 8ᵉ semaine du développement intra-utérin. Le canal vitellin, jusque-là perméable, s'est déjà oblitéré (35ᵉ ou 40ᵉ jour), et il constitue un cordon cellulaire plein, qui va se fragmenter et disparaître progressivement.

Au milieu de la grossesse la vésicule, sphérique ou ovoïde, n'a plus qu'un centimètre de diamètre. En raison de l'allongement du cordon ombilical et du développement de l'amnios, elle s'éloigne progressivement de l'embryon.

Au moment de la naissance, la vésicule ombilicale subsiste encore. Elle mesure seulement 4 à 7 millimètres de diamètre. Exceptionnellement (1 fois sur 900), son pédicule et les vaisseaux omphalo-mésentériques peuvent être retrouvés à côté de la vésicule, tantôt dans le cordon, tantôt à quelques centimètres du bord placentaire, entre l'amnios et le chorion.

En somme, la régression commence par le canal vitellin ; elle atteint ensuite les vaisseaux omphalo-mésentériques. Elle intéressera, en dernier lieu, la vésicule proprement dite.

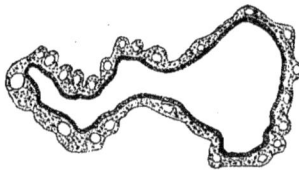

B. — STRUCTURE DE LA VÉSICULE OMBILICALE.

FIG. 57. — Coupe totale de la vésicule ombilicale chez un embryon humain de 9 millimètres. La cavité de la vésicule est bordée : 1° par un épithélium et 2° par une couche de tissu conjonctif criblée de vaisseaux.

1° **Vésicule proprement dite.** — Une coupe de la vésicule ombilicale, pratiquée sur un embryon humain de 8 millimètres (embryon de 28 jours), nous montre que la paroi de la vésicule, épaisse de 200 µ, se compose d'un épithélium, doublé extérieurement de tissu conjonctivo-vasculaire.

L'épithélium de revêtement est représenté par des cellules polyédriques, hautes de 25 µ et disposées sur un seul plan, comme dans l'intestin. De place en place, cet épithélium se stratifie. Il constitue des bourgeons qui apparaissent, tout d'abord, vers la 3ᵉ semaine de la grossesse, dans le pôle distal de la vésicule. Ces bourgeons pleins s'allongent, puis se creusent d'une cavité. Ce sont maintenant de longs tubes, qui se divisent dichotomiquement. Leur extrémité renflée atteint presque la surface du sac vitellin. Le revêtement de ces tubes est formé de cellules polyédriques, criblées de fines vacuoles.

Le tissu mésodermique, qui sert de soutien à l'épithélium, n'est autre chose que la lame splanchnique du mésoderme. Il est déjà parcouru par de nombreux vaisseaux.

Un peu plus tard (6 à 8 semaines), la paroi de la vésicule s'est épaissie ; elle atteint 300 µ. L'épithélium superficiel s'est accru. Les dépressions anciennes ont également augmenté de volume (150 µ de diamètre). Elles plongent, par leur extrémité profonde, dans le tissu inter-annexiel, qui s'est progressivement substitué au cœlome externe. Des dépressions nouvelles ont pris naissance. A ce moment, la vésicule est revêtue de glandes, sur toute son étendue. Ces glandes se moulent sur les vaisseaux qui circulent dans leurs interstices. Leur épithélium est devenu très volumineux. Il s'est chargé de gouttelettes graisseuses et, çà et là, au milieu des cellules glandulaires, on observe des cellules géantes dont le cytoplasme renferme des globules rouges.

C'est Tourneux qui, le premier, a décrit ces curieux diverticules de la vésicule ombilicale (1889). Plus tard, Spee (1897) a élucidé leur mode de développement et tenté d'établir leur signification.

2° **Canal vitellin**. — Le canal vitellin se présente, tout d'abord, avec une lumière étroite, circonscrite par des cellules prismatiques. Ces cellules, hautes de 20 µ et de largeur moitié moindre (9 à 12 µ), se continuent, d'une part, avec l'endoderme intestinal et, d'autre part,

Fig. 58. — Coupe des parois de la vésicule ombilicale sur un embryon humain de 8 millimètres. L'épithélium est creusé d'excavations; des capillaires nombreux occupent le tissu conjonctif sur lequel s'implante l'épithélium. (D'après Tourneux.)

avec l'épithélium de la vésicule. Elles sont disposées sur un seul rang et reposent sur une paroi mésodermique.

Plus tard, le canal vitellin se transforme en un cordon cellulaire plein. Ce cordon se fragmente, et ses restes épithéliaux se retrouvent parfois, échelonnés de loin en loin, dans l'épaisseur du cordon ombilical.

C. — Physiologie de la vésicule ombilicale.

Chez les mammifères, la vésicule ombilicale ne contient jamais de vitellus. On y trouve seulement un liquide albumineux qui se charge, d'abord, de matières grasses élaborées par l'épithélium de la vésicule et, beaucoup plus tard, de sels alcalino-terreux. Graisse et sels métalliques constituent le dépôt granuleux qu'on trouve dans la vésicule au moment de la naissance. La nature de ces deux substances donne à penser que la vésicule ombilicale est, chez l'homme, un organe en régression. Cette vésicule, d'ailleurs, alors même qu'elle est volumineuse, paraît incapable de fournir à l'embryon humain les substances utiles à son développement. C'est un organe de première nécessité chez certains poissons et chez tous les Sauropsidés ; mais, chez l'homme, la vésicule ombilicale est un organe purement représentatif.

Les dépressions tubuliformes qui couvrent la totalité de la vésicule, de la 6° à la 9° semaine du développement, ont retenu l'attention de Spee. La présence de ces dépressions transforme la vésicule en une glande véritable, qui offre avec le foie des analogies remarquables. Comme dans le foie les tubes sécréteurs sont en relation étroite avec les vaisseaux sanguins. Aussi, dans la pensée de Spee, la vésicule ombilicale ne serait autre chose qu'un foie réduit, un foie simplifié. De cette analogie structurale, Spee déduit une analogie physiologique : d'après lui, la vésicule ombilicale fonctionnerait comme un foie, tant que le foie définitif est incapable de remplir ses fonctions.

Sur la vésicule ombilicale, consulter :

1889. — Tourneux, Note sur l'épithélium de la vésicule ombilicale chez le fœtus humain. *Soc. Biol.*, 9 mars.

1896. — Spee, Ueber die Drüsenbildung u. Function der Dottersakwand des menschlichen Eies. *Arch. f. Anat. u. Phys.*

1902. — Eternod, L'anse veineuse vitelline des primates. *C. R. Ass. des Anat.*, p. 99. Montpellier.

CHAPITRE III

L'AMNIOS

§ 1. — L'amnios du lapin.

1° Formation de l'amnios. — Tant que l'embryon est petit, il apparaît comme un épaississement du blastoderme, jusque-là plus ou moins sphérique. Il siège à la surface de l'œuf, dont il occupe le pôle supérieur.

A mesure que l'embryon s'accroît, il s'enfonce, de plus en plus, vers le centre de l'œuf. Il entraîne avec lui les portions du blastoderme qui lui sont adjacentes (blastoderme juxta-embryonnaire). Sa face dorsale apparaît alors au fond d'une dépression, d'une sorte de puits. La margelle de ce puits est entourée par la région du sac vitellin qui n'a pas suivi l'embryon dans sa descente (blastoderme para-embryonnaire). Blastoderme juxta-embryonnaire et blastoderme para-embryonnaire se raccordent sous un angle aigu. Ils forment un repli elliptique, dont le sommet fait saillie, à distance de l'embryon. A ce repli (repli amniotique), on distingue deux régions, l'une antérieure (*repli* ou *capuchon céphalique*), l'autre postérieure (*repli* ou *capuchon caudal*). Tel est, réduit à ses lignes essentielles, le mode de formation du repli amniotique.

Examinons maintenant, d'un peu plus près, comment se constitue l'amnios chez le lapin.

a) CAPUCHON CÉPHALIQUE. — L'amnios représente donc un plissement du blastoderme. Or, le blastoderme varie de constitution, aux diverses étapes de son évolution. L'amnios aura donc une constitution variable, suivant l'époque à laquelle il apparaîtra.

Ceci posé, disons que le repli céphalique se constitue le premier chez nombre de mammifères. Chez le lapin, il apparaît dans une région blastodermique, formée seulement par l'ectoderme et par l'endoderme. Il est donc originellement didermique. En raison de son développement précoce, le capuchon céphalique a reçu le nom de *pro-amnios*.

Le pro-amnios apparaît vers le 8e jour, aux confins de l'aire opaque. Sur les embryons vus de face, il revêt l'aspect d'un croissant clair, qui entoure, à distance, l'extrémité céphalique de l'embryon (200e h.). Un peu plus tard (210e h.), c'est un repli qui recouvre la tête de l'embryon. Entre l'embryon et le pro-amnios, il existe une étroite cavité : la *cavité pro-amniotique*.

b) Capuchon caudal. — Quand le pro-amnios s'est constitué, on voit naître, à l'extrémité postérieure du germe, un repli qui se soulève peu à peu derrière le dos de l'embryon. Ce repli apparaît dans une région constituée par les trois feuillets du blastoderme. Les trois feuillets embryonnaires sont donc représentés dans ce repli, à peine accusé, qu'on appelle le *faux amnios*.

Mais le faux amnios est une formation en partie transitoire, constituée par la splanchnopleure et la somatopleure. La splanchnopleure en disparaît très vite, comme écartée par l'accroissement du cœlome. La somatopleure, au contraire, continue à se soulever, de plus en plus, sur la face dorsale de l'embryon. A elle seule, elle constitue le repli caudal.

Ce repli apparaît au niveau de l'aire transparente, à la limite inférieure de la zone pariétale. Sur les embryons vus de dos, il a la forme d'un croissant, et sa concavité est tournée vers la concavité du pro-amnios. Ce croissant est sombre, car, à son niveau, apparaît l'ébauche de l'allantoïde, ébauche qui épaissit d'autant le blastoderme.

2° **Accroissement des capuchons amniotiques.** — Le pro-amnios et la gaine caudale vont s'accroître fort inégalement. Le pro-amnios ne s'accroît que d'une façon insignifiante ; la gaine caudale, au contraire, prend un développement considérable. : à elle seule, elle va constituer la presque totalité de l'amnios.

« Sur l'embryon de 211 heures, le sommet du repli amniotique (caudal) s'est élevé à la hauteur de la tête de la ligne primitive. Si, à ce moment, on regarde la gaine caudale de l'amnios par la face dorsale de l'embryon, elle se présente sous la forme d'un capuchon, recouvrant l'extrémité caudale de l'embryon (capuchon caudal de l'amnios). Le bord libre de ce capuchon, concave, se prolonge en haut, de chaque côté, par un pli longitudinal, qui s'atténue graduellement et finit par disparaître à la surface du blastoderme. Ce sont ces deux cornes du repli caudal qu'on désigne parfois sous le nom de *replis latéraux* de l'amnios. L'allongement de l'amnios semble résulter de la soudure progressive, sur la ligne médiane, de ces deux replis, qui, au fur et à mesure qu'ils se fusionnent en arrière, se prolongent en avant à la rencontre du pro-amnios. » (Tourneux.)

En somme, pro-amnios et gaine caudale constituent deux replis qui se regardent par leur bord libre ; ces bords libres sont concaves, ils délimitent un large orifice, à travers lequel on aperçoit le dos de l'embryon. Cet orifice se réduit progressivement du fait de la croissance des deux replis, et surtout du repli caudal (1).

3° **Fermeture de l'amnios.** — Le capuchon caudal s'est élevé progressivement sur la face dorsale de l'embryon ; il se dirige vers le pro-amnios et le rencontre au début du 9e jour du développement.

(1) Cette croissance s'effectue par continuation du mécanisme qui a donné naissance aux replis et aussi grâce à un processus de prolifération cellulaire.

Mais, sur ces entrefaites, l'extrémité céphalique de l'embryon s'est allongée et, devant elle, a repoussé le pro-amnios. Le sommet du capuchon céphalique se montre dès lors occupé, non plus par l'aire transparente, mais par la zone interne de l'aire opaque. En d'autres termes, le pro-amnios a changé de constitution. Il était formé par l'ectoderme et l'endoderme accolés. Le voici représenté maintenant par l'ectoderme et par le mésoderme, dans l'épaisseur duquel il existe, en outre, un prolongement du cœlome extra embryonnaire.

La constitution du repli céphalique et du repli caudal est donc identique. Ces deux replis vont se souder. La cloison qui résulte de cette soudure disparaîtra. Dès lors, le feuillet dorsal du repli postérieur se continue avec le feuillet homologue du repli antérieur ; le feuillet ventral de la gaine caudale se continue avec le feuillet homologue de la gaine céphalique. Les deux prolongements que le cœlome envoyait dans le pro-amnios et dans le repli caudal, s'ouvrent l'un dans l'autre et communiquent en arrière de la face dorsale de l'embryon.

Quant à la cavité amniotique, désormais close, elle se compose de deux parties distinctes, la cavité amniotique proprement dite (ou cavité de la gaine caudale) et la cavité pro-amniotique ; ces cavités communiquent entre elles au niveau du *trou inter-amniotique*, qui répond à la ligne de soudure des deux amnios.

L'extrémité céphalique de l'embryon, continuant à s'allonger et à s'infléchir en avant, refoule de plus en plus le pro-amnios, dont elle se coiffe, et semble ainsi faire saillie dans la cavité ombilicale par le trou inter-amniotique, dans les bords duquel rampent les deux veines omphalo-mésentériques.

C'est au 11e jour que le pro-amnios présente son plus grand développement ; puis il se rapetisse progressivement, tandis que l'extrémité céphalique, primitivement engagée dans le pro-amnios, se retire en arrière dans le capuchon caudal. Le trou inter-amniotique se rétrécit de son côté, et bientôt (15e jour) il ne persiste du pro-amnios qu'une cicatrice étroite, interposée entre les deux troncs des veines omphalo-mésentériques (Tourneux). Comme l'ont montré van Beneden et Ch. Julin, c'est de la gaine caudale que procède tout l'amnios définitif.

4° **Évolution ultérieure de l'amnios.** — La cavité amniotique, jusque-là virtuelle, se distend par l'accumulation d'un liquide. Elle s'accroît au point de constituer la majeure partie de l'œuf, ainsi que nous aurons l'occasion de le constater ultérieurement. Elle finit par entourer l'embryon de toutes parts, et, comme elle est pleine de liquide, l'embryon peut s'y mouvoir sans difficulté : il est véritablement le « poisson de l'amnios ».

Du fait de la fermeture et de l'extension de l'amnios, une série de modifications se produisent dans l'œuf :

a) *Avant l'occlusion de l'amnios*, la vésicule séreuse (1) était incomplète : elle faisait défaut au niveau du disque embryonnaire, jusque-là de niveau avec elle. A mesure que l'embryon descend dans l'œuf, les replis amniotiques s'élèvent par-dessus le dos de l'embryon. Finalement, ils se réunissent et se soudent. De cette

(1) Ou sac vitellin externe.

soudure il résulte que l'œuf a régularisé sa forme et qu'il est entouré d'une
enveloppe séreuse absolument complète. Cette enveloppe va se hérisser de villosités pour former le chorion.

   b) *La fermeture de l'amnios* provoque, autour de l'embryon, la formation
d'une cavité pleine de liquide.

   Avant la formation de l'amnios, l'embryon occupait la surface de l'œuf ou une
dépression de cette surface. Après l'occlusion de cette annexe ovulaire, l'embryon

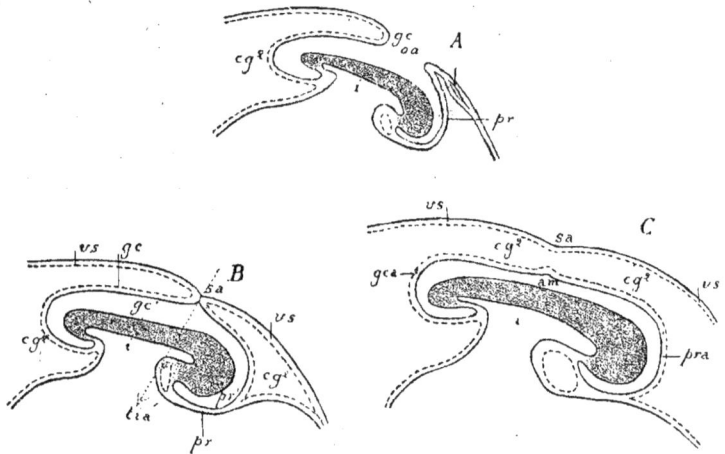

FIG. 59. — Coupes longitudinales schématiques de l'amnios, montrant la formation de cette
             membrane, ainsi que celle de la vésicule séreuse.

A, représente le stade le moins avancé ; — *gc*, gaine caudale ; — *pr*, pro-amnios ; — *oa*, ombilic amniotique ; — *sa*, suture amniotique ; — *gc'*, cavité de la gaine caudale ; — *pr'*, cavité du pro-amnios ; —
tia, trou inter-amniotique ; — *gca*, partie de l'amnios formée par la gaine caudale ; — *pra*, partie
d'origine pro-amniotique ; — *am*, cavité de l'amnios ; — *i*, intestin ; — *vs*, vésicule séreuse ; — *cg²*,
cavité générale extra-embryonnaire. — Le mésoderme est indiqué par des hachures et un trait discontinu ; l'endoderme est figuré par un trait continu mince ; l'ectoderme est représenté par un
trait continu épais (d'après Prenant).

occupe le centre de l'œuf. Il est donc complètement entouré par deux membranes
de protection, concentriquement disposées : l'amnios et la vésicule séreuse. Ces
deux membranes sont séparées l'une de l'autre par un prolongement du cœlome
externe. Mais la croissance de l'amnios ne tarde pas à provoquer la réduction,
puis la disparition de ce cœlome externe, de sorte que, finalement, l'amnios s'applique à la face interne de la membrane séreuse.

   La membrane amniotique persiste jusqu'à la naissance. Elle se continue
directement avec les téguments du fœtus, et l'on donne le nom d'ombilic cutané
à la région où se raccordent la somatopleure de l'embryon et la somatopleure
extra-embryonnaire. L'ombilic cutané va se rétrécissant sans cesse, au cours du
développement, comme l'ombilic intestinal autour duquel il est situé. Ombilic

cutané et ombilic intestinal sont séparés l'un de l'autre par la région du cœlome, au niveau de laquelle s'unissent le cœlome extra-embryonnaire et le cœlome intra-embryonnaire (*ombilic cœlomique*).

En résumé, l'amnios est une membrane ovulaire, qui prend naissance aux dépens de la partie du sac vitellin externe, contiguë à l'embryon. Il apparaît sous la forme de deux plis, qui font saillie sur la face dorsale de l'embryon. Ces plis convergent l'un vers l'autre, se soudent et délimitent un sac. Ce sac se remplit de liquide, s'agrandit et finit par envelopper complètement l'embryon.

Nous avons vu que, chez le lapin, les plis apparaissent l'un après l'autre ; ils ont d'abord une constitution différente : l'un est formé par l'ectoderme et l'endoderme : c'est le repli céphalique, ou pro-amnios ; l'autre, par la somatopleure : c'est le repli postérieur, ou gaine caudale. En dernier lieu, le pro-amnios prend la constitution de la gaine caudale, mais c'est de la gaine caudale que procède, en somme, l'amnios définitif.

§ 2. — L'amnios du murin.

Nous avons suivi jusqu'ici l'évolution de l'amnios chez le lapin. Le moment serait venu de nous occuper de l'amnios humain. Malheureusement nous ne disposons pas encore d'observations en nombre suffisant pour établir le mode d'apparition de cet amnios. Toutefois, d'après les documents épars que nous possédons, d'après un certain nombre de considérations théoriques, il semble à peu près démontré aujourd'hui que l'amnios humain est une formation massive, de tous points analogue à celle du murin (1).

Van Beneden, Frommel, Selenka avaient déjà entrevu ce mode de formation massive de l'amnios, mais sans en saisir l'exacte signification. Il était donné à M. Duval et à Hubrecht d'établir l'existence indubitable de cette genèse si particulière de l'amnios, dans leurs belles études sur le développement de la chauve-souris et du hérisson.

Chez le murin, l'ectoderme du disque embryonnaire s'épaissit, par prolifération de ses éléments, pour constituer un amas cellulaire plein : la *masse amniotique*.

La masse amniotique se creuse çà et là de vacuoles anguleuses, de siège variable, de forme irrégulière. Ces vacuoles s'ouvrent les unes dans les autres, et de cette fusion résulte une cavité régulière, symétrique : la cavité amniotique.

Le plancher de cette cavité est épais ; il garde sa disposition originelle : il représente l'ectoderme de l'embryon. Le toit de la cavité amniotique, au contraire, se disloque ; ses fragments se résorbent. A la cavité du stade précédent, succède une cupule, la *fosse amniotique*, qui rappelle « assez bien l'aspect classique de la gouttière médullaire ». On y trouve, en effet, un fond, ou plancher, et des bords qui proéminent sous forme de crêtes.

(1) Le murin est une variété de chauve-souris.

Ces crêtes s'avancent l'une vers l'autre, au-dessus de la fosse' amniotique, qu'elles ne tardent pas à fermer : dès lors, la cavité amniotique est constituée. « Le développement de l'amnios, après avoir débuté sous une forme si singulièrement aberrante, va dorénavant se poursuivre selon le mode classiquement connu, pour la grande majorité des vertébrés munis d'un amnios. » (Duval.)

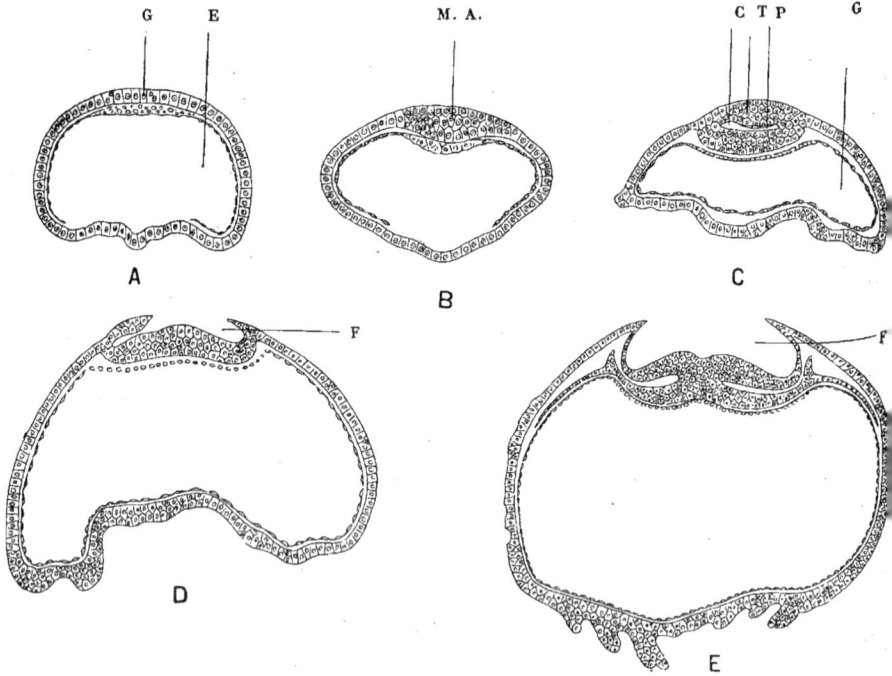

Fig. 60. — Formation de l'amnios chez le murin (d'après Duval).

A, gastrula du murin avec sa cavité G. L'ectoderme du disque embryonnaire est en E.
B, l'ectoderme du disque embryonnaire s'épaissit pour former la masse amniotique M. A.
C, une cavité C s'est creusée dans la masse amniotique, qui présente maintenant un toit T et un plancher P.
D, dislocation du toit de la cavité amniotique : les restes de ce toit forment des replis qui s'avancent au-dessus de la fosse amniotique F.
E, stade plus avancé. Le mésoderme commence à pénétrer dans les replis amniotiques.

§ 3. — L'amnios humain.

1° **Formation de l'amnios**. — D'après les travaux de Spee, de Mall, de Minot, il est probable que l'amnios humain apparaît sous une forme massive, comme chez le murin. Il se creuse secondairement d'une cavité qui reste close.

Sur un œuf de 6 millimètres sur 4 mm. 5, et dont l'embryon mesurait 400 μ, Spee a vu que l'extrémité postérieure de l'embryon était rattachée au chorion par un pont de tissu mésodermique. Ce pont mésodermique n'est autre chose que la formation connue sous le nom de pédicule ventral (Bauchstiel, de His). En arrière, ce pédicule logeait l'allantoïde ; en avant, il était excavé par la partie postérieure d'une vésicule arrondie, l'amnios.

L'embryon grandissant, il est vraisemblable que son extrémité céphalique s'abaisse dans la cavité de l'œuf, en entraînant l'amnios, qui tend à se dégager du pédicule ventral. Sur des embryons de 1 mm. 5, Spee a trouvé, en effet, que cet amnios s'était aplati et qu'il se prolongeait, par une pointe effilée, dans le pédoncule ventral.

Ces deux aspects de l'amnios sont-ils des stades successifs d'un même processus ? Entre eux s'interpose-t-il un stade analogue à celui qu'on observe chez le murin ? En d'autres termes, le plafond de la masse amniotique se rompt-il pour constituer les replis amniotiques, et l'amnios définitif est-il formé essentiellement par le repli céphalique, qui s'allonge d'avant en arrière pour se souder au repli caudal à peine ébauché ? Ce sont là des questions qu'il est encore impossible de trancher d'une façon définitive. Dans cette seconde hypothèse, on expliquerait l'absence d'ectoderme, dans le segment du pédoncule ventral compris entre le chorion et l'amnios (segment externe de ce pédoncule), par la disparition de l'ectoderme qui recouvre le bord libre des deux replis amniotiques. Le feuillet utérin du repli céphalique compléterait la vésicule séreuse, en regard de la face dorsale de l'embryon.

Ce qu'il importe, en tout cas, de retenir de ces faits, c'est l'apparition précoce du mésoderme et la formation de l'amnios, avec son aspect de vésicule close, à un stade très reculé du développement.

2° **Évolution de l'amnios.** — L'amnios s'accroît, et sa cavité se distend par suite de l'accumulation d'un liquide, le liquide amniotique. Vers le milieu de la grossesse, ce liquide égale en poids le poids du fœtus. La poche amniotique s'étend, en envahissant toutes les parties de l'œuf qui ne font pas obstacle à sa progression.

Nous avons vu que l'amnios constitue une sorte de pédicule qui relie l'embryon à la membrane séreuse. Ce pédicule se raccorde à l'embryon par un anneau que nous avons appelé l'ombilic cutané : à ce niveau, l'épiderme de l'embryon se continue avec l'ectoderme amniotique, le derme de l'embryon avec le tissu conjonctif de l'amnios. Mais, à mesure que l'embryon grandit, l'ombilic cutané se resserre ou, plus exactement, il cesse de se développer, ou ne se développe qu'avec une extrême lenteur, en sorte qu'il paraît occuper une zone de plus en plus restreinte, sur la paroi abdominale du fœtus.

Si l'on sectionne, après congélation, un utérus à terme, il est facile de se rendre compte du trajet de l'amnios. Parti de l'ombilic du fœtus, l'amnios monte en engainant les éléments du cordon, jusqu'à l'insertion placentaire de ce cordon ; il s'étale à la surface du chorion et ne le quitte plus. Avec lui, il tapisse la face fœtale du placenta, arrive sur le bord de cet organe et, toujours en doublant le chorion, il passe sur la face interne du corps utérin qu'il recouvre de toutes parts. Comme l'amnios adhère au chorion (1) et que le chorion s'est fusionné avec la caduque utérine, il en résulte que les trois membranes se sont fusionnées en une enveloppe unique, commune à l'œuf, et qu'elles peuvent être, avec avantage, désignées collectivement sous le nom de membranes de l'œuf. Il faut rompre ces membranes pour pénétrer dans la cavité de l'œuf qu'occupe le fœtus. (Voir fig. 94.)

3° **Structure de l'amnios.** — La structure de l'amnios varie un peu, suivant qu'il recouvre le chorion ovulaire ou le cordon ombilical.

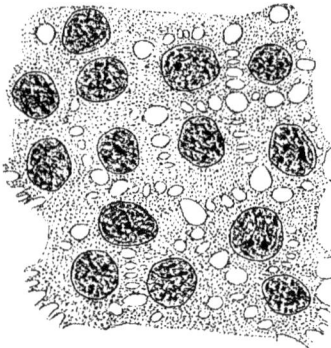

FIG. 61. — Vue en surface de l'épithélium amniotique avec ses ponts intercellulaires sur un embryon humain de 144 jours. (D'après Minot).

a) Partout où il s'applique sur le chorion (région membraneuse de l'amnios), l'amnios est constitué par un épithélium et par un tissu de soutien, d'origine mésodermique.

L'épithélium est constitué par des cellules, disposées sur un seul rang. Ces cellules sont, au 2ᵉ mois, très larges (25 à 35 μ) et très aplaties. Elles diminuent progressivement de diamètre (10 à 12 μ, au 7ᵉ mois), mais gagnent en hauteur ce qu'elles ont perdu en largeur. Au moment de la naissance, elles sont cubiques, et leur pôle libre s'accuse par un feston qui fait saillie dans la cavité de l'amnios. Ces cellules ont un noyau arrondi ; leur protoplasma est semé de fines granulations grais-

seuses. Sur l'épithélium d'un amnios étalé, S. Minot figure même des ponts d'union, jetés entre les cellules polyédriques du revêtement épithélial (fig. 61.)

Le tissu qui supporte l'épithélium est de nature conjonctive. Sur l'œuf à terme, on y distingue deux assises. L'assise superficielle est dense, d'aspect hyalin ; les éléments cellulaires y font presque complètement défaut. La couche profonde, plus lâche, est riche en cellules. Elle se confond avec le chorion. (Voir fig. 92.)

« Malgré les recherches les plus attentives, on ne peut trouver de fibres musculaires lisses dans l'amnios des mammifères. Il est sans doute permis d'en inférer que si, chez les mammifères, l'embryon, en voie de développement, a besoin d'être soumis à certains déplacements rythmiques dans les eaux de l'amnios, les contractions des parois abdominales et les mouvements respiratoires de la

_____

(1) L'adhérence du chorion à l'amnios n'est pas primitive, elle est secondaire, comme celle du chorion à la caduque. Elle résulte de l'effacement du cœlome externe, dans lequel s'est développé du tissu conjonctif. Ce tissu (magma réticulé de Velpeau, tissu intermédiaire de Bischoff, tissu inter-annexiel) assure l'union de l'amnios et du chorion.

mère doivent suffire pour produire des compressions alternatives de tout l'œuf, et par suite des déplacements du fœtus dans le liquide amniotique : il semble donc inutile qu'il y ait une contractilité propre de l'amnios. Dans l'œuf d'oiseau, au contraire, entouré d'une coque solide, on conçoit que les mouvements ne peuvent être imprimés au liquide renfermé dans les membranes que par la contraction de ces membranes elles-mêmes. » (Duval.)

D'après les classiques, l'amnios ne présente ni nerfs (Duval), ni vaisseaux. Toutefois, au voisinage du placenta, on pourrait y trouver, çà et là, au début de la grossesse, quelques vaisseaux issus du magma réticulé (Jungbluth, 1869). Ces vaisseaux, Waldeyer, Peyrot et Campenon les auraient également retrouvés ; Wissosky décrit même des cellules vaso-formatives dans l'amnios du lapin.

b) L'amnios qui revêt la surface du cordon présente quelques particularités structurales. Son épithélium est stratifié sur les fœtus à terme.

Kölliker et Anna Holz signalent, sur le revêtement amniotique du cordon, quelques cellules cylindriques. Winckler (1868) a trouvé, d'une façon constante, sur 200 amnios qu'il a examinés à ce point de vue, des végétations de la grosseur d'un grain de millet. Ces végétations s'observent au point où l'ectoderme amniotique se continue avec l'ectoderme tégumentaire. On les nomme *caroncules amniotiques*. Quelques végétations ramifiées siègent à la surface du cordon. Ce sont les villosités du cordon (Ahlfeld).

Le tissu de soutien de l'amnios se confond avec le tissu muqueux du cordon ombilical, sans qu'il soit possible de faire le départ de ces deux formations conjonctives.

4° **Causes de la formation de l'amnios.** — Si l'on recherche quelles causes ont pu provoquer la formation de l'amnios, on arrive à cette conclusion que l'amnios a été édifié par l'organisme, éminemment délicat, de l'embryon, pour se protéger contre les chocs extérieurs et contre les contractions brusques de l'utérus. Un sac plein de liquide, c'est-à-dire incompressible, devait répondre admirablement à ce but. C'est un sac de ce genre qui s'est différencié. Mais si l'on recherche la raison de l'édification de l'amnios, en dehors de toute idée de finalité, on n'arrive à trouver aucune solution satisfaisante.

5° **Mécanisme de la formation de l'amnios.** — « Chez tous les vertébrés supérieurs, il s'accomplit, à une époque reculée du développement, des inflexions de la tête de l'embryon, qui, pour se produire, doivent nécessairement entraîner vers l'intérieur de l'œuf les parties avoisinantes du blastoderme. D'autre part, la partie antérieure du corps de l'embryon et surtout les organes de la tête se développent rapidement et atteignent déjà un volume et un poids considérables, alors que l'extrémité postérieure du corps de l'embryon n'est encore qu'une simple lamelle. Enfin, c'est de l'extrémité postérieure de l'embryon que procède cette partie du mésoblaste qui envahit le blastoderme, en dehors de l'embryon.

« Ces circonstances permettent de concevoir la précocité relative de la formation de la cavité amniotique autour de la tête de l'embryon ; si les inflexions céphaliques et la formation du cul-de-sac antérieur du tube digestif s'effectuent avant que le mésoblaste ait envahi la région pré-embryonnaire du blastocyte, il doit nécessairement se former un pro-amnios, et l'on conçoit facilement que, celui-ci une fois formé, le mésoderme se soit étendu tout autour de la portion déprimée du blastoderme, sans envahir cette dernière, qui devient le pro-amnios céphalique.

« Dans notre opinion, ajoutent van Beneden et Julin, la cause déterminante de la formation de l'enveloppe amniotique réside dans la descente de l'embryon, déterminée elle-même par le poids du corps. C'est par une accélération du développement que la cavité amniotique en est venue à se former quand l'embryon ne possède encore qu'un poids insignifiant, quand il n'est encore qu'une simple lamelle didermique, avant que le mésoblaste soit constitué. La précocité de la descente de l'embryon finit par affecter l'apparence d'une simple invagination du blastocyte. »

Sur ce sujet, consulter :

1884. — VAN BENEDEN et JULIN, Rech. sur la format. des annexes fœtales chez les mammifères. *Arch. de biol.*, t. V.

1895. — M. DUVAL, L'embryol. des Cheiropt. *Journal de l'Anat.*, p. 427.

CHAPITRE IV

L'ALLANTOÏDE

§ 1. — L'allantoïde chez le lapin.

1° **Origine de l'allantoïde.** — L'allantoïde prend naissance avant que le sac vitellin interne ne se soit différencié en tube digestif et en vésicule ombilicale. Comme toutes les annexes ovulaires, il a donc une origine extra-embryonnaire.

L'allantoïde, organe en forme de saucisse (ἀλλάς), est déjà indiqué sur l'embryon de lapin de 210 heures.

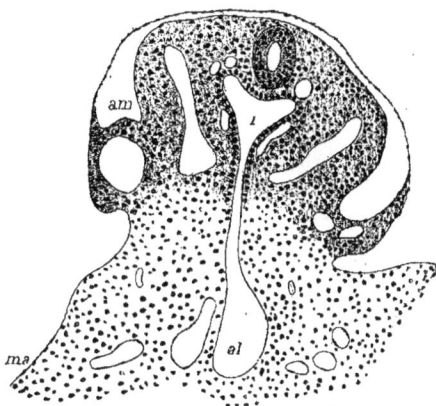

Fig. 62. — Coupe transversale un peu oblique de l'extrémité postérieure d'un embryon de lapin de 10 jours et 15 heures (d'après Prenant).

i, intestin postérieur ; — *al*, allantoïde; — *ma*, épaississement mésodermique qui entoure le cul-de-sac endodermique ; — *am*, amnios.

A ce moment, la somatopleure s'est soulevée, sur la face dorsale de l'embryon, en un repli dont le sommet atteint la tête de la ligne primitive (gaine caudale de l'amnios). La splanchnopleure s'infléchit en sens inverse. Elle forme un repli curviligne, moitié moins long que le repli amniotique : c'est le *repli allantoïdien*, qui limite, avec la portion inférieure de l'embryon, un cul-de-sac étroit, tapissé par l'endoderme (cul-de-sac allantoïdien).

La paroi postérieure du cul-de-sac est constituée par l'endoderme accolé à l'ectoderme : elle n'est autre que la membrane anale ou cloacale ; le fond et la paroi antérieure du cul-de-sac allantoïdien sont constitués par l'endoderme et par le feuillet splanchnique du mésoderme. Ce feuillet s'est épaissi en un bourrelet (bourrelet allantoïdien) qui fait saillie dans le cœlome externe.

2° **Évolution de l'allantoïde.** — Quelques heures plus tard (embryons de 216 heures), l'extrémité inférieure de l'embryon, jusque-là rectiligne, s'infléchit en avant, autour de la ligne primitive comme centre. De ce fait il résulte que l'intestin cesse de s'ouvrir, largement et sur toute son étendue, dans la vésicule ombilicale. Dorénavant, il se termine par un cul-de-sac, le cul-de-sac postérieur de l'intestin, qui mérite le nom de cul-de-sac caudal, car il se prolonge dans la queue de l'embryon.

Sur la Planche III (fig. 2, V), le cul-de-sac caudal est limité en arrière par la moelle. En avant, il est formé de deux régions : l'une supérieure, l'autre inférieure.

La région supérieure se termine au-dessus du cul-de-sac allantoïdien, qui, à ce stade, apparaît comme un diverticule de la paroi antérieure de l'intestin caudal. Ce cul-de-sac se porte directement en avant, dans l'épaississement mésodermique que nous avons qualifié de bourrelet allantoïdien. La région inférieure comprend, de haut en bas, la membrane anale, toujours didermique, et la ligne primitive, au niveau de laquelle le blastoderme est tridermique.

Un peu plus tard, le cul-de-sac allantoïdien s'allonge ; il s'engage dans le cœlome externe et se dirige en bas et en arrière, avec le bourrelet mésodermique qui le coiffe. Ce bourrelet prend contact avec le mésoderme qui double l'ectoderme chorial épaissi, et il se fusionne avec lui.

Cette fixation de l'allantoïde ne s'effectue pas en un point quelconque du chorion ; elle se produit au niveau de l'ectoplacenta, c'est-à-dire au niveau de la région choriale qui pénètre dans l'endomètre. De la sorte, l'allantoïde contribue à fixer l'embryon à l'utérus. Il contribue encore à le nourrir.

3° **Circulation allantoïdienne.** — Le mésoderme péri-allantoïdien, en se portant vers l'ectoplacenta, entraîne avec lui les artères allantoïdiennes ou ombilicales, qui représentent les extrémités inférieures des aortes descendantes. Ces artères charrient du sang noir. Elles se résolvent en capillaires, qui ne tardent pas à pénétrer dans les villosités choriales (allanto-chorion). Le réseau terminal de ce système déverse du sang rouge dans les veines ombilicales. Ces veines suivent le cordon, pénètrent dans l'embryon par l'ombilic et passent dans la somatopleure, au-dessous du foie. Arrivées au niveau du repli cardiaque, elles se portent en dedans, traversent le mésocarde latéral et débouchent dans les veines omphalo-mésentériques, très près du cœur.

Ajoutons que la seconde circulation n'est pas, chez le lapin, absolument indépendante de la première circulation. Il existe, entre ces deux circulations, c'est-à-dire entre la circulation allantoïdienne et la circulation de la vésicule ombilicale, des anastomoses, étendues du sinus terminal aux veines allantoïdiennes ; ces anastomoses unissent donc des vaisseaux qui charrient du sang rouge.

Nous n'insisterons pas davantage sur la circulation allantoïdienne. Qu'il nous suffise de dire que la vascularisation est un fait fondamental dans l'histoire de l'allantoïde. Le développement des vaisseaux se fait seulement là où l'allantoïde s'unit au chorion (allanto-chorion). Il est le prélude de la formation du placenta, organe d'absorption et d'excrétion, à travers lequel s'effectuent tous les échanges qui s'établissent entre la mère et le fœtus.

4° **Les dérivés allantoïdiens.** — L'évolution ultérieure de l'allantoïde est des plus simples.

L'allantoïde s'ouvrait sur la face antérieure du cul-de-sac caudal de l'intestin, au-dessus de la membrane anale. Ce cul-de-sac se distend : il prend le nom de cloaque. L'allantoïde, comme les canaux de Wolf, débouche alors dans le cloaque.

Puis le cloaque se divise dans le sens transversal. Deux tubes borgnes résultent de ce cloisonnement, qui intéresse également la membrane cloacale. Le postérieur est le rectum, que ferme la membrane anale ; l'antérieur est le sinus uro-génital, qu'obture la lame uro-génitale. Du sinus uro-génital procèdent la vessie et l'urèthre postérieur.

Pendant que cette évolution s'accomplit, la paroi abdominale poursuit son développement et se ferme, sauf au niveau de l'ombilic, traversé par l'allantoïde.

L'allantoïde comprend alors deux parties. L'une est incorporée à l'embryon ; elle s'étend de la vessie à l'ombilic : c'est l'*ouraque*. L'autre est extra-embryonnaire ; elle commence à l'ombilic et finit au placenta ; mais elle entre rapidement en régression, si bien que, vers le 24e jour, la cavité de l'allantoïde extra-embryonnaire a complètement disparu.

§ 2. — L'allantoïde chez l'homme.

1° **Origine de l'allantoïde.** — Coste démontra, le premier, que l'allantoïde existe chez l'homme et qu'elle a pour origine un cul-de-sac de la vésicule ombilicale. L'allantoïde dérive donc de l'endoderme, avant même que l'intestin ne se soit différencié.

Ecker, en 1880, pensait que l'allantoïde n'existait pas encore chez les embryons de 4 millimètres (début de la 3e semaine) ; mais les recherches récentes, entreprises sur des œufs humains très jeunes, ont montré que l'apparition de l'allantoïde est beaucoup plus précoce. Aussi Ahlfeld fixe-t-il au 11e jour le début du développement de l'allantoïde. D'autre part, sur un embryon de 0 mm. 4, relié au chorion par un pédicule ventral, Spee a vu pénétrer dans ce pédicule un bourgeon allantoïdien long de 0 mm. 34. (Voir Planche V, fig. 2.)

2° **Évolution de l'allantoïde.** — Un peu plus tard (embryons de 1 millimètre à 1 mm. 5), le diverticule allantoïdien apparaît comme un bourgeon creux émanant, non plus de la vésicule ombilicale, mais de l'intestin caudal, car, à ce moment, l'intestin postérieur a déjà commencé à se séparer du sac vitellin. Le diverticule allantoïdien n'est pas encore renflé à son extrémité, et il est toujours inclus dans le pédoncule ventral.

Sur les embryons de 3 à 4 millimètres, le pédoncule ventral, avec le bourgeon

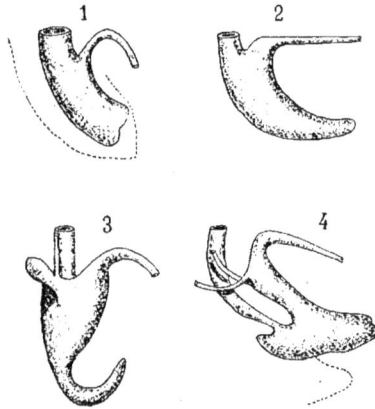

FIG. 63. — Évolution de l'extrémité postérieure de l'embryon (d'après Keibel, mais un peu simplifiée).

1, embryon de 3 millimètres. Le cloaque avec le canal allantoïdien. — 2, embryon de 4 mm. 2. L'allantoïde s'est élargie (future vessie), au point où elle s'abouche dans le cloaque. — 3, embryon de 6 mm. 5. Le canal de Wolf s'ouvre dans la vessie; il a émis le bourgeon rénal. — 4, embryon de 14 millimètres. La vessie est bien séparée du cloaque. L'uretère et le canal de Wolf s'ouvrent directement dans la vessie; l'uretère passe en dehors du canal de Wolf.

allantoïdien qu'il contient, se trouve dévié vers le côté droit de l'embryon, comme la vésicule ombilicale.

Sur l'embryon de Coste (13 mm. 2), le canal allantoïdien occupe le cordon ombilical, dans lequel est naturellement incorporé le conduit vitellin ; l'extrémité de l'allantoïde est appliquée contre le chorion. Sur un embryon de 5 mm. 5 observé par Wagner, cette extrémité était renflée. La dilatation qui termine l'allantoïde a été nettement constatée, de nouveau, par Tourneux, chez un embryon de 4 centimètres; dans ce dernier cas, le diamètre du renflement terminal dépassait de six à sept fois celui du canal allantoïdien proprement dit. Mais la dilatation terminale serait une anomalie, au dire de Tourneux lui-même, et, en règle générale, l'allantoïde humain est constituée par un canal borgne, comme l'admet Kölliker.

Pendant toute son évolution, l'allantoïde n'a cessé d'occuper le pédicule ventral, étendu de l'extrémité caudale de l'embryon jusqu'au chorion. Ce pédicule est constitué par un amas mésodermique, épais et court. Sur la Planche III (fig. 1, IV), il est facile de constater que, du côté de la tache germinative, le pédicule ventral est en rapport de bas en haut : 1° avec l'embryon ; 2° avec le mésoderme de l'amnios caudal ; 3° avec un prolongement du cœlome externe. Du côté opposé, il entre encore en rapport avec le pédoncule ventral.

En somme, l'allantoïde prend naissance par une ébauche unique, médiane, d'origine endodermique. Cette ébauche, creuse, prend naissance, comme toutes les annexes, en dehors de l'embryon. D'abord, simple diverticule de la vésicule ombilicale, elle apparaît, plus tard, comme une évagination de l'intestin postérieur. Aussitôt née, elle s'enfonce dans le pédicule ventral, qui s'étend de l'embryon jusqu'à la face profonde du chorion. L'allantoïde apporte ses vaisseaux au chorion ; elle constitue avec lui un organe complexe, l'allanto-chorion, dont nous constaterons plus tard l'importance fondamentale.

Quand l'ombilic s'est constitué, l'allantoïde se trouve formée par deux segments : l'un intra-embryonnaire, l'autre extra-embryonnaire.

Le premier de ces segments se comporte chez l'homme comme chez le lapin. Sur les embryons de 6 mm. 5 (Keibel), il s'implante à la partie supérieure de la face antérieure du cloaque ; sur les embryons de 14 millimètres, le rectum et le sinus uro-génital sont différenciés, et l'allantoïde prend naissance au sommet du sinus (Keibel). On sait que la vessie dérive du sinus uro-génital et que l'ouraque dérive de l'allantoïde.

La partie extra-embryonnaire de l'allantoïde chemine au milieu des éléments du cordon ; elle acquiert son diamètre maximum vers la 5e ou la 6e semaine du développement.

3° **Régression de l'allantoïde.** — Comme la vésicule ombilicale, l'allantoïde atteint chez l'homme un développement des plus restreints.

Elle commence à s'atrophier dans l'œuf de 6 à 8 semaines. Sa régression porte, d'abord, sur le canal compris dans le trajet du cordon et, beaucoup plus tard, sur l'ouraque.

a) Régression du canal allantoïdien proprement dit. — Du jour où l'allantoïde a porté au chorion les vaisseaux qui doivent pénétrer dans ses villosités et lui permettre d'édifier le placenta fœtal, son rôle est achevé. Elle entre en régression, et sa cavité disparaît. Elle se transforme en un cordon épithélial plein, qui se fragmente (2e mois) et se résorbe plus ou moins complètement. D'autres fois, le canal allantoïdien se fragmente avant de voir sa lumière disparaître : ses débris apparaissent alors comme de très petites cavités, revêtues d'une bordure épithéliale (de Baër, Coste, Kölliker).

b) Régression de l'ouraque. — L'ouraque est ce canal qui part de l'ombilic et descend, en s'évasant, derrière la paroi abdominale antérieure. Il s'insère sur le sommet de la vessie, ou dans son voisinage ; peut-être même contribue-t-il à former une portion de la vessie.

Quoi qu'il en soit, l'ouraque est perméable jusque vers le 3ᵉ mois de la vie intra-utérine. A partir de ce moment, il se rétrécit et s'oblitère, de haut en bas. Vers le milieu de la vie intra-utérine, sa partie supérieure constitue un cordon fibreux (ligament supérieur de la vessie) ; sa partie inférieure s'ouvre dans la vessie. Chez l'adulte, ce segment inférieur peut persister sur une étendue variable et communiquer, par un étroit pertuis, avec la cavité vésicale.

4° **Structure de l'allantoïde.** — Nous envisagerons successivement la structure du canal allantoïdien et celle de l'ouraque.

a) Canal allantoïdien. — Le canal allantoïdien est essentiellement représenté par des cellules épithéliales, disposées en cercle autour d'une lumière centrale.

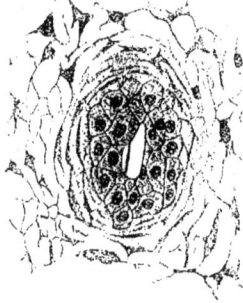

FIG. 64. — Coupe de l'allantoïde comprise dans le cordon ombilical d'un embryon de 3 mois (d'après Minot).

Ces cellules épithéliales sont cubiques ou cylindriques, suivant les points considérés ; elles se transforment en éléments pavimenteux chez les animaux dont l'allantoïde est distendu par un liquide abondant. Ce n'est jamais le cas chez l'homme.

L'épithélium repose sur une gaine conjonctive, mais cette gaine conjonctive n'appartient pas en propre à l'allantoïde. Elle est constituée, d'abord, par le mésoderme du pédoncule ventral, au sein duquel s'est avancé le cul-de-sac allantoïdien. Plus tard, quand le pédoncule ventral s'est transformé en cordon ombilical, l'épithélium allantoïdien s'implante sur le tissu muqueux du cordon, qui se dispose concentriquement et se tasse légèrement autour du canal allantoïdien.

Quand la régression de l'allantoïde commence, l'épithélium allantoïdien se stratifie ; il se dispose sur deux ou trois couches et limite une étroite lumière, de forme irrégulière. Il finit par combler la cavité du canal allantoïdien, qui, transformé en un tractus plein, se fragmente en îlots. De ces îlots, les uns disparaissent, les autres persistent jusqu'à la naissance. On les retrouve aisément sur les coupes histologiques pratiquées sur le cordon ombilical.

b) Ouraque. — Bornons-nous à rappeler que la portion oblitérée de l'ouraque est surtout représentée par du tissu fibreux. Dans ce tissu, demeurent parfois des îlots erratiques d'épithélium.

Quant à la portion de l'ouraque restée ouverte, elle a, au moment de la naissance, la structure de la vessie. On y décrit une muqueuse (épithélium stratifié et chorion), une musculeuse et une fibreuse. Ces deux dernières tuniques sont richement pourvues de fibres élastiques.

La circulation sanguine de l'allantoïde sera étudiée avec le cordon ombilical. Nous nous bornerons à rappeler ici que, d'après Budge, l'allantoïde serait pourvue, comme la vésicule ombilicale, d'une circulation lymphatique.

§ 3. — Pédoncule ventral.

A l'histoire de l'allantoïde, nous rattacherons l'histoire du pédoncule ventral. Nous savons que l'embryon humain ne se sépare jamais complètement des enveloppes de l'œuf. Un pont mésodermique, épais et court, part de l'extrémité inférieure de l'embryon (face ventrale) ; il se termine en s'étalant à la face interne du chorion. Ce pont mésodermique n'est autre que le pédoncule ou pédicule ventral (Bauchstiel, de His). (Voir fig. 98, 1.)

Sur une coupe transversale, il est facile de se rendre compte des rapports et de la constitution du pédoncule ventral. Sur les trois quarts de sa surface, le pédoncule ventral est entouré par le cœlome ; sur le reste de son étendue, il est en rapport avec la cavité de l'amnios. La face du pédoncule qui regarde la cavité amniotique est tapissée par un ectoderme épaissi, que His regarde comme un rudiment de la moelle épinière. L'endoderme est représenté, dans le pédoncule, par l'étroit canal allantoïdien. Tout le reste du pédoncule ventral est constitué par du tissu mésodermique, dans lequel courent deux veines et deux artères. Les veines sont larges et situées près de l'amnios ; les artères sont petites et flanquent, de chaque côté, le canal allantoïdien.

La genèse du pédoncule ventral a donné lieu de la part de Kölliker, de His et d'Hertwig à des interprétations différentes.

Dans la conception de Kölliker, le cul-de-sac allantoïdien s'enfonce dans un épais bourgeon mésodermique. Ce bourgeon mésodermique s'engage dans le cœlome et se soude au chorion. En un mot, le pédoncule ventral est en rapport avec le développement de l'allantoïde ; il se constitue par la soudure de l'allantoïde et du chorion.

Pour His, au contraire, l'allantoïde n'est pour rien dans la formation du pédoncule ventral. Elle n'entre dans la constitution de ce pédoncule qu'au cours du développement. His, en effet, n'admet pas « que l'embryon humain se sépare d'abord de la partie de la vésicule blastodermique employée à la formation du chorion, pour s'unir, à nouveau, plus tard à cette même vésicule ». Pour lui, le pédoncule ventral « a la valeur d'une pièce d'union ininterrompue, jetée entre l'ébauche embryonnaire et la partie choriale de la vésicule germinative primitive».

Ces deux opinions exclusives, Hertwig tente cependant de les concilier. « Ainsi que semble nous l'apprendre l'embryon de Coste, l'origine du pédoncule abdominal est, avant tout, en connexion avec un mode de formation un peu spécial de l'amnios. De cette circonstance que l'amnios se termine en pointe en arrière, et que cette pointe s'étend jusqu'au chorion, il résulte que, chez l'embryon humain, la fermeture de l'amnios (1) se produit tout à fait à l'extrémité postérieure du corps, et qu'en même temps il se maintient, au point de ferme-

(1) Nous avons dit plus haut quelles restrictions il convient de faire à cette notion de la fermeture de l'amnios.

ture, une union entre cette enveloppe et le chorion. L'aire embryonnaire ne reste donc pas directement unie au chorion, comme le pense His, mais indirectement, par l'intermédiaire de l'amnios.

« En second lieu, l'allantoïde, dont le mode de développement, un peu différent chez l'homme de ce qu'il est chez les autres mammifères, résulte peut-être de la particularité qu'offre l'amnios dans son mode de formation : l'allantoïde, dis-je, intervient dans la constitution du pédoncule abdominal. Il me semble que c'est ici qu'il convient d'entrer dans quelques considérations sur la question de l'allantoïde de l'homme, question dont on s'est beaucoup occupé dans ces dernières années.

« A une période très reculée du développement, lorsque le cul-de-sac postérieur du tube digestif commence à se former, il se développe, aux dépens de sa paroi ventrale, une saillie cellulaire renfermant une petite évagination de l'endoderme secondaire. Cette saillie allantoïdienne ne pénètre pas librement dans le cœlome, comme chez les autres mammifères, mais elle prolifère au plancher du cul-de-sac postérieur du tube digestif, entre l'extrémité postérieure de ce dernier et son point de continuité avec l'amnios. Elle se trouve ainsi unie à l'amnios jusqu'au point d'union de ce dernier avec le chorion. L'évagination endodermique que renferme la saillie allantoïdienne s'allonge ensuite et se transforme en un canal allantoïdien étroit. Sa masse de tissu conjonctif, plus puissante, amène les vaisseaux ombilicaux jusqu'au chorion, s'étale ensuite à la face interne de ce dernier et s'engage dans les villosités de la séreuse de de Baër.

« L'allantoïde, au lieu de se développer librement pour atteindre la séreuse de de Baër, utilise, pour y arriver, l'union qui existe déjà entre cette séreuse et l'embryon, c'est-à-dire le prolongement effilé de l'amnios. Ce mode de développement de l'allantoïde provient donc peut-être de ce que l'extrémité postérieure de l'embryon, chez l'homme, est fixée à la séreuse de de Baër par la suture amniotique, ce qui fait que, pour atteindre la séreuse, l'allantoïde n'a à parcourir qu'un espace très restreint. » (Hertwig.)

Sur ce sujet, consulter :

1876. — Dastre, Rech. sur l'allant. et le chorion de quelques mammif. *Ann. des Sc. nat.*, série VI, t. III.

1896. — Keibel, Zur Entw. d. menschlich. Urogenitalapparates. *Arch. f. Anat. u. Phys.*

CHAPITRE V

LE CHORION

§ 1. — Le chorion chez le lapin.

Nous avons vu que le sac vitellin, qui constitue, tout d'abord, la région extra-embryonnaire du blastoderme, est formé par l'endoderme et l'ectoderme accolés. Plus tard, le mésoderme apparaît et s'interpose entre les deux feuillets primaires du blastoderme. Il se clive ensuite, à la faveur d'un processus que nous avons étudié. Sa lame somatique s'accole à l'ectoderme et, de cette union résulte la somatopleure ; sa lame splanchnique s'applique contre l'endoderme pour former la splanchnopleure.

Nous savons encore que la splanchnopleure extra-embryonnaire représente un premier sac et que la somatopleure représente un autre sac, extérieur au premier. Le sac intérieur est le sac vitellin intestinal, ou vésicule ombilicale; le cœlome le sépare du sac vitellin cutané, qu'on appelle encore vésicule séreuse de de Baër, membrane subzonale (1) de Turner.

La vésicule séreuse est mince et parfaitement lisse. Elle va bientôt s'épaissir chez le lapin, se couvrir de villosités chez l'homme. La vésicule séreuse ainsi modifiée constitue le chorion. Le chorion n'est donc autre chose que la membrane cellulaire la plus superficielle de l'œuf.

Chez le lapin, la vésicule séreuse se sépare de la vésicule ombilicale, et nous avons fait remarquer que cette séparation ne s'effectue jamais sur l'hémisphère inférieur de l'œuf (2). D'autre part, chez le lapin, l'amnios procède du chorion qui, de ce fait, mérite le nom de chorion amniogène (Bonnet). Le chorion, c'est la vésicule séreuse, « moins la portion de cette vésicule qui a formé l'amnios ». Une fois les replis amniotiques soudés entre eux, le pont de tissu qui relie l'amnios et le chorion disparaît : le cœlome extra-embryonnaire occupe, dès lors, la face dorsale de l'embryon.

(1) A cause de sa situation au-dessous de la membrane pellucide.
(2) L'hémisphère supérieur de l'œuf est formé d'une somatopleure et d'une splanchnopleure ; dans l'hémisphère inférieur, le mésoderme fait défaut, l'ectoderme et l'endoderme sont accolés.

POTOCKI ET BRANCA.   10

Le chorion, avons-nous dit, est constitué par la somatopleure extra-embryonnaire, mais c'est principalement sur l'ectoderme que portent les modifications
les plus importantes dont le chorion est le siège.

Sur les embryons de la fin du 7e jour, deux bandes d'aspect tigré se développent, à droite et à gauche, dans l'aire opaque, en regard de la région postérieure
du disque germinatif, à quelque distance de l'embryon. Ces crêtes ne tardent pas
à se réunir, en regard de l'extrémité caudale de l'embryon; elles simulent dès lors
un fer à cheval (van Beneden et Julin). Ce « fer à cheval placentaire » est la seule
région de l'hémisphère supérieur de l'œuf qui s'épaississe et se soulève en

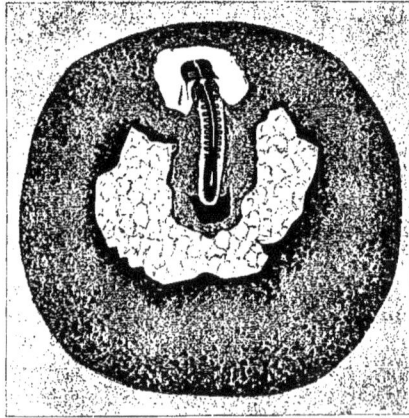

Fig. 65. — Embryon de lapin au 9e jour avec son aire opaque (grossissement de 8 diamètres). Une vaste lacune, ou perte de substance ectodermique tient la place de l'ensemble
des croissants ectoplacentaires, l'ectoplacenta étant demeuré attaché aux cotylédons
utérins (d'après Duval).

replis irréguliers. En dedans du fer à cheval, se trouvent l'embryon et la zone
lisse centro-placentaire; en dehors de lui, la zone lisse péri-placentaire.

Quant à l'hémisphère inférieur, il porte, çà et là, de petits bourgeons, qui,
du reste, n'arrivent jamais à constituer de véritables villosités, car cet hémisphère
s'atrophie et se résorbe sans s'être vascularisé.

C'est par le fer à cheval placentaire que l'œuf se fixe à l'utérus : une coupe
de cet épaississement nous montre que l'ectoderme chorial est constitué par deux
couches superposées : 1° une couche profonde, où les éléments sont nettement indi-
vidualisés (couche cellulaire); 2° une couche superficielle, formée d'une masse
protoplasmique commune, semée de noyaux, disposés sur un ou plusieurs rangs.
Cette couche (couche plasmodiale, plasmodiblaste) s'est déjà différenciée quand
le blastocyte se fixe à la paroi utérine.

Sur les embryons de la fin du 9e jour, le bourrelet allantoïdien s'est d'abord
accolé, puis soudé à la face profonde du chorion : ainsi a pris naissance un allanto-
chorion, qui constitue la première ébauche du placenta.

§ 2. — Le chorion chez l'homme.

1° **Historique**. - Coste avait soigneusement distingué un premier, un second, un troisième chorion, et cette distinction est encore reproduite dans nombre de livres classiques.

Le premier chorion de Coste est représenté par la couche d'albumine dont l'œuf se revêt, pendant qu'il effectue la traversée de la trompe. Le second chorion

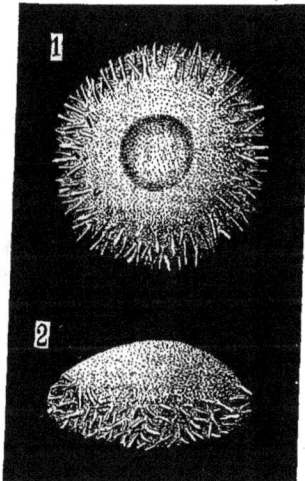

FIG. 66. — L'œuf de Reichert.
1, vu de face par l'un des pôles; — 2, vu de profil.

de Coste est constitué par la somatopleure extra-embryonnaire. C'est lui qu'on qualifie de chorion amniogène (Bonnet).Le troisième chorion, ou chorion définitif, n'est autre chose que le second chorion, doublé de la couche vasculaire de l'allantoïde (allanto-chorion).

Toutes ces distinctions ne sauraient être maintenues. Le premier chorion de Coste n'est pas une membrane cellulaire : ce n'est donc point un chorion. D'autre part, il n'y a point lieu d'étudier séparément un second et un troisième chorion, un chorion amniogène et un allanto-chorion. Il est vraisemblable, en effet, que l'amnios ne résulte pas, chez l'homme, d'un plissement du chorion. D'ailleurs, les embryons les plus jeunes qu'on ait eu l'occasion d'examiner, étaient

pourvus d'un amnios et d'une allantoïde, logés tous deux dans le pédoncule ventral. On ne saurait dire, par conséquent, laquelle de ces deux formations précède
l'autre. Deuxième et troisième chorions sont donc une seule et même chose. En
définitive, il est inutile de distinguer plusieurs chorions ; aussi nous contenterons-
nous de qualifier la membrane choriale de chorion vasculaire, quand les vaisseaux
allantoïdiens auront pénétré dans ses villosités.

Il importe encore de relever un fait : c'est la disparition précoce du prolongement cœlomique, qui s'interpose entre l'amnios et la face profonde du chorion.
Voilà pourquoi l'amnios adhère intimement à la face profonde du chorion.

2° **Morphologie du chorion.** — Selon toute vraisemblance, chez l'homme
comme chez les Cheiroptères, « la fixation du blastocyte se fait très tôt par une

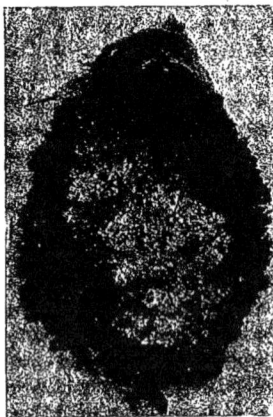

FIG. 67. — Œuf humain de 55 millimètres, expulsé 53 jours après la fin des règles. Poids :
25 grammes. Pièce photographiée dans l'eau 1 = 1 (d'après Varnier).

surface lisse et unie » (van Beneden). Quand les villosités apparaissent à sa
surface, l'œuf est inclus dans la capsule que lui forme la caduque utérine.

Sur les œufs jeunes, étudiés par Breuss (10 jours) et par Reichert (14 jours),
l'équateur de l'œuf est entouré d'une large ceinture de villosités.

Sur les embryons de 15 à 20 jours, les deux zones polaires du blastocyte se
montrent hérissées de fins prolongements (Ahlfeld, Kollmann, Spee).

L'œuf de 2 à 3 semaines est déjà totalement recouvert de villosités. Il a l'aspect d'une vésicule, transparente et velue ; il ressemble à un « teignon » (Varnier).

Le chorion s'accroît très rapidement ; il limite une cavité ovalaire spacieuse,
que remplissent incomplètement l'embryon et les annexes. Les villosités sont
vascularisées sur les œufs de 4 semaines (van Beneden). La surface extérieure

de l'œuf est enveloppée à distance par la caduque. Dans l'espace qui sépare la caduque du chorion sont tendues les villosités choriales. Et, comme ces villosités sont légèrement écartées les unes des autres, il existe, entre elles, des espaces connus sous le nom d'*espaces intervilleux*.

A partir du second mois, les villosités ne semblent plus augmenter de nombre (Minot). Celles qui sont tournées du côté de la caduque réfléchie commencent à s'atrophier. Celles qui sont en regard de la sérotine s'accroissent, au contraire ; leurs branches se multiplient, et leur évolution se poursuit vraisemblablement pendant toute la durée de la grossesse.

Un peu plus tard (3e mois), il y a lieu d'établir une division très nette dans le chorion. On y rencontre, en effet, une région villeuse et une région unie, ce qui permet de distinguer un *chorion touffu* (chorion frondosum), en rapport avec la sérotine et un *chorion lisse* (chorion lœve), en rapport avec la caduque réfléchie. Le premier est très vasculaire : il contribue à former le placenta ; le second a perdu ses vaisseaux : il entrera dans la constitution des membranes de l'œuf.

Telle est, dans ses grands traits, l'histoire du chorion. Il importe maintenant d'étudier la morphologie de la villosité et de passer en revue les particularités de structure que présente le chorion.

3° **Développement des villosités choriales.** — Les villosités choriales sont représentées tout d'abord par des évaginations du chorion. Ce sont des bourgeons creux (Coste) en forme de cylindres épais et courts, de nature épithéliale. Ultérieurement, ces bourgeons s'allongent, se transforment en masses pleines et renferment un axe central de tissu conjonctivo-vasculaire, qui sert de support à l'épithélium. Enfin, les villosités se ramifient.

Leurs branches de division se montrent sous deux aspects. Ce sont parfois des boutons épithéliaux qui s'allongent en tiges grêles, terminées par une extrémité renflée ; elles sont exclusivement de nature épithéliale. D'autres fois, il s'agit de cordons épais, de forme cylindrique, présentant un squelette conjonctif et vasculaire, revêtu d'épithélium. Entre ces types extrêmes, il existe une série de formes intermédiaires.

Les divisions des villosités affectent, avec la caduque, des rapports différents. Les unes restent libres de toute connexion avec la sérotine. Les autres pénètrent dans la sérotine (*villosités-crampons*), mais cette pénétration n'est pas profonde : pendant toute une partie de la grossesse, il est facile de séparer la caduque du chorion, sans déchirer les villosités (Spee).

Les villosités varient d'aspect avec la région du chorion qu'elles occupent. Nous avons vu déjà qu'il y a lieu de distinguer un chorion touffu et un chorion lisse, en raison de l'évolution inverse dont les villosités choriales sont le siège, à partir du second mois de la grossesse. Les villosités du chorion touffu changent de forme, au cours du développement, comme l'avait vu Seiler dès 1832. Leur évolution a été bien étudiée par Minot.

I. CHORION TOUFFU. — *a*) Au moment de leur apparition, les villosités choriales sont épaisses et courtes ; elles vont grandir et se ramifier.

b) A la 12ᵉ semaine, les villosités ont pris un aspect caractéristique. Sur un tronc principal, sont implantés, sous un angle plus ou moins aigu, des branches nombreuses, subdivisées elles-mêmes en rameaux. Tronc, branches, rameaux simulent souvent des massues, à pédicule rétréci. La taille des villosités ne varie pas moins que leur forme. Des branches de la villosité, les unes sont plus volumineuses que le tronc qui les porte; les autres sont, au contraire, très petites et réduites à de simples nodules, au niveau desquels l'épithélium est épaissi.

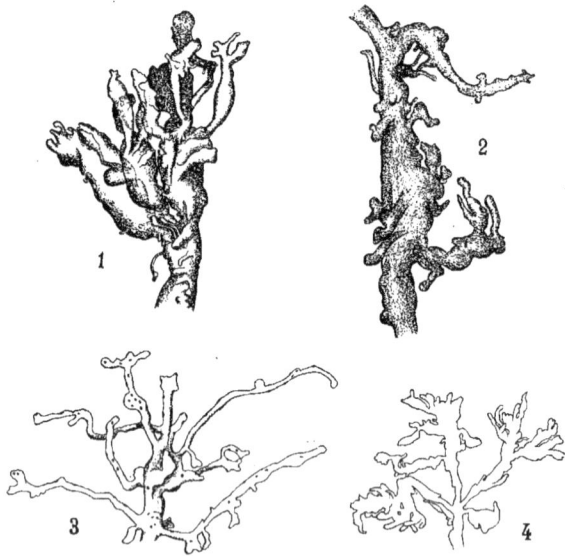

Fɪɢ. 68. — Évolution des villosités (d'après Minot).

1, branche terminale d'une villosité choriale (embryon de 20 semaines); — 2, villosité du placenta au 5ᵉ mois; — 3, villosités du placenta à terme. Les petits points noirs représentent les îlots de prolifération; — 4, villosité abortive du chorion au 2ᵉ mois.

c) Au cinquième mois, la villosité a une forme moins irrégulière. Sur le tronc principal s'insèrent, à angle droit, les branches de la villosité. Ces branches sont cylindriques; à leur base, elles ne sont plus étranglées « en concombre ». Leurs extrémités flottent librement, pour la plupart, dans l'espace in ter-chorio-décidual.

d) Au neuvième mois, chaque villosité est représentée par un tronc d'où divergent une dizaine de branches, longues et grêles ; ces branches, largement écartées les unes des autres, portent, çà et là, de courts bourgeons, qui sont des branches arrêtées dans leur développement. Enfin, disséminés sur le tronc principal comme sur les branches, il existe de très petits îlots, dont l'examen au microscope démontre la nature épithéliale : ce sont les *îlots de prolifération*.

Tels sont les aspects successifs que présente la majorité (1) des villosités du chorion touffu. Ces aspects, on les retrouve aisément sur les coupes du chorion. Sur le chorion jeune (1 à 3 mois), les villosités sont larges et assez éloignées les unes des autres. Leurs branches sont de taille irrégulière, mais il n'existe qu'un nombre restreint de petites branches. Plus tard (7 à 9 mois), les branches des villosités sont petites et de taille presque uniforme.

II. Chorion lisse. — Jusqu'au deuxième mois, les villosités du chorion sont partout identiques à elles-mêmes. A partir de cette époque, certaines villosités s'atrophient : elles cessent de croître et de se ramifier; leurs branches deviennent de moins en moins nombreuses et finissent par disparaître. Ces phénomènes régressifs s'observent sur toute la partie du chorion que double la caduque réfléchie, et qu'on nomme, dès lors, le chorion lisse. Cette expression, d'ailleurs, ne saurait être prise à la lettre : car quelques villosités persistent, en effet, pendant toute la grossesse, sur la région du chorion lisse voisine du placenta.

4° **Structure du chorion.** — Simple transformation de la somatopleure, le chorion comprend, dans sa structure, deux couches : l'une conjonctive et vasculaire, d'origine mésodermique, l'autre épithéliale et d'origine ectodermique.

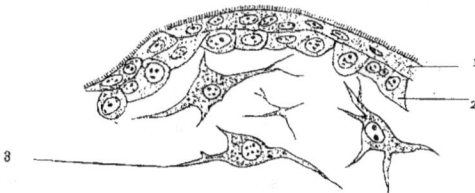

FIG. 69. — Le revêtement épithélial d'une villosité jeune (d'après Spee).
1, couche plasmodiale ou syncytiale; — 2, couche cellulaire; — 3, axe conjonctif de la villosité.

a) Couche épithéliale. — La couche épithéliale est représentée, tout d'abord, par des éléments polyédriques, à noyau clair, disposés sur une seule rangée.

Chez les embryons humains de 6 à 8 millimètres, il existe déjà deux assises épithéliales, l'une superficielle (couche plasmodiale), l'autre profonde (couche cellulaire).

La couche superficielle ou plasmodiale est formée d'une nappe protoplasmique opaque, très vivement colorée, dans laquelle on n'observe aucune limite cellulaire. Cette nappe est semée de petits noyaux, très irréguliers et très colorables, qui sont disposés sur un seul rang (plasmodium). Sur sa face libre, ce plasmode présente bientôt une bande colorable, très étroite, au sein de laquelle une striation verti-

(1) Nous disons : la majorité, car, à un stade donné, on trouve toujours quelques villosités qui se sont arrêtées dans leur évolution. Au 9e mois, par exemple, il existe encore des villosités courtes et épaisses, comme l'a montré Jassinsky.

cale se différencie. La substance intercalée entre les stries disparaît. Les stries prennent alors l'aspect d'une bordure en brosse, comme l'ont établi Keibel (1889) et Spee (1889 et 1896).

La couche profonde ou cellulaire de l'épithélium chorial est formée de gros éléments, nettement limités, disposés, le plus souvent, sur un seul rang. Ces éléments, de forme polyédrique, portent en leur centre un noyau clair, volumineux, sphérique ou ovoïde. Par leur pôle superficiel, ils sont contigus à la couche plasmodiale; par leur pôle d'insertion, ils reposent sur l'axe conjonctif de la villosité (1).

Les assises épithéliales du chorion modifient leur aspect, au cours du développement, et il y a lieu d'examiner ce que deviennent la couche plasmodiale et la couche cellulaire, dans les divers territoires du chorion.

α) COUCHE PLASMODIALE. — 1° *Au niveau de la membrane choriale*, la couche plasmodiale a gardé, par endroits, sa structure typique; ailleurs, elle s'est un peu épaissie. Çà et là, on trouve, à la place qu'elle occupait, une substance transparente, hyaline, de couleur jaunâtre. Cette substance, très réfringente, fixe avec énergie les colorants nucléaires, tels que le carmin ou l'hématoxyline. Elle est répartie en strates, qui courent parallèlement à la surface choriale, et son épaisseur augmente à mesure que le placenta se développe. On y trouve, inclus de loin en loin, des noyaux et même des cellules. C'est la *fibrine canalisée* de Langhans. Elle provient du sang, comme l'ont avancé Langhans et Ruge, et tout récemment quelques autres histologistes. Elle serait un produit de dégénérescence des épithéliums du chorion, pour d'autres observateurs.

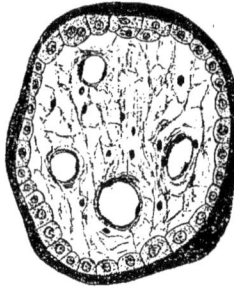

FIG. 70. — Coupe d'une villosité au 2ᵉ mois de la grossesse, avec sa couche cellulaire et sa couche syncytiale. En un point de sa surface, la couche syncytiale s'est épaissie pour former un « îlot de prolifération ».

2° *A la surface des villosités*, la couche plasmodiale se dispose en un revêtement continu.

Ce revêtement, mince par endroits, présente, çà et là, des épaississements, connus sous le nom d'*îlots de prolifération*. Ces îlots sont allongés ou renflés, sessiles ou pédiculés. Ils sont toujours nombreux et de taille exiguë. On les interprète comme des rameaux de la villosité dont l'évolution ne s'est pas achevée. Certains de ces îlots se fusionnent. On les trouve à côté de ces larges territoires et de ces colonnes de *fibrine canalisée* qui prennent point d'appui sur le tronc des villosités, et qui, à partir du 4ᵉ mois, s'étendent de la membrane choriale à la caduque, à travers toute l'épaisseur du placenta.

La couche plasmodiale fait défaut à l'extrémité des villosités-crampons qui pénètrent dans la caduque. Elle est remplacée là par un tissu hyalin, qui s'étale encore sur toute la surface déciduale. Ce tissu a toutes les apparences de la

(1) Rappelons qu'on trouve souvent, dans l'épaisseur de cette couche, des globules sanguins dont la signification est encore mal établie.

fibrine canalisée. Il n'en diffère que par un point : on n'y trouve jamais de lacunes anastomosées (1).

3° *Sur le chorion lisse*, à partir du 7ᵉ mois, le plasmode fait complètement défaut, si ce n'est au voisinage immédiat du placenta. Nous avons vu, au contraire, que la couche plasmodiale persiste sur presque toute l'étendue du chorion touffu.

β) COUCHE CELLULAIRE. — 1° La couche cellulaire de la *plaque choriale* porte, de place en place, des épaississements qui présentent de grandes variations de nombre et de volume. Ces épaississements font saillie dans les espaces intervilleux. A leur niveau, les éléments épithéliaux se sont stratifiés ; les cellules épithéliales les plus superficielles tendent à perdre leur contour, et çà et là elles se continuent, par des transitions insensibles, avec la couche plasmodiale.

2° Sur les *villosités*, la couche cellulaire commence à disparaître, à partir du premier mois de la grossesse. A dater du 4ᵉ mois, cette couche n'est plus représentée que par quelques nodules isolés (Zellknoten de Langhans et de Katschenko).

3° Au niveau de la *zone lisse du chorion*, la couche cellulaire, « primitivement simple, devient stratifiée. Cette stratification, d'abord localisée (fin du 2ᵉ mois) sous la forme d'îlots, devient continue au 4ᵉ mois ». Les éléments, disposés sur deux ou trois couches, « établissent entre le chorion et la caduque réfléchie une adhérence complète » (Langhans). Ils se distinguent toujours des cellules déciduales par leur taille plus petite, leur noyau très colorable et par les granulations volumineuses dont est chargé leur cytoplasme (Kölliker).

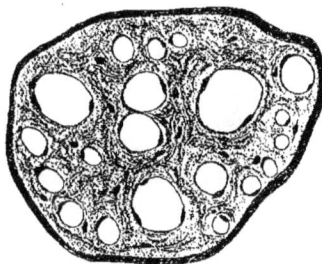

FIG. 71. — Coupe d'une villosité, au terme de la grossesse. L'épithélium est réduit à la couche syncytiale. On remarquera l'énorme développement des vaisseaux sanguins.

En résumé, l'épithélium chorial est primitivement disposé sur une seule assise ; plus tard, il comprend deux couches, qui présentent une évolution inverse : sur le chorion lisse et sur la plaque choriale, la couche cellulaire existe à peu près seule, et elle s'épaissit par endroits ; au contraire, c'est la couche plasmodiale avec ses îlots de prolifération qui constitue, à elle seule, le revêtement de la villosité.

b) COUCHE CONJONCTIVE DU CHORION. — La couche conjonctive du chorion procède du feuillet somatique du mésoderme. Elle est originellement représentée

(1) Minot suppose que la couche plasmodiale s'est étendue sur la caduque. Elle a subi la dégénérescence fibrineuse. De là résulte cette bande de tissu hyalin qui s'étend, comme un vernis, à la surface du tissu décidual.

par des cellules conjonctives, aplaties parallèlement à la surface du chorion.

Sur le chorion lisse, l'évolution de la couche conjonctive en reste à ce stade. Sur le chorion touffu, le tissu conjonctif élabore des fibres, et il se répartit en deux zones. La zone superficielle, contiguë à l'épithélium chorial, est riche en fibres, pauvre en cellules ; la zone profonde, adossée à l'amnios, est, au contraire, pauvre en cellules et riche en fibres conjonctives.

Le squelette conjonctif des villosités procède du tissu conjonctif de la plaque choriale. Ce squelette est d'abord constitué uniquement par des cellules anastomosées en réseau. Plus tard, des fibres conjonctives y apparaissent ; encore ne se développent-elles que sur les troncs des villosités.

Le chorion, d'abord avasculaire, est irrigué par des vaisseaux. Ils proviennent des vaisseaux allantoïdiens et pénètrent jusque dans les villosités (4e semaine). Quand le chorion s'est différencié en un chorion lisse et en un chorion touffu, les vaisseaux disparaissent du chorion lisse. Le chorion touffu accapare la totalité du sang des vaisseaux ombilicaux.

Sur les pièces injectées, il est constant de voir une branche, émanée des artères ombilicales, monter dans la villosité, se ramifier parallèlement à son grand axe et, finalement, se résoudre en capillaires. Ces capillaires courent au-dessous de l'épithélium chorial ; ils convergent dans une veine unique, mais volumineuse, qui descend dans la villosité et se jette ensuite dans les branches d'origine de la veine ombilicale. L'appareil vasculaire de la villosité fait donc partie d'un système vasculaire absolument clos.

La couche plasmodiale du chorion s'interpose partout, entre les vaisseaux du fœtus et la circulation maternelle (espaces intervilleux). Elle suffit pour empêcher le mélange du sang fœtal et du sang maternel ; mais sa minceur est telle qu'elle n'apporte aucun obstacle aux échanges osmotiques qui doivent s'opérer, à son niveau, pour assurer la nutrition du jeune être.

3° **Rôle et signification de l'épithélium chorial.** — Au cours de son évolution, le revêtement épithélial de la villosité se présente sous trois aspects. C'est d'abord un épithélium polyédrique, disposé sur une seule couche. Plus tard, il y a lieu de distinguer une couche cellulaire et une couche plasmodiale. Enfin, au terme de la grossesse, le revêtement épithélial est réduit à un simple vernis, constitué par le plasmodium.

L'origine de l'épithélium polyédrique des villosités ne prête guère à discussion. Cet épithélium n'est autre que l'ectoderme de l'allanto-chorion.

L'origine de la couche cellulaire et de la couche plasmodiale, en revanche, a donné matière à de nombreuses interprétations. On admet aujourd'hui que la couche cellulaire (Duval, Minot, van Beneden, Léopold, Peters, Webster, etc.) se transforme pour donner naissance à la couche plasmodiale. Deux faits, entre autres, plaident en faveur de cette interprétation. En premier lieu, dans les grossesses ectopiques, le chorion est revêtu d'une double assise cellulaire, et l'on n'a plus la ressource d'invoquer l'origine utérine des assises épithéliales. En second lieu, il existe des formes de passage entre la couche cellulaire et le plasmodium, comme l'ont constaté nombre d'auteurs : (Katschensko (1885), Marchand (1898), Rudolf Spuler (1899) et Peters (1899).

Le plasmodium résulte donc de la transformation de la couche de Langhans. Voilà le fait brutal, aujourd'hui bien établi.

Ce fait, Peters tente de l'interpréter, en disant que cette transformation est la conséquence d'une action chimique corrodante, exercée par le sang maternel. Le sang maternel pourrait donc modifier l'organisme fœtal.

De son côté, le placenta fœtal serait capable d'apporter de profondes modifications à l'organisme maternel. On sait depuis longtemps qu'au niveau du placenta s'effectuent les échanges indispensables pour entretenir la nutrition du fœtus et pour en assurer la croissance. Mais l'épithélium chorial ne se comporterait pas seulement comme ces membranes animales, qui sont le siège de phénomènes d'osmose, c'est-à-dire de phénomènes physiques, et dont le rôle est purement passif. Le plasmodium du chorion est un tissu vivant. On trouve dans son épaisseur des globules sanguins, plus ou moins altérés ; on constate à sa surface des dépôts fibrineux. Et l'on se pose actuellement la question de savoir si le plasmodium n'est pas capable de détruire le sang maternel, pour utiliser directement la fibrine, le fer, les sels minéraux, qui sont les résidus de cette destruction. Les modifications du sang qu'on observe chez les femmes enceintes cadreraient assez bien avec une pareille interprétation.

Consulter :

1888. — Van Beneden, C. R. Soc. biol., 3 novembre.
1889. — Keibel, Zur Entw. d. mensch. Plac., Anat. Anzeig., Bd. IV.
1889. — Spee, Beobachtungen an mensch. Keimscheibe. Arch. f. Anat. u. Phys.
1896. — Spee, Neue Beobachtungen über sehr fruhe mensch. Eier. A. f. Anat.
Voir aussi la bibliographie du placenta.

CHAPITRE VI

FIXATION DE L'ŒUF ET PLACENTATION

§ 1. — Développement du placenta chez le lapin.

1° **Phénomènes préparatoires à la formation du placenta.** — Lors du rut, la muqueuse utérine s'hypertrophie. Son épaississement se localise surtout, chez la lapine, en deux zones, disposées symétriquement. Ces zones, dites *cotylédons*, sont séparées l'une de l'autre par un sillon étroit et profond, le *sillon intercotylédonaire*. Une coupe, portant sur ces cotylédons, nous fera connaître quelles modifications a subies l'endomètre à l'approche du rut.

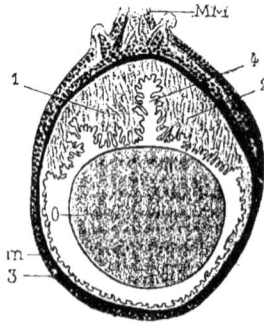

FIG. 72. — Coupe d'un renflement de la corne utérine d'une lapine, au 7ᵉ jour.

MM, bord mésométrial de la corne utérine ; — *o*, œuf ; — *m*, musculature de l'utérus ; — 1 et 2, saillies cotylédonaires ; — 3, muqueuse de la partie opposée (anti-mésométriale) ; — 4, sillon intercotylédonaire (d'après M. Duval).

Le derme de la muqueuse s'est épaissi, ses capillaires sont plus nombreux et de calibre plus considérable qu'à l'état normal ; les éléments fixes de la trame conjonctive ont proliféré. Quant à l'épithélium, il a perdu ses cils ; ses noyaux se sont retirés vers le pôle d'insertion de la cellule ; les limites du cytoplasme se sont effacées. Les contours des cellules finissent par disparaître : un plasmodium se constitue. On observe ce plasmode, tant à la surface de la muqueuse (épithélium de revêtement) que dans les cryptes dont elle est creusée (épithélium glandulaire). Tels sont les phénomènes qui se déroulent, chez la lapine, suivant un rythme bien défini, à l'occasion du rut et qui vont rendre possible la fixation du blastocyte (1).

La vésicule blastodermique, de son côté, s'est préparé des organes de fixation.

(1) En réalité, six jours après la fécondation, la muqueuse utérine présente six bourrelets longitudinaux. Les bourrelets placés de chaque côté du mésomètre sont,   d

Vers le début du 7ᵉ jour, sa zone pellucide s'est rompue, et bientôt (7 jours et 5 heures) le blastocyte présente, à l'opposé du disque embryonnaire, des villosités rudimentaires d'origine ectodermique. Ces villosités, signalées par Duval (1890), ont été récemment étudiées par Schœnfeld. Elles constituent le premier appareil de fixation de l'œuf.

La fixation de l'œuf est partielle ; elle s'effectue, d'abord, du côté de l'obplacenta et, plus tard, du côté des cotylédons (1). En regard des cotylédons, le blastoderme s'épaissit au niveau de deux zones symétriquement disposées. Ces zones, en forme de croissant (*croissants ectoplacentaires*), se fusionnent bientôt (*fer à cheval placentaire*). C'est dans leur étendue que l'œuf fécondé va contracter de nouvelles adhérences avec l'utérus.

Ces transformations morphologiques marchent de pair avec les modifications structurales du chorion. L'ectoderme chorial se stratifie et se dispose sur deux couches qui constituent l'ectoplacenta. La couche profonde (couche cellulaire) est constituée par des éléments à contour nettement délimité, qui se divisent par voie mitotique. La couche superficielle, au contraire, est disposée en plasmode : ses noyaux, qui prolifèrent par division directe, sont plongés dans une masse protoplasmique indivise.

2° **Formation de l'ectoplacenta.** — Nous venons de passer en revue les phénomènes qui, du côté de la mère comme du côté de l'embryon, préparent la formation de l'ectoplacenta. Nous avons constaté que les deux organismes maternel et fœtal arrivent, l'un et l'autre, au contact par l'intermédiaire d'une zone de protoplasma indivise, semée de noyaux. Voyons maintenant comment vont se comporter le syncytium utérin et la couche plasmodiale de l'ectoplacenta (2).

« Le syncytium se rétracte, se retire, pendant que le plasmodium fœtal prend progressivement sa place. Les noyaux fœtaux semblent être en quelque sorte à la poursuite des noyaux maternels... Rapidement, presque tout l'épithélium de la surface des bourrelets placentaires a disparu et est remplacé par le plasmodiblaste, qui va prendre une extension de plus en plus grande. » (Schœnfeld.)

Le plasmodium fœtal envahit les glandes utérines ; le tissu glandulaire se retire peu à peu devant « l'envahisseur » ; il entre en dégénérescence. Les culs-de-sac glandulaires gardent seuls leurs caractères normaux. Du fait de cette rétraction

beaucoup, les plus épais : ce sont les cotylédons qui servent à l'édification du placenta. Il existe encore, en regard des cotylédons, deux autres bourrelets (bourrelets anti-mésométriaux, obplacenta de Bonnet (1898). Quant aux bourrelets latéraux, ils siègent entre le placenta et l'obplacenta : on les désigne collectivement sous le nom de péri-placenta.

(1) Les processus de cette fixation sont identiques au niveau de ces deux régions de l'endomètre.

(2) En parlant du placenta de la lapine et de quelques autres mammifères, on a coutume, depuis Fleischmann, d'opposer les expressions de syncytium et de plasmodium, qui s'appliquent l'une et l'autre à des masses protoplasmiques semées de noyaux. Par *syncytium*, on désigne les masses protoplasmiques à caractère dégénératif; les masses protoplasmiques capables de proliférer sont qualifiées de *plasmodium* : ce sont, d'ordinaire, des formations fœtales.

et de cette dégénérescence, les glandes laissent un « chemin libre », où pénètre bientôt l'ectoderme embryonnaire.

Quand il arrive au contact du derme utérin dénudé, le plasmodium rencontre dans sa marche les gaines vasculaires, formées de cellules déciduales, et les capillaires sanguins (1). Alors (début du neuvième jour) les cellules déciduales cessent de se diviser par karyokinèse typique. Nombre d'entre elles se transforment en cellules à noyaux multiples. Puis, le plasmodium pénètre dans les gaines vasculaires ; il les fragmente et provoque la dégénérescence des éléments cellulaires qui les constituent.

La gaine vasculaire une fois détruite, le plasmodium atteint les vaisseaux. A

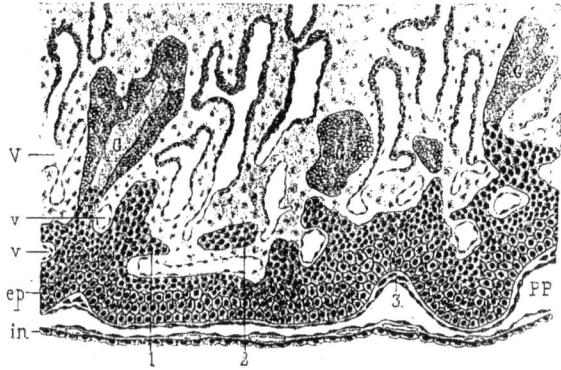

Fig. 73. — Ébauche ectoplacentaire d'un embryon de lapin de 9 jours.

in, feuillet interne de l'embryon ; — PP, fente pleuro-péritonéale (cœlome externe) ; — 3, éléments mésodermiques de la lame externe du mésoderme ; — *ep,* lame ectoplacentaire ; — *v,v,* capillaires superficiels des cotylédons utérins ; — V, V, vaisseaux profonds ; — G, G, glandes (d'après Duval).

leur contact, il se charge de graisse (2). L'endothélium vasculaire se gonfle et disparaît par histolyse : le plasmodium circonscrit alors la lumière du vaisseau ; et dorénavant il est baigné par le sang maternel. Ainsi s'ébauchent les premières lacunes sanguines qu'on constate dans l'épaisseur du plasmodium.

En résumé, le syncytium utérin s'amincit, puis disparaît plus ou moins complètement. La couche plasmodiale fœtale, au contraire, prend un développement exubérant ; elle pénètre dans les cavités glandulaires et se substitue à leur revêtement. Elle ne s'applique pas seulement à la surface du chorion ; elle s'enfonce

(1) On sait que les gaines vasculaires sont formées de cellules conjonctives qui sont surchargées de glycogène (Cl. Bernard, 1854). Ces cellules conjonctives modifiées (ou cellules déciduales) se disposent autour des vaisseaux, « d'abord dans la profondeur du derme et, plus tard, à sa surface ». Voilà pourquoi les gaines vasculaires sont d'autant plus épaisses qu'elles sont plus rapprochées du muscle utérin.

(2) Au moins au niveau de l'obplacenta. Cette graisse permet de distinguer le syncytium du plasmodium : le syncytium n'élabore jamais de gouttelettes adipeuses.

encore dans l'épaisseur de ce chorion; elle arrive au contact des vaisseaux maternels; elle les circonscrit plus ou moins complètement et se substitue à leur paroi endothéliale. Les vaisseaux maternels n'ont donc plus de paroi propre. Ce sont de simples lacunes, creusées dans l'ectoplacenta, où passe le sang maternel (lacunes sangui-maternelles). Tout en assurant la fixation du blastocyte à l'utérus, la végétation de l'ectoplacenta « endigue » le sang maternel; elle l'oblige à circuler dans l'ectoplacenta. Elle est comparable à ces travaux d'art qu'on entreprend pour capter une source.

Pendant toute cette période, on observe concurremment des processus de destruction cellulaire et de néoformation. La zone pellucide de l'œuf dégénère; le syncytium utérin, les gaines vasculaires, les parois des vaisseaux maternels se détruisent plus ou moins complètement; les glandes sécrètent en abondance un liquide albumineux, qui s'accumule entre l'utérus et l'aire embryonnaire. Tous les débris qui résultent de ces processus multiples constituent le « lait utérin » de quelques auteurs (Tafani, 1896); ils sont probablement utilisés par l'embryon pour assurer sa croissance. Tel est l'un des processus de nutrition du germe, *l'embryotrophie*, pour employer un terme nouvellement introduit par Bonnet dans la nomenclature embryologique (1902).

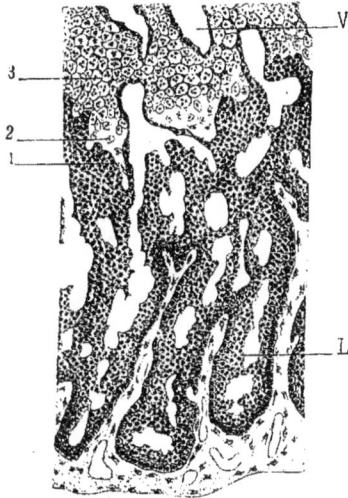

Fig. 74. — Les colonnes de l'ectoplacenta à la fin du 10e jour, chez le lapin.

1, 2, 3, région intermédiaire des cotylédons montrant les stades successifs d'évolution des cellules vésiculeuses intermédiaires; — V, vaisseaux de cette région intermédiaire; — L, lacunes sangui-maternelles de l'ectoplacenta (d'après M. Duval).

3° **Vascularisation de l'ectoplacenta.** — Dans le second stade de l'évolution du placenta, désigné sous le nom de *période de remaniement*, un fait physiologique prime tous les autres.

Pour assurer le développement de l'embryon, les échanges qui s'établissent entre l'organisme maternel et l'organisme fœtal doivent s'effectuer sur une très large échelle. C'est en multipliant ses surfaces de contact avec les tissus maternels, et c'est aussi en se vascularisant (10e jour), que l'ectoplacenta arrive à suffire à l'augmentation de travail physiologique, commandé par l'accroissement du fœtus.

Pendant toute sa période de formation, l'ectoplacenta ne possède aucun vaisseau fœtal. C'est une bande épaisse de tissu épithélial, trouée, çà et là, de lacunes sanguines, en connexion avec les vaisseaux utérins (fig. 74).

Des tractus conjonctivo-vasculaires apparaissent alors ; ils procèdent du mésoderme sous-jacent au chorion ; ils se dressent à la face profonde de la bande
ectoplacentaire et la découpent en *lobes* (fin du 10ᵉ au 12ᵉ jour). Mais ces tractus
n'atteignent pas l'endomètre. Par leur face utérine, en effet, les lobes placentaires restent en continuité les uns avec les autres. Ils s'accroissent rapidement,
et ils enserrent dans leurs prolongements les capillaires de l'utérus, capillaires
qui sont en connexion avec les lacunes de l'ectoplacenta.

Ces lacunes occupent l'axe de toutes les colonnes et se montrent particulièrement élargies à leurs deux extrémités : à leur extrémité fœtale, dilatée en ampoule
comme à leur extrémité utérine, continue avec les capillaires utérins.

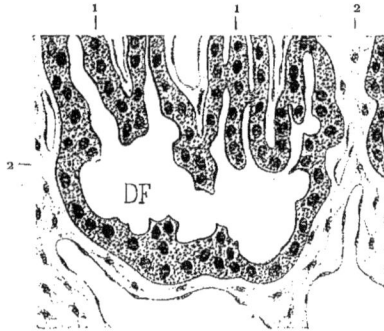

FIG. 75. — Partie inférieure d'un complexus tubulaire achevé, au 13ᵉ jour, chez le lapin
(grossissement de 200 à 210 diamètres).

1, tubes coupés perpendiculairement à leur axe ; — 2, cloisons mésodermiques et vaisseaux allantoïdiens interlobaires ; — DF, confluent fœtal du complexus tubulaire (d'après M. Duval).

La végétation du tissu fœtal ne s'arrête pas là. Elle a déterminé la formation de
lobes. Elle va fragmenter en *lobules* chacun des lobes de l'ectoplacenta. Les lobules
issus d'un même lobe restent anastomosés entre eux. Ils sont séparés les uns des
autres par des cloisons conjonctivo-vasculaires, issues des gros tractus interlobaires.

Ce sont maintenant des capillaires fœtaux seuls, et non plus des tractus conjonctivo-vasculaires, qui vont fragmenter chaque lobule en une série de *tubes*
(du 15ᵉ au 22ᵉ jour). Ces tubes ont une paroi mince, constituée par un rang de
cellules, disposées en plasmode. Sur leur face externe, cheminent les capillaires
fœtaux ; leur face interne borde les lacunes sangui-maternelles. Une cellule épithéliale sépare donc maintenant le capillaire fœtal de la lacune sangui-mater-
nelle (fig. 75).

Pendant que la pénétration des vaisseaux allantoïdiens détermine la division
de l'ectoplacenta en lobes, en lobules et en tubes, la zone de muqueuse utérine, située au contact de l'ectoplacenta (zone superficielle), s'est épaissie. Ses
éléments conjonctifs ont continué à se transformer en énormes cellules vésiculeuses (cellules déciduales), et ces cellules se disposent autour des vaisseaux sanguins, distendus et transformés en sinus (zone des sinus) (fig. 74).

La zone profonde de l'endomètre sépare du muscle utérin la zone des grands sinus. A son niveau, les vaisseaux utérins n'ont subi aucune modification, et les cellules vésiculeuses qu'on y trouve persistent pendant toute la durée de la gestation (couche protectrice).

Ces deux zones de la muqueuse utérine reculent progressivement, envahies

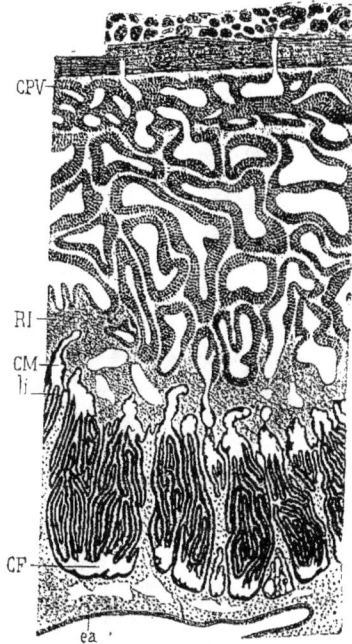

Fig. 76. — Coupe d'ensemble des tissus maternels et de l'ectoplacenta au 15ᵉ jour chez le lapin (grossissement de 14 diamètres).

CPV, couche vésiculeuse protectrice ou permanente; au-dessus, la tunique musculaire de l'utérus; au-dessous, la région des sinus utérins (couche des cellules vésiculeuses vaso-adventices); — RI, région intermédiaire des cotylédons utérins (couche des cellules vésiculeuses intermédiaires); — CM, confluents maternels des complexus tubulaires de l'ectoplacenta; — li, lames limitantes ectoplacentaires ou arcades limitantes; — CF, confluents fœtaux; — ea, épithélium de la cavité de l'allantoïde (d'après M. Duval).

qu'elles sont par l'ectoplacenta. L'ectoplacenta y pénètre, en déterminant la régression des sinus et des couches de cellules vésiculeuses, mais l'évolution du plasmodium ne va pas plus loin : le plasmodium ne se transforme plus en lobes, en lobules, en canalicules.

4° **Achèvement du placenta.** — Des modifications relativement légères vont assurer l'achèvement du placenta.

Au niveau de l'ectoplacenta, les cellules plasmodiales s'étirent, s'amincissent,

11

se rompent et se résorbent par endroits. Ces cellules séparaient le sang maternel des capillaires allantoïdiens. Une fois cette barrière disparue, les capillaires fœtaux flottent dans le sang maternel, et, seul, leur endothélium s'oppose au mélange du sang fœtal et du sang maternel.

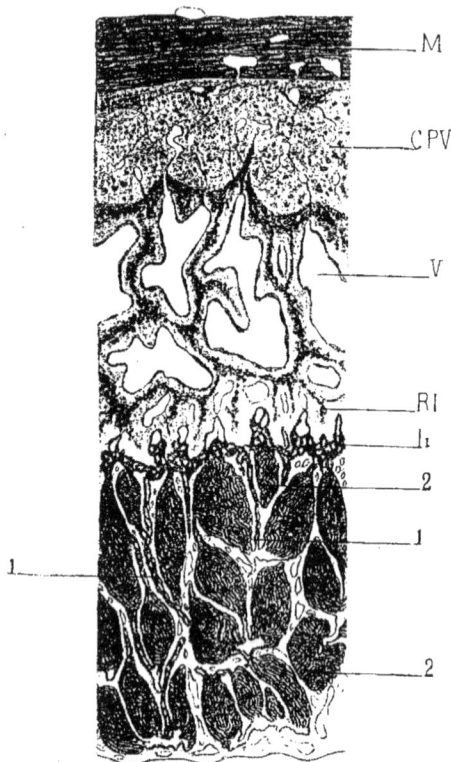

FIG. 77. — Disposition d'ensemble des complexus canaliculaires au 25ᵉ jour, chez le lapin (grossissement de 12 diamètres).

M, muscle utérin, couche circulaire ; — CPV, couche vésiculeuse permanente ou protectrice ; — V, gros sinus utérin ; — RI, couche intermédiaire (cellules vésiculeuses intermédiaires) ; — li, arcades limitantes ectoplacentaires ; — 2,2, complexus canaliculaires ; — 1,1, tubes caverneux (d'après M. Duval).

Au-dessus de l'ectoplacenta, dans la région des grands sinus, on constate la disparition complète des cellules vésiculeuses. Les sinus se sont élargis et fusionnés les uns avec les autres. Ils sont entourés par une bande épithéliale stratifiée qui s'est substituée au tissu utérin et provient de la couche plasmodiale de l'ectoplacenta.

Enfin, la couche protectrice est toujours constituée par des cellules vésiculeuses et par d'étroits vaisseaux qui relient les grands sinus aux vaisseaux du muscle utérin.

5° **Décollement du placenta**. — Un placenta d'origine ectodermique s'est donc substitué à la muqueuse utérine : de cette muqueuse, il ne reste rien, à l'exception des grands sinus et de la couche protectrice.

C'est au niveau de cette couche que s'effectuera le décollement du placenta. Au moment de la parturition, les cellules vésiculeuses sont en partie détruites ; le placenta adhère lâchement au muscle utérin ; les contractions utérines amènent donc facilement la séparation de l'utérus et du délivre. Quant à l'hémorragie qui accompagne le décollement du placenta, elle est minime, en raison du faible calibre des vaisseaux de la couche protectrice.

6° **Régénération de la muqueuse utérine**. — Une fois le placenta éliminé, le muscle utérin est presque à nu, sur une surface de 2 à 3 centimètres. Une mince lamelle conjonctive le sépare seulement de la cavité utérine. Mais l'utérus revient sur lui-même. Sa rétraction diminue l'étendue de la plaie placentaire et la réduit à une perte de substance de quelques millimètres. La muqueuse voisine s'étale sur cette surface et la réparation s'opère très vite, comme l'a montré M. Duval, dont nous avons résumé ici la description.

§ 2. — Fixation de l'œuf chez la souris.

Nous venons de voir que, chez la lapine, l'œuf évolue dans la cavité utérine. Chez d'autres rongeurs, au contraire (Selenka, Duval, Spee) et chez le hérisson (Hubrecht), l'œuf arrive dans l'utérus, pénètre dans l'épaisseur de la muqueuse utérine et s'y développe. Un tel processus présente, pour nous, une importance considérable ; car c'est lui qu'on observe dans la fixation de l'œuf humain.

L'examen de quelques figures nous fera suffisamment connaître ce processus. La figure 78 représente la coupe transversale de l'utérus d'une souris au 5° ou 6° jour de la gestation. Un œuf occupe la cavité utérine.

Au 7° jour, la coupe de l'utérus nous montre une lumière de forme allongée. La portion supérieure de cette lumière est tournée vers le mésomètre ; elle est revêtue d'épithélium ; elle représente le cavum utérin. Sa portion inférieure est dépourvue d'épithélium ; elle représente la déchirure que provoque l'œuf fécondé quand il pénètre par effraction dans l'endomètre (fig. 79). Elle constitue la *chambre ovulaire*.

Tous ces détails sont aisément visibles sur la figure 80, dessinée à un fort grossissement. On remarquera que le fond de la solution de continuité est occupé par un magma granuleux : ce magma est constitué par des éléments dégénérés ; il représente les parties de la muqueuse utérine dont l'œuf a provoqué la destruction et dont la résorption n'a pas eu le temps de se faire.

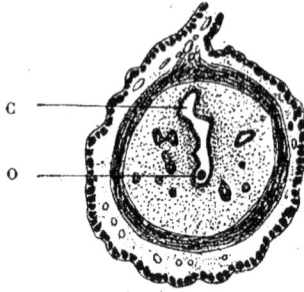

FIG. 78. — Corne utérine de souris, au 11ᵉ jour de la gestation retardée par l'allaitement (ce qui équivaut au 5ᵉ ou 6ᵉ jour d'une femelle qui n'allaite pas).

C, cavité utérine ; — O, œuf (d'après M. Duval).

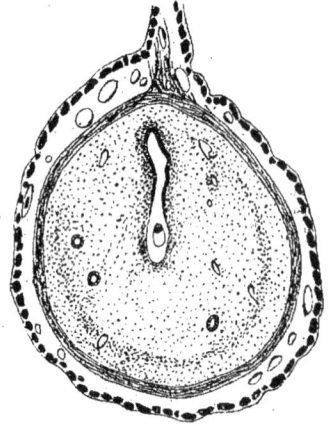

FIG. 79. — Corne utérine de souris au 7ᵉ jour de la gestation. Une lumière, plus étendue qu'au stade précédent, occupe le centre de l'utérus. La partie supérieure de cette lumière est bordée d'un épithélium, qui fait défaut dans la partie inférieure qu'occupe l'œuf (d'après M. Duval).

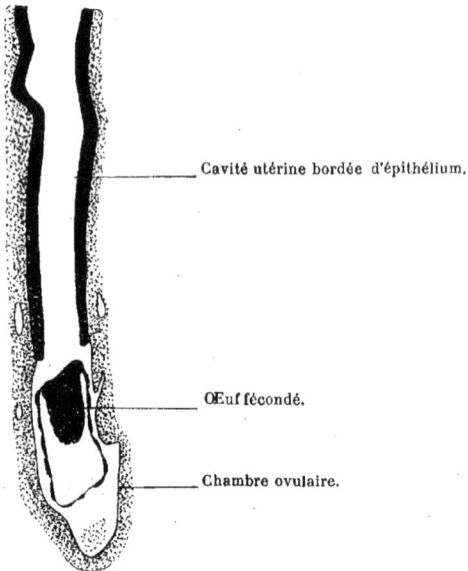

Cavité utérine bordée d'épithélium.

Œuf fécondé.

Chambre ovulaire.

FIG. 80. — Coupe de l'utérus de la souris au 7ᵉ jour de la gestation. L'œuf fécondé est muni d'une large cavité blastodermique. La cavité utérine a conservé son épithélium (partie supérieure de la figure); cet épithélium fait défaut dans la partie de l'utérus qui renferme l'œuf (chambre ovulaire). (D'après M. Duval.)

Un peu plus tard (8ᵉ jour), on trouve, sur la coupe de l'utérus, deux cavités. La cavité voisine du mésomètre n'est autre que le cavum utérin ; la cavité tournée vers le bord libre de l'utérus est occupée par l'œuf fécondé : c'est la chambre ovulaire. Le cavum utérin et la chambre ovulaire sont maintenant séparés par un pont de substance conjonctive. Ce pont a la valeur d'une cicatrice, car il résulte de la réunion partielle de la solution de continuité que l'œuf a créée en pénétrant

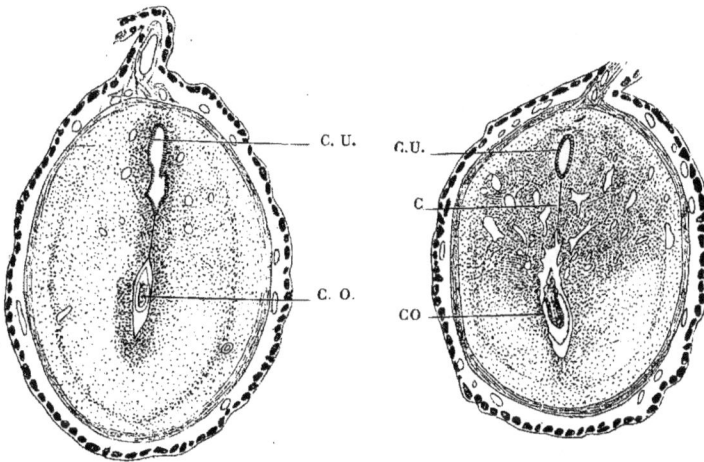

FIG. 81. — Un renflement utérin de la souris au 8ᵉ jour de la gestation. La cavité utérine et la chambre ovulaire sont séparées l'une de l'autre.

C. U, cavité utérine ; — C. O, chambre ovulaire (d'après M. Duval).

FIG. 82. — Un renflement utérin de la souris au 8ᵉ jour de la gestation (stade un peu plus avancé que dans la figure précédente).

C.U, cavité utérine; — C, tissu cicatriciel séparant la cavité utérine de la chambre ovulaire CO (d'après M. Duval).

dans la muqueuse utérine (fig. 81). Un stade un peu plus avancé est représenté sur la figure 82.

Des phénomènes du même ordre se retrouvent chez le cobaye. Sept jours après la fécondation, alors que l'œuf n'a pas encore grossi et qu'il mesure seulement un dixième de millimètre, Spee a vu cet œuf détruire l'épithélium utérin et gagner le tissu conjonctif de l'utérus pour s'y développer. En même temps que l'œuf s'enfonce plus profondément dans l'endomètre, le trajet qu'il a creusé s'efface, de la superficie vers la profondeur, par rapprochement de ses deux lèvres. L'œuf se loge donc dans une cavité, creusée dans le tissu conjonctif, et qui n'a jamais possédé de revêtement épithélial.

§ 3. — Développement du placenta humain.

1° **Généralités**. — Considéré à un point de vue très général, le placenta nous apparaît comme un organe d'absorption, édifié par l'organisme fœtal, pour permettre à cet organisme de puiser, dans le milieu où il est appelé à se développer, les substances nutritives indispensables à son accroissement.

Chez les Poissons, tels que les Sélaciens, chez certains Mammifères, comme les Marsupiaux, cet organe est constitué essentiellement par la vésicule ombilicale accolée au chorion (omphalo-chorion).

Chez les Oiseaux, M. Duval a décrit un sac placentoïde, c'est-à-dire un dispositif qui permet à l'embryon de puiser dans l'œuf la provision d'albumine que « les organes de la mère y ont déposée ». C'est là un placenta « mi-partie ombilical, mi-partie allantoïdien », c'est-à-dire une forme de transition entre l'omphalo-chorion de certains Sélaciens et l'allanto-chorion des mammifères.

Enfin, chez la plupart des mammifères, le placenta est essentiellement représenté par le chorion doublé de l'allantoïde.

Le placenta humain se ramène à un type analogue, mais l'organisme maternel intervient dans sa constitution. Il y a lieu, en effet, de distinguer dans ce placenta deux formations d'origine différente : le placenta fœtal et le placenta maternel, l'allanto-chorion et la caduque utérine; mais c'est l'allanto-chorion qui constitue, toujours, la partie essentielle du placenta.

Nous avons déjà exposé avec détails l'histoire de la caduque sérotine et celle du chorion. Il nous faut examiner maintenant comment ces deux organes se comportent l'un vis-à-vis de l'autre, pour constituer cet organe complexe qu'est le placenta humain. Mais, avant de décrire le placenta à terme, nous examinerons, comme l'a fait Léopold, les rapports qu'affectent entre eux l'œuf et l'utérus aux divers mois de la gestation.

Nous n'ignorons pas qu'il existe encore nombre de lacunes dans l'histoire du placenta humain. D'autre part, « les innombrables travaux publiés sur le placenta humain énoncent des résultats si divergents qu'il est difficile de les mettre d'accord sans de nouvelles recherches » (Duval). C'est pourquoi, en attendant le jour où les observateurs auront réuni une série ininterrompue de documents qui permettent d'établir l'exposé graphique de l'histogenèse de ce placenta, nous en sommes réduits, comme l'a bien montré Prenant, « à interpréter le placenta humain en faisant une sorte de choix raisonné parmi les opinions contradictoires émises à son sujet ». Dans ce choix, nous serons obligés de nous guider sur les résultats obtenus chez d'autres mammifères. Peut-être ce rapprochement n'est-il pas parfaitement justifié, mais c'est un pis aller dont force est bien de nous contenter provisoirement, ainsi que nous l'avons dit dans l'Introduction de ce livre.

2° **Fixation de l'œuf**. — L'œuf, arrivé dans l'utérus, se fixe sur cet organe. Le mécanisme de cette fixation a donné matière à controverses.

a) THÉORIE DE HUNTER. — On n'en est plus à la conception de William Hunter (1774), développée par John Hunter et reprise par Bojanus.

Pour ces auteurs, l'utérus laisse exsuder, après la conception, de la lymphe plastique. Cette lymphe se dépose sur la face interne de la matrice et s'y coagule en constituant un sac clos, qu'ils appelèrent caduque. Ce sac contient un liquide, l'hydropérione (Breschet, 1833). L'œuf, qui franchit l'ostium uterinum, rencontre la caduque, la refoule au-devant de lui et s'en coiffe plus ou moins complète-ment. La caduque se comporterait donc comme une séreuse ; aussi lui distinguait-on une portion parié-tale, appliquée sur l'utérus, et une portion réfléchie ou viscérale, appliquée sur le chorion (fig. 83).

b) THÉORIE DE SHARPEY. — Depuis Sharpey, mais surtout après que Coste (1842) et Robin (1848) eurent décrit la muqueuse utérine, on a admis que la caduque, au lieu d'être une formation nouvelle, n'est autre chose qu'une muqueuse utérine modifiée et hypertrophiée à la suite de la fécondation.

FIG. 83. — Schéma de la formation des caduques, d'après la conception de Hunter.

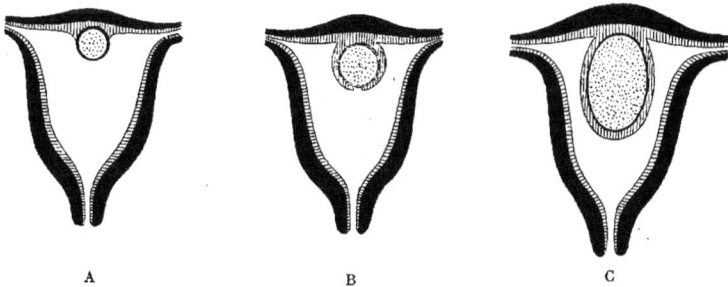

Quand l'œuf arrive dans la cavité utérine, il ne tarde pas à se greffer sur cette muqueuse tuméfiée et plissée (fin de la première semaine). Faute d'obser-vations directes, Sharpey supposa que le mécanisme de cette fixation devait être le suivant.

L'œuf pénètre dans une des dépressions de la muqueuse et s'y loge comme dans une cupule. Puis les plis qui circonscrivent cette dépression bourgeonnent

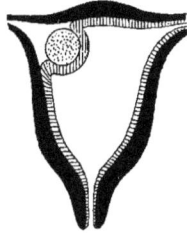

FIG. 84. — Schéma de la formation des caduques, d'après la conception de Sharpey.

A, l'œuf se loge dans une dépression de la caduque ; — B, la caduque bourgeonne tout autour de lui. L'orifice qu'elle présente est près de se fermer au-dessous du pôle inférieur de l'œuf ; — C, l'œuf est inclus dans la caduque.

et tendent à se rapprocher. Quand ces plis se sont soudés, l'œuf est inclus dans l'épaisseur de la muqueuse utérine. On peut, dès lors, considérer à la caduque trois zones différentes. En dehors de la région occupée par l'œuf, la caduque est dite caduque pariétale, caduque directe, caduque vraie. La caduque réfléchie ou ovulaire est la portion de caduque dont l'œuf détermine la saillie dans la cavité utérine. Enfin la caduque sérotine, caduque tardive, caduque inter-utéro-placentaire, est la portion de l'endomètre au niveau de laquelle s'est implanté l'ovule fécondé.

c) CONCEPTION ACTUELLE. — Les données fournies récemment par l'embryologie comparée étaient de nature à rendre sceptique sur la réalité du mode de fixation de l'œuf humain, tel qu'il a été admis jusqu'ici par les classiques.

On savait que, très rapidement, l'œuf humain cesse d'être libre dans la cavité utérine ; que, dès la seconde semaine de la grossesse, il est inclus dans la muqueuse utérine, comme un fruit dans sa capsule ; et enfin que la loge qu'il

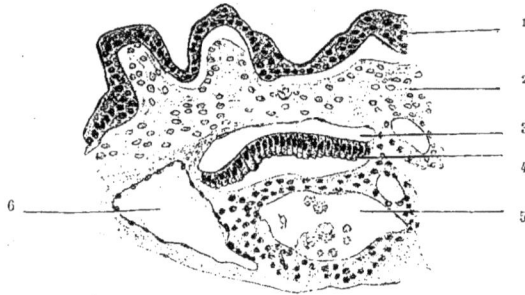

FIG. 85. — Le disque embryonnaire d'un œuf humain jeune (d'après Peters).

1, ectoplacenta, — 2, mésoderme doublant l'ectoderme ; — |3, cavité de l'amnios ; 4, disque embryonnaire ; — 5, vésicule ombilicale ; — 6, allantoïde.

occupe n'est jamais revêtue d'épithélium, et qu'aucune glande n'y débouche. Toutes ces constatations avaient déjà fait dire à Tourneux : « On n'est pas éloigné de penser, avec E.-H. Weber (1846), que l'œuf humain se comporte comme celui du cobaye, c'est-à-dire qu'il pénètre par effraction dans le chorion de la muqueuse utérine, dont la couche superficielle, refoulée en dehors par suite de l'accroissement de l'œuf, devient alors la caduque ovulaire ou réfléchie. »

Une série de travaux récents sont venus confirmer ces prévisions. Peters, en effet, a eu l'occasion d'examiner un œuf humain de 4 à 5 jours. Cet œuf, d'un grand diamètre de 1 mm. 6 et d'un petit diamètre de 0 mm. 8, faisait saillie dans la cavité de l'utérus et était entouré, de toutes parts, par la muqueuse utérine. La portion de cette muqueuse, qui sépare l'œuf du cavum utérin, n'est autre que la caduque réfléchie.

Nous avons déjà dit qu'on peut distinguer à la caduque réfléchie deux zones bien distinctes : l'une centrale, l'autre périphérique (voir p. 64).

La zone périphérique est large ; elle est essentiellement formée de tissu conjonctif « marqué au coin de la grossesse », et elle se montre revêtue d'épithélium du côté qui regarde la cavité utérine.

La zone centrale est étroite. Elle occupe le point le plus saillant de la caduque. Mouchetée de rouge et de jaune, elle répond manifestement à ce que Reichert appelle la cicatrice de la capsule embryonnaire. A son niveau, tout épithélium fait défaut. Le tissu qui la constitue est avasculaire. Il offre l'aspect d'un champignon (Gewebspilz de Peters). Sa structure est celle d'un caillot sanguin, en voie d'organisation : on y trouve des hématies, des leucocytes, de la fibrine. C'est seulement à son pourtour que l'aire centrale de la caduque est pénétrée par des éléments conjonctifs, issus de la muqueuse utérine.

En rapprochant les constatations de Peters des faits que nous avons précédemment exposés, nous sommes donc conduits à interpréter, de la façon suivante, le mode de fixation de l'œuf humain :

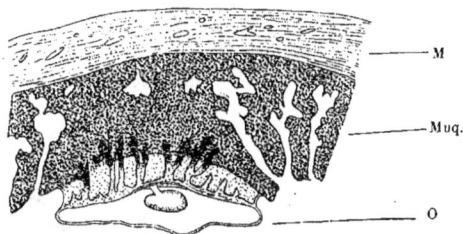

FIG. 86. — Schéma du placenta du singe au début de son évolution (d'après Kollmann).
M, muscle utérin ; — Muq, muqueuse utérine avec ses glandes ; — O. l'œuf avec ses villosités. On remarque que les villosités ne pénètrent pas dans les glandes.

Alors que son diamètre est encore inférieur à 1 millimètre, l'œuf prend contact avec la paroi utérine. Il s'accole à cette paroi, en regard d'un territoire de la muqueuse où font défaut les glandes utérines ; il détruit l'épithélium et pénètre progressivement dans le tissu conjonctif sous-épithélial. En s'accroissant, l'œuf repousse excentriquement le chorion muqueux et les glandes utérines ; en même temps, il dédouble, en quelque sorte, la muqueuse utérine ; la zone de muqueuse comprise entre le cavum utérin et l'hémisphère superficiel de l'œuf constitue la caduque réfléchie.

La perte de substance que l'œuf a laissée derrière lui en s'enfonçant dans la muqueuse est comblée par un caillot. Ce caillot, le champignon organisé de Peters, pénétré par les éléments conjonctifs de la muqueuse, se transforme en une cicatrice, à laquelle vers la 5e semaine, l'œuf s'attache plus solidement qu'à tout autre point de la chambre ovulaire. Ultérieurement, toute trace de cicatrice disparaît.

Quand l'œuf vient de pénétrer dans la caduque, le tissu fœtal et le tissu maternel sont écartés l'un de l'autre par des éléments dégénérés. L'œuf jouit, en effet, de propriétés histolytiques ; il est capable de provoquer la dissolution des éléments qu'il trouve à sa portée, et peut-être se nourrit-il des produits de désintégration ainsi formés.

La figure 28, empruntée à Kollmann, représente un œuf de 12 à 16 jours, un peu plus âgé, par conséquent, que celui de Peters et encore encapsulé dans l'endomètre. La cavité utérine est circonscrite par une muqueuse partout hypertrophiée, mais plus épaisse cependant sur les deux faces de l'organe. L'un de ces épaississements (hauts plateaux de Kollmann) est surtout considérable ; l'œuf y est inclus, comme un fruit dans sa capsule, et y occupe une position excentrique ; il s'est fixé, très loin du muscle utérin, aussi près que possible de la cavité utérine. La zone de tissu qui sépare l'œuf de cette cavité (cicatrice de Reichert) est d'une minceur extrême : on n'y rencontre ni glandes, ni vaisseaux, mais seulement une lame de tissu conjonctif. De cette lame dérivera la caduque réfléchie. Quant à l'autre moitié de la capsule, qui est très épaisse, elle sera l'origine du placenta maternel.

3° **Premières phases du développement du placenta**. — L'œuf, ainsi enfoui dans l'endomètre, développe rapidement des villosités à sa périphérie. Ces villosités apparaissent d'abord à l'équateur de l'œuf, puis à ses pôles. Ce sont des

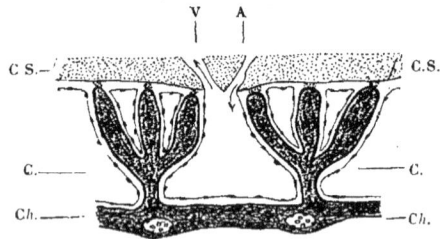

Fig. 87. — Schéma du placenta d'un œuf humain de 4 semaines (d'après Keibel).

C. S., caduque sérotine ; — C, capillaires maternels dilatés, encore revêtus de leur endothélium ; — Ch, chorion avec ses villosités adhérentes à la sérotine ; — A, artère afférente ; — V, veine efférente.

bourgeons épithéliaux, de forme cylindrique, mais qui ne tardent pas à se ramifier et à devenir vasculaires. On y rencontre bientôt, en effet, un axe conjonctif dans lequel apparaissent des vaisseaux. On a longtemps admis que, pendant le premier mois de la grossesse, l'œuf n'adhère point à la muqueuse utérine. Il n'en est rien. En étudiant un œuf humain très jeune, Spee note, qu'une fois la capsule ouverte, il dut avoir recours à de légères tractions pour détacher les villosités. Keibel insiste également sur les adhérences solides que les villosités du chorion d'un œuf de 4 semaines avaient contractées avec la caduque utérine.

Etudions comment sont constituées les adhérences qui s'établissent d'une façon si précoce entre l'œuf et la caduque.

Nous avons vu que les villosités présentent un tronc et des rameaux. Certains rameaux de la villosité se terminent par une extrémité libre ; les autres se fixent à la sérotine et constituent les villosités-crampons. Nous savons également que le tissu conjonctif de l'endomètre est farci de cellules déciduales.

La villosité pénètre-t-elle dans le tissu décidual (Langhans)? Est-ce, au contraire, le tissu décidual (Turner) qui végète, pour combler les espaces que ménagent entre eux les rameaux de la villosité? Ou bien doit-on dire avec Léopold et Gottschalk : « Les villosités fœtales et les prolongements de la caduque se pénètrent réciproquement, comme les doigts des mains jointes. »

Dans l'état actuel de la science, il semble que l'opinion de Langhans soit la vraie, c'est-à-dire que la villosité se fixe sur la caduque. Ce fait étant établi, il s'agit de déterminer sur quelle partie de la caduque s'effectue cette fixation. On a cru longtemps que les villosités envahissaient, puis comblaient les cavités glandulaires, et qu'elles partaient de là pour s'insinuer dans le tissu conjonctif interglandulaire et s'y souder (Ruge, Gottschalk, Heinz) (1). Mais on sait aujourd'hui quel œuf, en se développant, écarte et rejette à sa périphérie les glandes utérines. La fixation des villosités ne peut donc s'effectuer que sur le tissu décidual.

Il importe enfin de rechercher comment apparaissent les cavités sanguines, qui s'interposent, d'une façon si précoce, entre les tissus maternels et les tissus fœtaux du placenta. Il est vraisemblable que les villosités, en s'accroissant, détruisent les tissus qu'elles trouvent sur leur chemin, et se creusent, par conséquent, dans l'épaisseur de la caduque, de véritables canaux, limités par les portions du tissu décidual que le travail de destruction a respectées. Dans l'intervalle des villosités, le tissu de la caduque persiste donc, sous forme de saillies qui s'engrènent avec les villosités. La caduque est essentiellement constituée par des cellules déciduales et des vaisseaux sanguins. Or, dans la région où les villosités envahissent ainsi la caduque, les cellules déciduales disparaissent, de sorte que les colonnes de caduque ne sont plus guère représentées que par les capillaires utérins énormément distendus et qui constituent alors l'espace inter-chorio-décidual.

Une observation de Keibel semble justifier cette interprétation. Sur un œuf bien conservé de 4 semaines, cet auteur a vu le sang de l'espace inter-chorio-décidual circonscrit par une mince membrane cellulaire. Cette membrane était appliquée plus ou moins intimement contre l'épithélium chorial; elle a donc la valeur d'un endothélium. Nulle part, entre la villosité et le capillaire utérin, il n'existait de tissu utérin. Cette constatation a son importance : elle suffit presque à elle seule à prouver que le tissu utérin, interposé entre les capillaires et les villosités, disparaît d'une façon précoce, comme nous l'avons admis.

En définitive, l'œuf, aussitôt fixé, émet des villosités. Ces villosités pénètrent dans la caduque. De son côté, la caduque, avec ses vaisseaux, remplit tout l'espace qui persiste entre les branches des villosités. Mais les deux éléments qui comblent l'espace intervilleux subissent une évolution inverse : les cellules déciduales

(1) Pareille évolution a été signalée dans le placenta du singe, par Selenka. Les villosités pénétreraient dans les glandes dont l'épithélium persiste et provoqueraient sur ces glandes la formation de branches latérales, dans lesquelles s'insinueraient les ramifications des villosités.

disparaissent complètement ; au contraire, les capillaires utérins persistent et se dilatent. A ce stade, les villosités semblent donc plonger dans le sang maternel ; mais elles n'y plongent pas en réalité, car l'endothélium des vaisseaux utérins sépare encore le sang maternel de l'épithélium chorial. Cet endothélium disparaît ultérieurement.

4° **Évolution ultérieure du placenta**. — Le chorion ne tarde pas à présenter une évolution différente suivant les régions. Tandis que les villosités cessent de croître, puis s'atrophient en regard de la caduque réfléchie, elles continuent, au contraire, à se développer sur la partie opposée de l'œuf. Dès lors, on peut distinguer au chorion une région lisse et une région touffue (chorion lisse et chorion touffu).

Le placenta, jusque-là mal différencié, se reconnaît au premier coup d'œil. Il procède du chorion touffu. Il atteint 5 à 6 centimètres de diamètre au 3e mois ; 9 à 10 centimètres au 4e mois ; 12 à 14 centimètres aux 6e et 7e mois ; 16 à 20 centimètres au terme de la grossesse.

Examinons maintenant quelles modifications se produisent dans le placenta fœtal (chorion) et dans le placenta maternel (caduque sérotine et vaisseaux).

a) CHORION. — Les villosités fœtales se sont allongées et divisées, et les vaisseaux allantoïdiens ont suivi le mode de ramescence des villosités qu'ils vascularisent. De plus, les villosités sont insérées par groupes sur le chorion : chacun de ces groupes représente un cotylédon.

Histologiquement, le chorion est constitué par un axe conjonctivo-vasculaire et par un épithélium. Les deux assises de cet épithélium se comportent différemment sur la plaque choriale et sur les villosités. Comme nous l'avons vu, la couche cellulaire représente, à peu près, l'unique revêtement de la plaque choriale, et elle s'épaissit par endroits. C'est, au contraire, la couche plasmodiale, avec ses îlots de prolifération, qui finit par constituer, à elle seule, le revêtement des villosités, et encore fait-elle défaut sur les crampons, c'est-à-dire à l'extrémité des villosités fixées sur la caduque.

b) SÉROTINE. — La sérotine, au 3e et au 4e mois, présente deux zones encore très nettes : la couche spongieuse et la couche compacte. Dans la couche spongieuse, située contre le muscle utérin, les cavités glandulaires s'aplatissent et se réduisent à des fentes. Il y a donc atrophie de l'élément glandulaire. Dans la couche compacte, les cellules déciduales sont particulièrement nombreuses ; elles ont augmenté de taille, et un grand nombre d'entre elles présentent des noyaux doubles.

Au 5e mois, la sérotine se hérisse de cloisons, qui s'étendent dans la direction du chorion. Ces cloisons restent à distance du chorion dans la région centrale du placenta ; mais, sur les bords de l'organe, elles atteignent le chorion et s'y fixent.

A la même époque, apparaissent des cellules géantes, qui résultent de la prolifération des cellules déciduales ; elles sont d'autant plus nombreuses qu'on se rapproche davantage du terme de la grossesse. Ces cellules comptent de 10 à 20 noyaux. Elles sont disséminées dans toute l'épaisseur de la sérotine, et même jusque dans le muscle utérin ; toutefois c'est dans la couche compacte qu'elles sont le plus nombreuses, et elles s'y localisent particulièrement autour des vaisseaux sanguins.

Pendant les derniers mois de la grossesse, la sérotine s'amincit. Au terme de la gestation, elle est moitié moins épaisse qu'au 5e mois. La réduction porte principalement sur la couche spongieuse. Dans cette couche, en effet, au lieu d'être étagées sur deux ou trois rangs, les fissures qui représentent les cavités glandulaires finissent par être disposées sur un seul rang. Quant à la couche compacte, elle est farcie d'énormes cellules déciduales et parcourue par un réseau vasculaire très développé.

c) Vaisseaux maternels (1). — Nous savons que le tissu inter-chorio-décidual (espace intervilleux) est uniquement représenté, dès la fin du premier mois, par des capillaires utérins volumineux, circonscrits par un endothélium.

A mesure que le placenta se développe, ces vaisseaux augmentent de diamètre. Puis, ils s'ouvrent les uns dans les autres, par résorption de leurs parois adossées, et donnent ainsi naissance à la formation de véritables lacs sanguins. En même temps, l'endothélium qui les limite commence à disparaître par places. Voilà pourquoi Turner et Léopold, qui n'ont pas examiné, comme Keibel, un stade très jeune, n'ont vu d'endothélium qu'en certains points des espaces intervilleux. Waldeyer a fait des observations analogues à celles de Keibel. Finalement, les lacs sanguins prennent un développement énorme. Au 5e mois, le sang de ces lacs se collecte dans un réseau veineux qui occupe la marge du placenta (sinus marginal); le sang passe de là dans les veines utérines. Quant à l'endothélium, il disparaît complètement, et les villosités plongent alors directement dans le sang maternel.

L'évolution des vaisseaux intra-placentaires paraît donc se faire en deux temps. Dans le premier, les vaisseaux sont petits; les villosités fœtales se comportent, vis-à-vis de ces vaisseaux, comme les villosités arachnoïdiennes, vis-à-vis des sinus de la dure-mère ; elles repoussent l'endothélium devant elles, mais l'endothélium forme une barrière ininterrompue, qui sépare le sang maternel de l'épithélium chorial. Dans un second stade, la paroi endothéliale disparaît; la villosité endigue la circulation intra-placentaire, elle baigne directement dans le sang maternel. Nous avons déjà vu qu'une disposition analogue s'observe chez le lapin. Une seule différence est à relever : c'est l'énorme développement que prend, chez la femme, l'appareil vasculaire du placenta.

5° **Évolution des idées sur la genèse des espaces intervilleux**. — On a cru longtemps, et nombre d'auteurs enseignent encore, qu'entre la caduque et la surface de l'œuf il existe un espace vide, que cloisonnent incomplète-

---

(1) Thomsa et Fromherz ont montré que les troncs artériels du placenta en voie d'accroissement ont une lumière plus étroite que la somme des surfaces de section des branches issues de ces troncs. Le cours du sang serait donc plus rapide dans les vaisseaux artériels que dans les rameaux émanés de ces vaisseaux. (Voir : 1898, Archiv. für Entwicklungs Mechanick, VII, p. 677.)

ment les villosités du chorion : c'est l'espace intervilleux. Il serait dû à ce que les villosités, du fait de leur croissance, écartent le chorion de la caduque, à laquelle elles se fixent. L'espace intervilleux disparaît ensuite, en tant qu'espace vide, parce qu'il est envahi par le sang maternel. Telle fut la conception soutenue par Kölliker et Langhans. « Les villosités, dit Kölliker, rongent de toutes parts le tissu du placenta maternel ; elles détruisent les parois de ses vaisseaux ; de là résulte une hémorragie qui fait irruption dans les espaces intervilleux. »

Dans une seconde hypothèse, soutenue par Virchow, Turner, Ercolani, Colucci, il existe toujours une fente continue entre le chorion touffu et la sérotine ; cette fente se trouve fragmentée en espaces intercommunicants (espaces intervilleux primitifs), à la suite du développement des villosités. Cette fente se réduit de plus en plus, et elle est comblée secondairement par le tissu décidual, qui, par son développement progressif, vient à la rencontre des villosités. Le tissu décidual devient de plus en plus vasculaire ; les éléments fixes de la caduque disparaissent ; les vaisseaux maternels occupent finalement tout l'espace intervilleux : ils s'ouvrent les uns dans les autres pour constituer les lacs sanguins où plongent les villosités.

En résumé, les villosités choriales se développent dans un espace, dit espace intervilleux. Cet espace se présente sous deux états successifs : tout d'abord, c'est un espace vide (espace intervilleux primitif) qui, ultérieurement, se remplit de sang (espace intervilleux secondaire). Pour Kölliker, ce sang provient d'une hémorragie. Pour Turner, il est contenu d'abord dans les vaisseaux utérins, et c'est seulement plus tard que, les vaisseaux maternels perdant l'endothélium qui les limite, le sang de la mère envahit l'espace intervilleux.

Une série d'auteurs, et particulièrement Léopold, Heinz et Selenka, se sont inscrits en faux contre cette conception des espaces intervilleux primitifs (espaces vides) et des espaces intervilleux secondaires (espaces sanguins intra-placentaires). D'après eux, il n'existe pas d'espaces intervilleux primitifs. Les villosités du chorion s'engrènent de suite avec les bourgeons de la caduque. Plus tard, les villosités flottent dans le sang- maternel, qui circule dans les espaces intervilleux. Où les divergences commencent, c'est quand il s'agit d'expliquer la provenance de ce sang.

Heinz admet, comme Kölliker, que les villosités qui pénètrent dans la caduque se comportent comme une tumeur maligne : elles détruisent les vaisseaux, et l'hémorragie qui résulte de ce processus détermine la formation des espaces intervilleux.

Léopold, au contraire, soutient l'opinion que nous avons développée. Il n'y a pas deux espaces intervilleux (espace primitif et espace secondaire) ; mais un seul, qui répond à l'espace secondaire ou lac sanguin.

Les espaces intervilleux ne sont jamais vides ; s'ils paraissent l'être dans les préparations, c'est que le sang qu'ils contenaient en est sorti. Les espaces intervilleux ne sont pas des espaces à proprement parler : ce sont des capillaires sanguins dilatés.

6° **Évolution des idées sur la signification des espaces intervilleux.** —

Quand on injecte, par les artères utérines, un placenta, encore fixé à l'utérus, la masse liquide traverse les artères, se répand dans les espaces intervilleux et dans le sinus marginal, puis revient par les veines utérines.

Or, l'appareil vasculaire de tout organe étant représenté par des artères, des capillaires et des veines, y a-t-il lieu de considérer que les espaces intervilleux sont les homologues des capillaires utérins, et que la circulation de l'utérus gravide est comparable à la circulation de l'utérus à l'état de vacuité ? Telle est la question qu'on s'est posée.

Faute d'avoir pratiqué l'examen des espaces intervilleux aux divers stades de leur développement, nombre d'auteurs ont soutenu que les espaces intervilleux sont des lacunes, creusées dans l'épaisseur du placenta. Le volume énorme de ces lacunes, l'absence d'endothélium à leur surface, dans le placenta adulte, ont semblé justifier cette dernière opinion, qui est celle de Kölliker et de Langhans.

Les travaux de Virchow, de Turner, de Léopold, d'Ercolani, de Waldeyer, les recherches plus récentes de Duval, de Selenka, de Keibel démontrent, au contraire, que les sinus intra-placentaires ne sont autre chose que des capillaires dilatés.

Contre l'hypothèse de Kölliker, on peut opposer des arguments et des faits que Hertwig a lumineusement exposés :

« 1° La dilatation énorme des vaisseaux utérins, telle qu'on l'observe chez l'homme, n'est qu'une expression plus accentuée d'une disposition déjà réalisée chez d'autres mammifères.

« 2° Les capillaires se transforment en système caverneux en d'autres points du corps chez l'homme (corps caverneux des organes génitaux), tandis qu'il serait sans analogie, nulle part, que des espaces, situés en dehors des vaisseaux sanguins, se transforment en un système vasculaire (1).

« 3° Dans la muqueuse utérine au repos, il existe des capillaires interposés entre les artères et les veines ; or, si les espaces intervilleux ne représentaient pas les capillaires transformés, il en résulterait que ces derniers disparaissent, ce qu'il faudrait prouver. »

Tels sont les arguments qu'objecte Hertwig à la conception de Langhans et de Kölliker. Les observations de Léopold, de Keibel, de Waldeyer sont autant de documents, qui mis en série, comme nous avons tenté de le faire précédemment, ont paru juger la signification des espaces intra-placentaires. Ces espaces ne seraient autre chose que les capillaires de l'endomètre « colossalement dilatés ». Ils perdent secondairement leur endothélium, mais c'est là une modification structurale relativement tardive, et qui n'enlève rien à la valeur morphologique des espaces intra-placentaires.

7° Travaux récents sur la placentation. — Nous nous sommes bornés, jusqu'ici, à l'exposé des données classiques. Elles nous fournissent une concep-

---

(1) Il est possible, toutefois, que, dans la rate et la moelle des os, la paroi des vaisseaux soit discontinue et qu'il existe des lacunes interposées entre l'artère et la veine.

tion assez satisfaisante de la placentation : assimilant, en effet, les lacunes intra-placentaires à des capillaires, elles ramènent la circulation placentaire au schéma général de tout réseau vasculaire. Mais l'exactitude de cette notion si simple est mise en doute dans une série de travaux récents, que nous devons brièvement résumer ici (Siegenbeck van Heukelom, Peters, Paladino).

L'œuf a pénétré dans la caduque. Le tissu de la villosité et le tissu de la caduque sont écartés l'un de l'autre par des éléments dégénérés. L'espace occupé par ces éléments est très réduit. Il est l'ébauche de l'espace inter-chorio-décidual encore presque virtuel, mais que bientôt fait apparaître, en l'injectant, le sang qui provient de la rupture des capillaires dilatés de la sérotine. Il se produit donc une véritable inondation sanguine, inondation sanguine qui est endiguée à la fois par le tissu fœtal et par le tissu maternel. Mais, à l'inverse de ce qu'on observe dans une hémorragie banale, le sang ainsi épanché circule. Il se renou-velle. Il arrive sans cesse, dans l'espace sanguin inter-chorio-décidual, par les artères qui s'y ouvrent directement, et sans cesse il s'en échappe par les veines qui prennent leur origine dans cet espace (1).

En somme, les lacunes intra-placentaires sont des espaces sanguins, dépour-vus d'endothélium. Pour les classiques, ces espaces, avons-nous dit, sont des capillaires dont la paroi propre a secondairement disparu. Pour les auteurs dont nous venons de citer les travaux tout à fait récents, les lacunes intra-placentaires, au contraire, n'ont jamais possédé de revêtement endothélial ; une telle notion nous ramène, jusqu'à un certain point, à la conception ancienne de Kölliker.

Il serait encore prématuré de prendre parti pour l'une ou l'autre de ces théories. Des recherches de contrôle pourront seules juger de la valeur des hypothèses émises sur les premiers stades de la placentation.

8° **Structure du placenta à terme.** — Sur une coupe histologique inté-ressant toute l'épaisseur du placenta, il est facile de reconnaître une série de couches étagées de la face fœtale du placenta jusqu'au muscle utérin.

Au-dessus de l'amnios, qui recouvre le placenta sans en faire partie, nous trouvons une première couche, la plaque choriale. Au-dessus de la plaque cho-riale, s'étale une large zone, qui résulte de l'enchevêtrement des villosités cho-riales, des lacs sanguins et des cloisons intercotylédonaires. Cette zone est donc constituée par des parties d'origine fœtale et des parties maternelles. Elle est recouverte, comme d'un toit, par la caduque sérotine.

Pour apporter quelque clarté à la description histologique du placenta, nous étudierons successivement les formations d'origine fœtale (placenta fœtal) et les formations d'origine maternelle (placenta maternel), et nous examinerons com-ment ces formations se comportent dans la portion centrale et dans la portion marginale du placenta.

(1) La rupture des capillaires de la sérotine est bien plus précoce qu'on ne l'a cru. Heukelom l'a observée sur un œuf de la seconde semaine (8 à 14 jours). Peters l'a notée sur un œuf âgé de 4 à 5 jours. Moisseijew et Webster ont confirmé les résultats de ces deux auteurs.

a) Région centrale du placenta. — α) *Placenta fœtal.* — Le placenta fœtal procède du chorion touffu. Il est formé d'une plaque de tissu chorial, hérissée de villosités. Ces villosités sont comparables à des arbrisseaux ; comme les arbrisseaux, elles sont groupées en massifs : ces massifs sont les cotylédons.

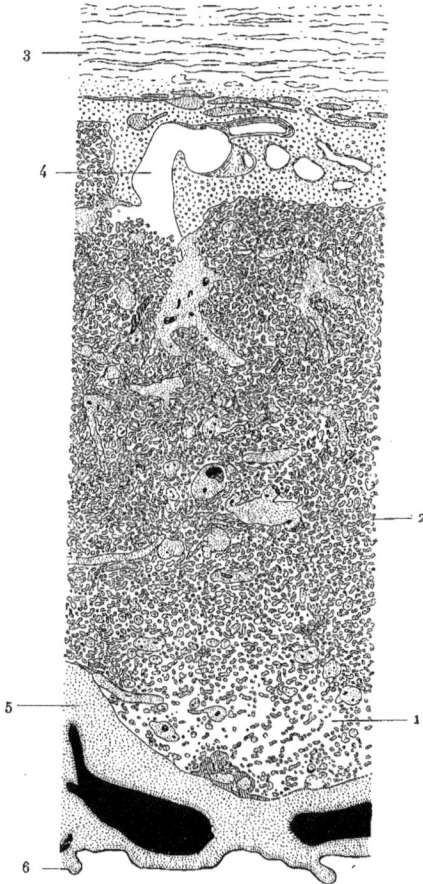

Fig. 88. — Coupe totale du placenta humain à terme ; la coupe passe au voisinage du centre (d'après Minot).

1, espace intra-placentaire ; — 2, coupe d'une branche de villosité ; — 3, paroi utérine ; — 4, débouché d'une veine utérine dans l'espace intra-placentaire ; — 5, chorion avec ses vaisseaux (en noir) ; — 6, amnios.

Nous connaissons déjà la structure de la plaque choriale et des villosités. La *plaque choriale* est constituée par du tissu conjonctif et par un épithélium. Le tissu conjonctif se répartit en deux couches superposées. De ces deux couches, l'une est profonde : c'est le stroma (Gallertschicht). Elle est molle et épaisse ; elle se confond avec le mésoderme de l'amnios par l'une de ses faces, qui est parcourue par les grosses ramifications des vaisseaux ombilicaux. L'autre est mince et dense : c'est la couche fibrillaire (Gefässschicht) ; elle est fortement colorable, car les éléments figurés qui la composent sont tassés les uns contre les autres ; on y trouve des cellules fixes, des fibres conjonctives et peut-être des fibres élastiques.

L'épithélium chorial est représenté par sa couche cellulaire et sa couche plasmodiale ; mais, tandis que la couche cellulaire s'est épaissie et forme de petits amas qui font saillie dans les lacs sanguins, la couche plasmodiale a disparu : elle s'est transformée en « fibrine canalisée », au dire de quelques auteurs (Voir p. 152).

Nous savons que les *villosités choriales* sont constituées par un tronc principal qui porte des branches plusieurs fois ramifiées. De ces branches, les unes se terminent librement (prolongements libres) ; les autres se comportent comme le tronc de la villosité ; elles vont se fixer sur la sérotine (prolongements fixes, crampons). La structure des villosités répète celle de la plaque choriale. On y rencontre un axe vasculo-conjonctif revêtu d'un épithélium.

L'axe vasculo-conjonctif a d'abord la structure de la couche fibrillaire du chorion : on y trouve des cellules fixes et des fibres conjonctives. Mais à mesure qu'on approche de l'extrémité de la villosité, les fibres conjonctives diminuent de nombre et, parfois même, finissent par disparaître. L'axe de la villosité est occupé seulement par des cellules fixes, étoilées et anastomosées.

Quant au revêtement épithélial, il est uniquement constitué par la couche plasmodiale. Loin de former un vernis, d'épaisseur uniforme, sur toute la surface de la villosité, la couche plasmodiale présente, çà et là, des épaississements sessiles ou pédiculés, cylindriques ou claviformes (ilots de prolifération). Par endroits, ces ilots se fusionnent et dégénèrent ; ils seraient, d'après Langhans, l'origine de ces longues colonnes de fibrine canalisée qui sont tendues de la plaque choriale à la sérotine, à travers toute l'épaisseur du placenta. Mais cette hypothèse de Langhans a trouvé, comme nous l'avons vu, nombre de contradicteurs.

Ajoutons que tout épithélium chorial fait défaut à l'extrémité des crampons, c'est-à-dire sur la portion des villosités qui pénètre dans le tissu décidual.

Circulation du placenta fœtal. — Nous nous bornerons à rappeler que le sang des artères ombilicales arrive au placenta par le cordon. Les artères ombilicales pénètrent dans le stroma du chorion et semblent couvrir de leurs ramifications la face fœtale du placenta. Elles pénètrent de là dans la couche fibrillaire du chorion et dans l'axe des villosités.

Une seule artériole aborde chaque villosité. Elle calque son mode de division sur les ramifications de la villosité et se résout finalement en capillaires, étendus sous l'épithélium. Le sang de ces capillaires est collecté dans une veinule, qui suit, en sens inverse, le trajet de l'artère. Les veines aboutissent finalement à la plaque basale. Elles se rassemblent dans l'épaisseur de cette plaque pour former la veine ombilicale. Cette veine parcourt le cordon pour apporter au fœtus le sang qui a été artérialisé dans le placenta.

En somme, la circulation du placenta fœtal s'effectue dans un système absolument clos. Nulle part, ce système ne s'ouvre dans les lacs sanguins. Nulle part,

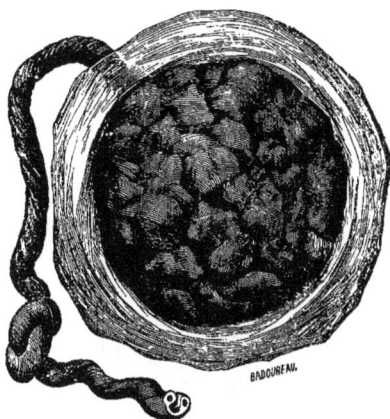

FIG. 89.— Placenta humain vu par sa face utérine avec les sillons et les lobes placentaires.

le sang fœtal ne peut se mélanger au sang maternel. C'est à la faveur de
phénomènes osmotiques que se produisent les échanges entre ces deux sangs.

Muqueuse.

Musculeuse.

FIG. 90. — Coupe de la paroi utérine au 9ᵉ jour après l'accouchement. On voit la muqueuse utérine, en voie de régénération, aux dépens de la partie de la sérotine qui
demeure adhérente à la musculeuse. Sous l'influence des contractions utérines, les
cavités glandulaires sont redevenues des canaux perpendiculaires. Le revêtement épithélial est encore incomplet (d'après Léopold, emprunté à Varnier).

β) *Placenta maternel.* — Deux formations constituent le placenta maternel :
la sérotine et les lacs sanguins.

Sérotine. — C'est la sérotine qui forme la voûte du placenta (lame basale de

Winckler) : elle est très mince et mesure un demi-millimètre. Sur un placenta examiné par sa face utérine, elle apparaît comme une membrane rugueuse et de couleur grisâtre. Elle est creusée de sillons, qui se coupent sous un angle variable (*sillons placentaires*) et délimitent des territoires polygonaux (*lobes placentaires*) de 2 à 3 centimètres de diamètre.

Sur sa face opposée, la sérotine émet des cloisons, désignées sous le nom de *cloisons interlobaires, septa inter-cotylédonaires*. Ces cloisons prennent

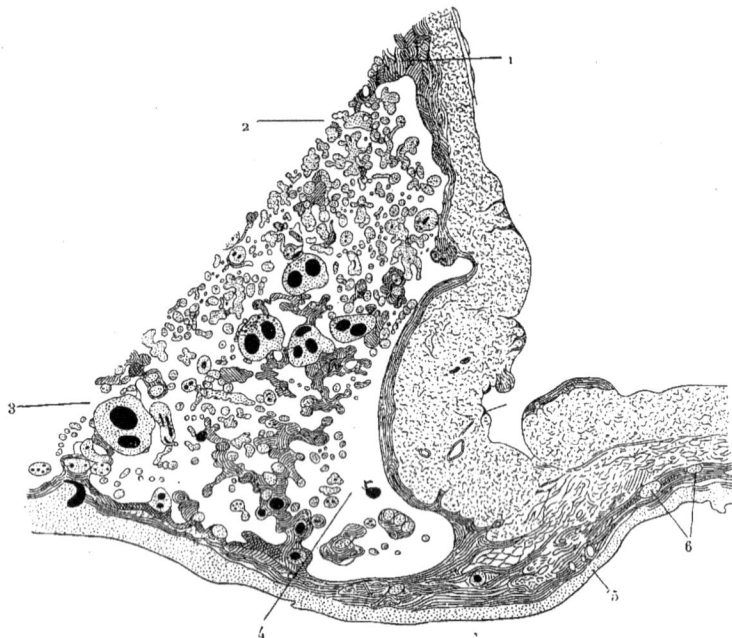

Fig. 91. — Placenta à terme. Coupe verticale à travers la marge du placenta (d'après Minot).

1, fibrine canalisée ; — 2, villosité ; — 3, grosse branche ou tronc d'une villosité ; — 4, sinus veineux circumplacentaire ; — 5, plaque basale du chorion ; — 6, villosités abortives de la marge du placenta.

naissance en regard des sillons placentaires. A l'inverse des villosités choriales, elles ne sont pas ou sont à peine ramifiées. Elles sont trop courtes pour atteindre la plaque choriale, mais elles sont assez nettement indiquées pour répartir les arborisations choriales en massifs, appelés *cotylédons*. Chaque cotylédon occupe donc une loge incomplètement close : les loges cotylédonaires communiquent les unes avec les autres dans toute la région centrale du placenta.

Sur le placenta encore adhérent à l'utérus, la sérotine comprend deux couches : 1° une couche compacte ; 2° une couche spongieuse, où l'on trouve, disposés sur une seule assise, les restes des cavités glandulaires. Quand le placenta s'est décollé de l'utérus, une portion de la couche spongieuse reste adhérente à la matrice : c'est elle qui doit régénérer l'endomètre. Le reste de la couche spongieuse et la totalité de la couche compacte constituent la portion maternelle du placenta, c'est-à-dire la lame basale de Winckler.

Cette lame est essentiellement constituée par du tissu décidual, c'est-à-dire par des cellules déciduales et par des *cellules géantes*.

On donne le nom de cellules géantes à des éléments volumineux (75 à 130 μ) pourvus de 10, de 20 ou même de 40 noyaux ; ces noyaux ont de 15 à 20 μ de diamètre et sont disséminés au hasard dans la masse cytoplasmique. La cellule géante paraît dérivée de la cellule déciduale ; elle commence à apparaître au 5e mois de la grossesse ; elle est très abondante dans la lame basale de Winckler et dans les cloisons intercotylédonaires. On l'observe aussi dans la couche spongieuse de la caduque et parfois jusque dans le muscle utérin.

Ajoutons que, selon Nitabuch, il existe une couche de fibrine canalisée dans l'épaisseur du placenta maternel. C'est dans l'épaisseur de cette fibrine que sont noyées les cellules déciduales.

Lacs sanguins. — Entre la plaque choriale, couverte de ses villosités, et la lame de Winckler, hérissée de cloisons intercotylédonaires, il existe des lacunes très développées. Ces lacunes sont très apparentes sur les coupes du placenta et s'y montrent remplies de sang maternel.

Nous avons eu l'occasion de voir que, d'après les classiques, ces lacunes (lacs sanguins, espaces intervilleux, etc.) sont, à l'origine, de simples capillaires de la sérotine. Au cours du développement, ces capillaires se dilatent, s'ouvrent les uns dans les autres, et finalement perdent en partie ou en totalité leur paroi endothéliale. Léopold (1877) et Waldeyer (1887) soutiennent cette opinion. Pour ce dernier auteur, des cellules plates tapissent la face interne de la sérotine et la surface des septa qu'émet cette membrane. Nous avons dit quelles restrictions apportait à cette notion la série des travaux récents publiés sur la placentation.

b) RÉGION MARGINALE DU PLACENTA. — La région marginale diffère, par quelques détails, de la région centrale du placenta.

C'est la portion la plus mince du placenta ; à son niveau, la plaque basale se continue avec la caduque vraie et la caduque réfléchie. Les cloisons intercotylédonaires de la sérotine s'étendent jusqu'au chorion. Arrivées là, ces cloisons s'unissent les unes aux autres, en une mince membrane. C'est la *caduque subchoriale* de Kölliker, la *lame obturante* de Winckler, *l'anneau obturant sous-chorial* de Waldeyer. Cet anneau, large de 2 à 3 centimètres, fait le tour du placenta. Il est traversé par des villosités choriales ; mais, en cette région, les villosités sont très courtes, et elles occupent des loges, plus ou moins complètement séparées les unes des autres, en raison de l'insertion des cloisons intercotylédonaires sur la membrane choriale.

9° **Continuité du placenta et des membranes ovulaires.** — C'est au niveau de son bord que le placenta se continue avec les membranes de l'œuf.

Ces membranes, nous l'avons vu, sont formées par l'amnios, par le chorion et par la caduque réfléchie qui s'est soudée à la caduque vraie. Ces diverses membranes sont si intimement fusionnées que Waldeyer se déclare incapable de distinguer, même au microscope, les éléments qui entrent dans la constitution de chacune d'elles.

Quoi qu'il en soit, l'amnios saute de la face fœtale du placenta à la face interne des membranes. La plaque choriale se continue avec le chorion. A la sérotine font suite la caduque réfléchie et la caduque vraie, soudées l'une avec l'autre.

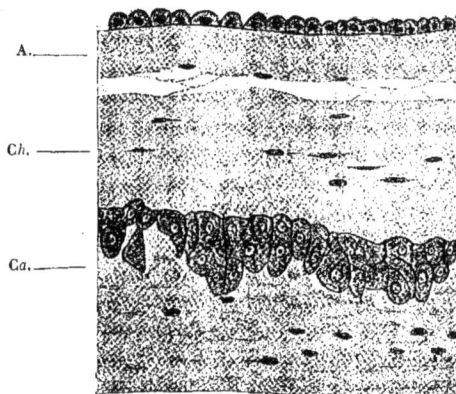

FIG. 92. — Coupe des membranes d'un œuf humain à terme.
A, amnios ; — Ch, chorion ; — Ca. caduque.

10° **Circulation du placenta maternel.**— Les anatomistes de la Renaissance, Colombo en particulier, tentèrent d'élucider la structure du gâteau placentaire. Ils reconnurent que le placenta était formé d'un tissu qui n'avait point d'analogue dans l'économie. Ils le comparèrent à « un animal vivant dans un autre animal ». Ils étudièrent surtout la circulation du placenta fœtal, mais ils découvrirent cependant les lacunes du placenta.

Ruysh proclama l'indépendance des circulations fœtale et maternelle, et Wrisberg annonça que chaque cotylédon avait une circulation autonome. Les recherches d'Abraham Vater, de Noortwyk, de William Hunter et de John Hunter confirmèrent les idées de Ruysh. Elles furent cependant remises en question au début du dix-neuvième siècle et, plus près de nous, vers 1872, par Braxton Hicks, Kundrat, Engelmann, Klebs. Il était donné à Turner et à Waldeyer de prouver l'exactitude de la conception ancienne (1).

Les artères utérines traversent le muscle utérin, en lui abandonnant quelques rameaux. Puis elles abordent la sérotine, où elles affectent une disposition spiroïde

(1) Dans le mémoire de Waldeyer, on trouvera une revue critique des études de Nitabuch, Rohr, Léopold, Hofmeier, etc.

des plus remarquables : elles se contournent, en effet, sur elles-mêmes jusqu'à 15 et 20 fois, dans un espace de 5 à 6 millimètres. Les artères utérines n'émettent point de branches collatérales dans la sérotine ; elles gardent donc un calibre uniforme jusqu'à leur ouverture dans l'espace intervilleux. Toutefois, leur paroi s'amincit rapidement pendant leur trajet dans la caduque, et au moment où elles s'enfoncent dans les cloisons inter-cotylédonaires, cette paroi est réduite à l'endothélium.

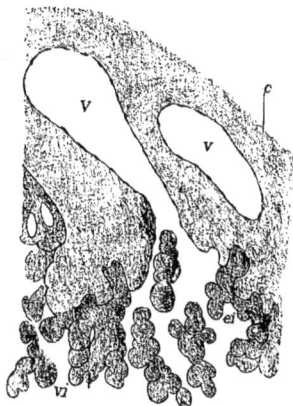

Fig. 93. — Embouchure d'une veine dans un espace intervilleux (d'après Bumm mais modifiée par Prenant).

V, veines ; — vi, villosités fœtales ; — ei, espace intervilleux ; — C, tissu de la caduque.

« Les ouvertures des artères dans les espaces intervilleux sont situées aux bords des cotylédons et dans les cloisons inter-cotylédonaires. Elles se font par la déhiscence de la face fœtale de la dernière sinuosité du vaisseau : en d'autres termes, celui-ci conserve sa paroi du côté utérin et la perd du côté chorial. Les villosités fœtales obturent en partie l'orifice artériel, mais ne s'y enfoncent pas profondément. » (Prenant.)

Le sang passe alors dans les espaces intervilleux ; de là, il se rend, soit dans le réseau veineux qui occupe la marge du placenta, soit dans les veines intra-placentaires.

Ces veines s'ouvrent, au sommet des loges cotylédonaires, par un orifice de 1 à 2 millimètres, que cache plus ou moins une languette de caduque en forme d'éperon. Cet orifice conduit dans un large vaisseau, de calibre uniforme, dont la paroi s'épaissit progressivement. Les veines diffèrent des artères par leur forme aplatie, par leur trajet dépourvu de sinuosités et par leur direction, qui est sensiblement parallèle à la surface du placenta.

Le réseau du placenta maternel est clos, comme le réseau du placenta fœtal ; la circulation s'y fait d'autant plus lentement qu'on s'éloigne davantage des artères. Et cette condition physiologique facilite, sur la face choriale du placenta, la formation de ces précipités fibrineux que certains auteurs considèrent comme le résultat de la dégénérescence du syncytium chorial.

On sait, depuis les travaux de Nitabuch (1887), de Waldeyer et de Rohr, que les villosités fœtales peuvent s'engager dans les veines utérines et pénétrer de la sorte jusqu'au muscle utérin. Mais ces éléments placentaires perdent parfois toute continuité avec les arborisations choriales sur lesquelles ils ont pris naissance.

Des lambeaux de syncytium, des lambeaux de villosités et même des villosités entières peuvent donc s'engager dans les lacunes intra-placentaires, dans la sérotine (Langhans), dans les veines (Pels-Leusden), dans le muscle utérin (Heuck, Marchand, Bandler, Léopold, Veit). Cette migration s'effectue, d'ordinaire, par la voie des veines ; elle n'a pas la valeur d'un phénomène pathologique, puisqu'elle « ne fait défaut dans aucun cas de grossesse » (Poten) et qu'elle ne provoque aucune coagulation sanguine. Son exacte signification nous échappe, car les éléments ainsi « déportés » entrent en dégénérescence et disparaissent. Kollmann suppose que leur résorption est en rapport avec les phénomènes de télégonie.

Sur le placenta, consulter :

1890. — WALDEYER, Bemerkungen über den Bau der Menschen-und Affen Placenta. Archiv f. mikr. Anat.

1890. — HOFMEIER, Die menschliche Placenta (Wiesbaden).

1892. — STRAHL, Die mensch. Placenta. Merk. u. Bonnet's Ergeb., t. II.

1889-1892. — DUVAL, Le placenta des rongeurs. J. de l'anatomie.

1893-1895. — DUVAL, Le placenta des carnassiers. J. de l'anatomie.

1896. — ULESKO STROGANOWA, Beitr. z. Lehre v. mikros. Bau der Placenta. Monat. f. Geburt. u. Gynæk., Bd. III, p. 207.

1896. — STRAHL, Neues über den Bau der Placenta. Merk. u. Bonnet's Ergeb., t. VI.

1897. — LÉOPOLD, Uterus und Kind, von der ersten Woche der Schwangerschaft bis zum Beginn der Geburt und der Aufbau der Placenta (Leipzig).

1898. — STRAHL, Placentar Anat. Merk. u. Bonnet's Erg., t. VIII, p. 975.

1898. — MAXIMOW, Zur Kenntniss des feineren Baues der Kaninchenplacenta. Archiv. f. mikr. Anat., Bd. LI. Voir aussi : 1900. Arch. f. mikr. Anat., Bd. LVI, p. 699.

1898. — SIEGENBECK V. HEUKELOM, Ueber die menschliche Placentation. Archiv f. Anat. und Physiol. Anat. Abth. pl. 1.

1899. — PETERS, Ueber die Einbettung des menschlichen Eies und das früheste bisher bekannte menschliche Placentations-Stadium (Leipzig u. Wien).

1899. — PALADINO, Sur la genèse des espaces intervilleux du placenta humain. Arch. ital. biol., t. XXXI et XXXII, p. 345.

1900. — KOLLMANN, Ueber die Entw. der Placenta bei den Macaken. Anat. Anz., Bd. XVII, n° 24, p. 465.

1901. — V. SPEE, Die Implant. des Meerschweincheneies in die Uteruswand. Zeit. f. Morphologie u. Anthropologie, III, p. 130.

1902. — BONNET, Weitere Mittheilung über Embryotrophe. Deut. med. Woch., n° 30.

1902. — CLARENCE WEBSTER, Human placentation. Monatsch. f. Geburt. u. Gynæk., 1901, Bd. XIV, p. 721.

1903. — SCHŒNFELD, Contr. à l'étude de la fixation de l'œuf des mammifères dans la cavité utérine et des premiers stades de la placentation. Arch. de biol., t. XIX, p. 701.

1903. — BRIQUEL, Tumeurs du placenta et tumeurs placentaires (thèse Nancy).

CHAPITRE VII

LE CORDON OMBILICAL

Sous le nom de cordon, on désigne un tractus qui relie au placenta l'embryon plongé dans la cavité amniotique.

Ce tractus, de constitution complexe, fait défaut aux premiers stades du déve-

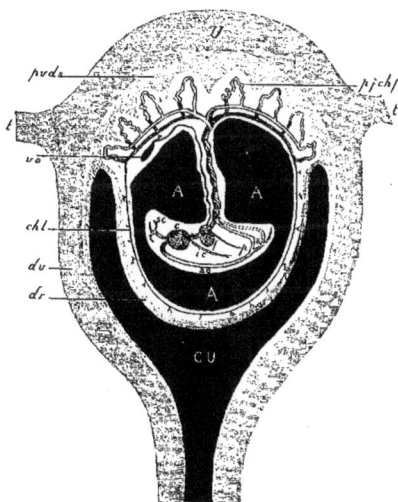

Fig. 94. — Coupe schématique de l'utérus gravide chez la femme (d'après Wiedersheim, empruntée à Prenant).

U, utérus ; — CU, cavité utérine ; — t, t, trompes ; — dv, caduque vraie ; — dr, caduque réfléchie ; — puds, placenta utérin ou caduque sérotine ; — pfchf, placenta fœtal ou chorion touffu ; — chl, chorion lisse ; — A, cavité amniotique remplie par les eaux de l'amnios ; — vo, vésicule ombilicale atrophiée et cordon ombilical qui relie l'embryon au placenta. Dans l'embryon, on remarque : les vaisseaux ombilicaux a ; le foie f, traversé par la veine ombilicale ; le cœur c ; l'aorte o ; les veines caves supérieure et inférieure sc et ic ; la veine porte p.

loppement ; mais, pour comprendre son mode de genèse, il importe néanmoins d'examiner de très jeunes embryons pourvus d'un pédoncule ventral.

Développement du cordon. — 1° *Stade du pédoncule ventral*. — L'embryon de Spee (0 mm. 4) était relié au chorion par un pont de tissu mésodermique, large et court, que nous avons étudié sous le nom de pédoncule ventral.

Un peu plus tard (embryon de 1 mm. 54), le canal allantoïdien pénètre dans le

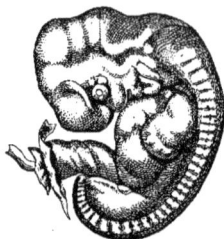

FIG. 95. — Embryon humain de 11 millimètres avec son cordon (d'après His).

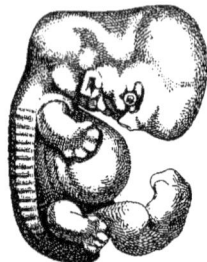

FIG. 96. — Embryon humain de 14 mm. 5 avec son cordon (d'après His).

pédoncule ventral ; l'intestin et la vésicule ombilicale commencent à se séparer l'un de l'autre.

Sur les embryons de 3 à 4 millimètres, le pédoncule ventral et la vésicule ombilicale sont rejetés sur le côté droit de l'embryon. A cette époque, la vésicule ombi-

FIG. 97. — Embryon de six semaines avec son cordon (d'après Tourneux).

licale communique avec l'intestin par un canal très court et très étroit, qui va constituer le canal vitellin.

Sur une coupe transversale, il est facile d'étudier la constitution du pédoncule ventral. Sur les trois quarts de sa circonférence, ce pédoncule est entouré par le cœlome ; dans le reste de son étendue, il est en rapport avec l'amnios (amnios caudal). Le pédoncule ventral contient, outre le canal allantoïdien, deux veines et deux artères. Les veines sont larges et situées près de l'amnios ; les artères sont

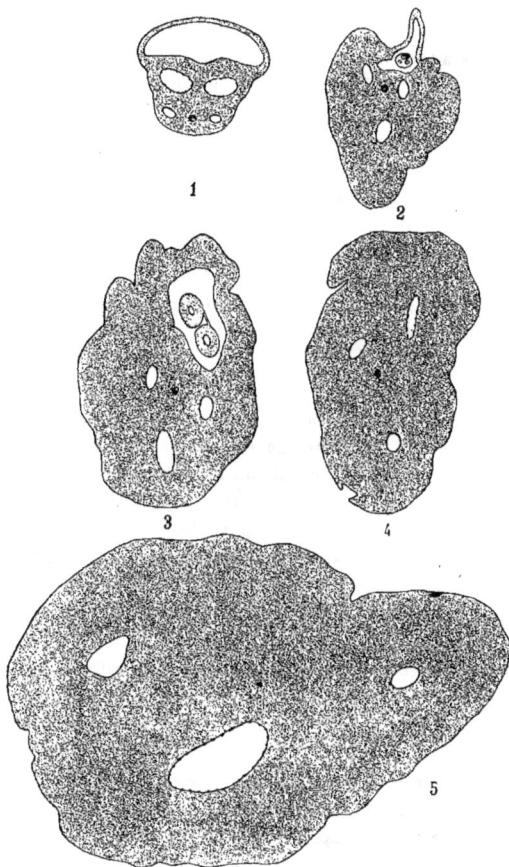

Fig. 98. — Évolution du cordon. Les artères ombilicales sont entourées d'un trait d'épaisseur uniforme. Le contour des veines est marqué schématiquement par un trait semé
de points. Le canal allantoïdien est représenté par un gros point noir.

1. Coupe du pédoncule ventral (d'après Minot, un peu simplifiée) ; 2. Cordon ombilical d'un jeune embryon humain. Le cœlome externe se prolonge dans le cordon ; ce cœlome est occupé par le pédicule
de la vésicule ombilicale ; 3. Cordon ombilical sur un embryon un peu plus âgé. La coupe porte au
voisinage de l'ombilic ; une anse intestinale est engagée dans le cordon ; 4. Cordon ombilical sur le
même embryon. La coupe porte à distance de l'ombilic ; 5. Cordon ombilical à terme. (Les figures 2,
3, 4 et 5 ont été dessinées au même grossissement pour pouvoir être aisément comparées. Les
contours sont rigoureusement exacts, mais les détails des tissus n'ont pas été figurés.)

petites ; elles flanquent de chaque côté le canal allantoïdien et occupent la

région du pédoncule qui fait saillie dans le cœlome. A ce stade, la vésicule ombilicale et le canal vitellin sont situés dans le cœlome, à quelque distance du pédoncule ventral. (Voir fig. 98, ¹.)

2° *Formation du cordon.* — Le cordon commence à se constituer sur les
embryons de 4 à 6 millimètres (21 à 25 jours). Il est encore très court, puisqu'il
mesure seulement 2 millimètres et demi sur les embryons de 7 à 8 millimètres
(26 à 28 jours).

La comparaison des dessins de la figure 98 permet de comprendre le mécanisme
qui préside à la formation du cordon.

Sur la figure 98, ¹, une partie du pédoncule ventral est en rapport avec l'amnios ; le reste du pédoncule fait saillie dans le cœlome qu'occupe la vésicule ombilicale.

Sur la figure 98,² (embryon de 35 à 40 jours), le cordon apparaît, en
coupe, sous la forme d'un fuseau. Au niveau de son ventre, on trouve la
veine ombilicale et les deux artères ombilicales qui escortent, de part et d'autre,
le canal allantoïdien. Au voisinage de son insertion sur l'embryon, le cordon est
creusé d'une cavité, le cœlome externe ; dans cette cavité chemine le pédicule
du sac vitellin, accolé aux vaisseaux omphalo-mésentériques. La surface du cordon est tout entière revêtue par l'amnios.

Sur la figure 98, ³, le cordon est constitué. Sa coupe est losangique. La gaine
amniotique l'enveloppe de toutes parts. Par deux de ses côtés, cette gaine
s'applique et se soude au pédoncule ventral ; par ses deux autres côtés, elle
reste indépendante de ce pédoncule ; elle concourt à limiter le cœlome. Circonscrit, sur le reste de son étendue, par la région extra-amniotique du pédoncule
ventral, le cœlome affecte, sur la coupe, la forme d'un triangle ; dans l'aire de
ce triangle, chemine la vésicule ombilicale.

Le cordon, arrivé à son parfait développement, est un organe complexe : il
est formé par du tissu conjonctif et des vaisseaux, par l'allantoïde et la vésicule
ombilicale, enfin par un prolongement du cœlome ; sur toute sa surface, il est
revêtu par l'amnios.

C'est dans l'extension considérable du sac amniotique qu'il faut chercher
l'origine du cordon. L'amnios est d'abord appliqué sur l'ectoderme embryonnaire. Quand l'embryon dépasse 4 millimètres, la cavité amniotique, jusque-là
virtuelle, se remplit d'un liquide, le liquide amniotique. Les parois de l'amnios
s'écartent progressivement de l'embryon, en réduisant l'étendue du cœlome
externe. Elles finissent par s'accoler à la face interne du chorion. A ce moment
le sac amniotique forme la majeure partie de la cavité blastodermique, précédemment occupée par le cœlome externe. Or, l'amnios se continue avec le tégument embryonnaire au niveau de l'ombilic. Il enveloppe donc les organes qui
traversent l'ombilic et les rassemble en un faisceau, qui n'est autre chose que le
cordon ombilical ; à mesure que la cavité amniotique se distend, l'amnios
s'applique plus étroitement sur les organes qui franchissent l'ombilic, et le
cordon s'allonge et s'amincit.

3° *Achèvement du cordon.* — Quand il vient de se former, le cordon est

large et court. Il est tendu, en ligne droite, de l'ombilic au chorion : il suspend
l'embryon dans la poche des eaux.

A mesure que l'embryon grossit, le cordon s'allonge, se tord sur lui-même
(fin du 2ᵉ mois) et présente des flexuosités.

La dilatation que le cœlome présentait au voisinage de l'ombilic s'efface (1)
graduellement, et l'anse intestinale, logée dans cette dilatation, rentre dans
l'abdomen (3ᵉ mois).

Au début du 4ᵉ mois, le cœlome a disparu. Le cordon est alors un tractus plein,
de 12 centimètres de longueur, que parcourent les vaisseaux ombilicaux et les
annexes de l'embryon. Dans le cours du 4ᵉ mois, le cordon double de longueur
(24 centimètres). Au moment de la naissance, sa longueur atteint 50 centimètres
et parfois davantage.

Histogenèse du cordon. — Le cordon résulte de l'union de l'amnios avec
le pédoncule ventral. Cette union devient si intime qu'il est bientôt impossible de
séparer la gaine amniotique de la masse mésodermique qui forme le squelette

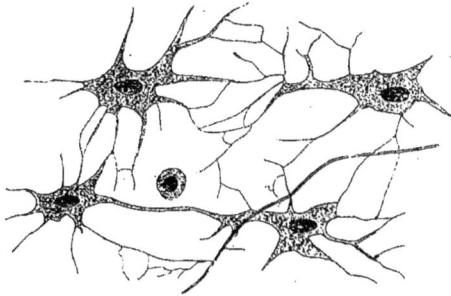

FIG. 99. — Tissu muqueux du cordon sur un œuf de mouton.

du cordon. Le cordon apparaît donc constitué par un axe mésodermique,
revêtu d'un ectoderme tégumentaire.

Sur les embryons du 2ᵉ et du 3ᵉ mois, l'épithélium amniotique est constitué par
une, puis par deux assises cellulaires. Il repose sur une masse de tissu conjonctif
jeune.

Un peu plus tard (4ᵉ et 5ᵉ mois), le cordon est représenté par du tissu muqueux (gélatine de Warthon). Ce tissu est formé de grandes cellules à protoplasma
granuleux ; ces cellules, munies de prolongements nombreux, sont anastomosées
les unes avec les autres de façon à constituer un réseau : il s'agit donc d'un
tissu réticulé. Les mailles de ce tissu sont occupées par une substance faiblement

_____

(1) Soit du fait de la croissance du tissu muqueux du cordon, soit du fait de l'envahissement du cœlome externe par le tissu inter-annexiel.

colorable, qui, pour certains auteurs, est une substance intercellulaire, et qui, pour d'autres, est du protoplasma véritable (hyaloplasma) (fig. 99).

On trouve encore, dans le tissu muqueux, quelques faisceaux conjonctifs, minces et rectilignes, des leucocytes et quelques « vasa propria » émanés des vaisseaux ombilicaux (Ruge, Tait) ; ces vasa propria n'ont qu'une existence transitoire. Ils ont toujours disparu au moment de la naissance.

Quant à l'épithélium, il est disposé sur trois ou quatre assises. L'assise profonde de l'épithélium est l'homologue de la couche basilaire du tégument externe.

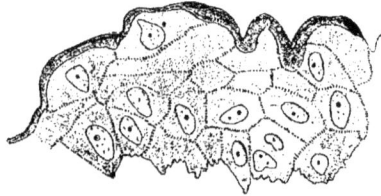

Fig. 100. — Ectoderme stratifié, constituant le revêtement du cordon
sur un œuf humain à terme.

Elle est formée de petits éléments dont le pôle d'insertion est hérissé de crêtes courtes. Les cellules moyennes sont plus volumineuses ; elles sont fixées les unes aux autres par de véritables filaments d'union. Quant aux cellules superficielles, elles sont très colorables, très aplaties et tassées, paroi contre paroi. Le noyau qu'elles renferment est plus ou moins atrophié.

Histologie du cordon au terme de la grossesse. — Revêtu par un ectoderme stratifié, dépourvu de couche cornée, le cordon ombilical est constitué par un squelette conjonctif que parcourent trois gros vaisseaux.

Le tissu conjonctif se montre sous une forme un peu différente de celle que nous avons constatée au 4e et au 5e mois. Les faisceaux conjonctifs ont augmenté de nombre et de taille. Ils sont isolés ou réunis en groupes. Des fibrilles élastiques (1) se sont différenciées, surtout à la périphérie du cordon. Faisceaux conjonctifs et fibres élastiques délimitent des mailles où l'on trouve quelques éléments libres, ayant les caractères des leucocytes. En somme, le tissu muqueux a évolué vers le type fibreux.

Les vaisseaux du cordon, représentés au début du développement par deux veines et par deux artères, sont réduits depuis longtemps à une veine et à deux artères.

La veine, deux à trois fois plus volumineuse que les artères, garde sur toute sa

(1) Pour les organes du cordon, consulter les articles consacrés à l'amnios, à l'allantoïde et à la vésicule ombilicale.

longueur un calibre uniforme. Les valvules qu'elle présente sont toujours peu développées ; elles ne font jamais obstacle au reflux du sang. La veine est aplatie sur les coupes, et sa paroi comprend : 1° une tunique interne ; 2° une tunique moyenne, au sein de laquelle les fibres musculaires sont disposées en plexus et entremêlées de fibres élastiques (1).

Les artères sont petites et généralement enroulées en spirale autour de la veine; elles présentent sur leur trajet une série de dilatations et de rétrécissements, dus à la présence de valvules. Celles-ci ont une forme annulaire ou semi-lunaire. On les observe principalement au niveau des coudes que forment les artères ombilicales ; elles sont surtout nombreuses au voisinage du placenta. La paroi artérielle se plisse dans toute son épaisseur pour former ces valvules.

Les muscles de la paroi artérielle se disposent en deux couches: l'une interne, à fibres longitudinales, l'autre externe, à fibres circulaires. « Les fibres lisses sont volumineuses, régulières, et ne paraissent point mélangées de fibres élastiques. Enfin l'adventice fait défaut » (Tourneux).

A la surface des vaisseaux ombilicaux, et jusqu'à 10 ou 12 centimètres de l'ombilic, Schott, Valentin et Kölliker ont décrit des nerfs. Les nerfs qui se rendent à la veine proviennent du plexus hépatique ; ceux qui rampent sur les artères sont originaires du plexus hypogastrique.

Il n'existe dans le cordon ni vasa propria, ni vaisseaux lymphatiques. Enfin on trouve parfois à la naissance, dans le tissu muqueux du cordon, des corpuscules épithéliaux, pleins ou kystiques, qui sont les restes du canal vitellin ou de l'allantoïde.

Sur le cordon consulter :

1872. — Berger, Sur la conformat. int. des vaisseaux ombilicaux. *Arch. de Physiol.*
1884. — Lemoine, *Anat. gén. du cordon ombilical* (thèse Lyon).
1897. — Minot, *Human Embryology.*

(1) On remarquera avec Raineri (1901) qu'il n'existe jamais de fibres élastiques dans les annexes embryonnaires. Le cordon seul fait exception à cette règle. Les fibres élastiques apparaissent d'abord dans la paroi des vaisseaux. Au 3e mois, elles occupent la tunique interne et la partie interne de la tunique externe ; au 6e mois, on les observe dans la totalité de la paroi vasculaire. C'est seulement au 9e mois qu'elles se différencient dans le tissu muqueux du cordon.

22-2-04. — Tours, imp. E. Arrault et Cie

TABLE DES MATIÈRES

ARTICLE III

LES PREMIERS STADES DU DÉVELOPPEMENT DE L'EMBRYON

PLANCHES

FIG. 1. — Schéma de l'œuf du lapin au 8ᵉ jour.

Dans cette figure, comme dans les figures suivantes, l'ectoderme est en bleu, le mésoderme en rouge, l'endoderme en jaune.
La gouttière médullaire M est formée. Sur l'ectoderme, on observe encore la première indication des replis amniotiques AM et de l'ectoplacenta Ect.
Le mésoderme s'est clivé, et la fente pleuro-péritonéale existe sur une certaine étendue, à droite et à gauche de la ligne médiane.
L'endoderme ne double pas encore complètement l'hémisphère inférieur de l'œuf (d'après DUVAL).

FIG. 2. — Schéma de l'œuf du lapin au 9ᵉ jour.

La moelle est complètement fermée, et l'amnios AM est en voie d'occlusion. L'hémisphère supérieur de l'œuf est constitué par l'ectoderme, le mésoderme et l'endoderme. L'hémisphère inférieur est formé par l'ectoderme et l'endoderme accolés (d'après DUVAL).

FIG. 3. — Schéma de l'œuf du lapin au 10ᵉ jour.

L'amnios est entièrement clos. L'intestin simule une gouttière sur la face ventrale de l'embryon et il tend à s'isoler de la vésicule ombilicale qui, à ce stade, occupe seulement la moitié inférieure de l'œuf (d'après DUVAL).

FIG. 4. — Schéma de l'œuf du lapin au 12ᵉ jour.

L'allantoïde a pris naissance ; il pénètre dans le cœlome externe et vient s'appliquer contre le mésoderme qui double l'ectoplacenta (d'après DUVAL).

FIG. 5. — Schéma de l'œuf du lapin au 15ᵉ jour.

L'hémisphère inférieur de l'œuf HI est en voie d'atrophie et de résorption. En R, la zone résiduelle de cet hémisphère. Le canal omphalo-mésentérique établit encore la continuité entre la cavité de l'intestin et la cavité de la vésicule ombilicale, en voie d'atrophie (d'après DUVAL).

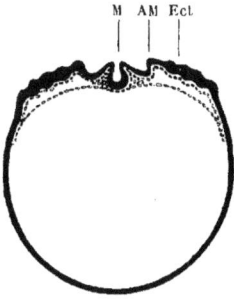

Fig. 1.

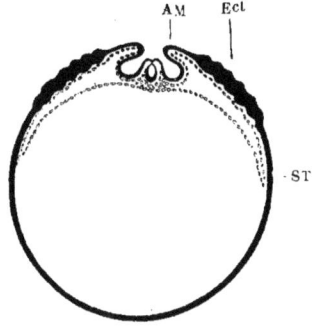

Fig. 2.

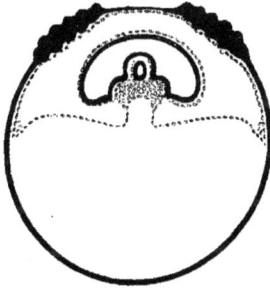

Fig. 3.

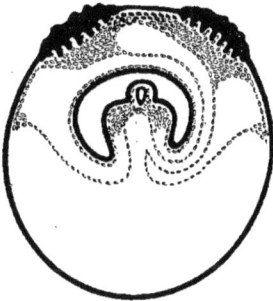

Fig. 4.

Fig. 5.

G. STEINHEIL, Éditeur.

Fig. 1. — Schéma de la gastrulation chez les Mammifères. (Les coupes sont parallèles au grand axe de l'embryon.)

E, ectoderme ; M, mésoderme ; I, endoderme ; N et N', parois supérieure et inférieure de la moelle ; G, ectoderme gastruléen ; CM, cavité médullaire ; C, chorde dorsale ; PC, protubérance caudale ; CN, canal neurentérique ; A, membrane cloacale.

I. Le cul-de-sac gastruléen vient de se former.

II. Le fond de ce cul-de-sac s'ouvre dans la cavité intestinale.

III. La moelle s'est formée et communique avec l'intestin par le canal neurentérique. En arrière de la moelle, la protubérance caudale.

IV. Le canal neurentérique s'est fermé. L'extrémité postérieure de l'embryon s'incurve en avant et s'amincit en A. Cette zone amincie constitue le bouchon cloacal, qui, une fois le mésoderme disparu, est réduit à l'ectoderme et à l'endoderme, accolés pour constituer la membrane anale. En se perforant, cette membrane constitue l'anus, qui, dès lors, fait communiquer la cavité intestinale avec l'extérieur.

Fig. 2. — Schéma de la gastrulation des Mammifères. (Les coupes sont supposées passer par l'invagination gastruléenne [ectoderme gastruléen].)

E, ectoderme ; M, mésoderme ; I, endoderme ; G, invagination gastruléenne ; N, gouttière neurale ; n, canal neurentérique ; CH, chorde dorsale ; 1, membrane réunissante supérieure ; 2, segment sus-chordal de la membrane réunissante inférieure ; 3, segment infra-chordal de la même membrane.

I. Coupe de la partie postérieure de l'embryon avant la formation de l'ectoderme gastruléen.

II. Invagination ectodermique constituant l'ectoderme gastruléen.

III. Le fond de l'invagination s'est ouvert dans l'intestin. Le cul-de-sac s'est transformé en canal.

IV. La gouttière neurale s'est formée ; le canal gastruléen fait communiquer le fond de la gouttière avec l'intestin ; il porte le nom de canal neurentérique.

V. L'ébauche de la moelle se constitue.

VI. La moelle s'est fermée à sa partie dorsale. Elle communique encore avec l'intestin par le canal neurentérique.

VII. La moelle est close de toutes parts.

VIII. Elle est séparée de l'ectoderme par la membrane réunissante supérieure, et de l'endoderme par la membrane réunissante inférieure, au sein de laquelle chemine la chorde dorsale.

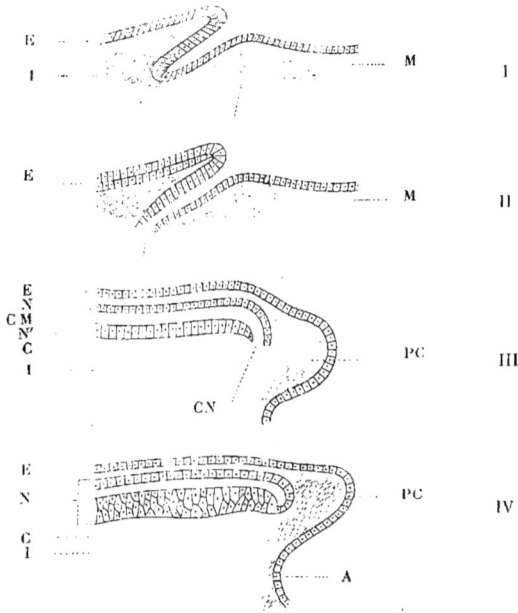

FIG. 1.

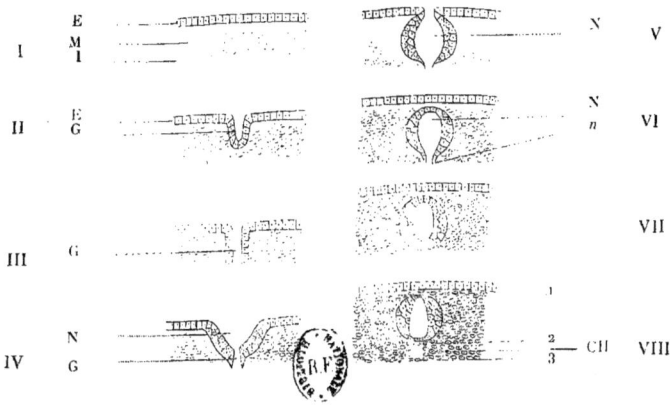

FIG. 2.

G. STEINHEIL, Éditeur.

Fig. 1. — Développement de l'extrémité céphalique de l'embryon (d'après Tourneux, mais un peu modifié. L'ectoderme en bleu, le mésoderme en rouge, l'endoderme en jaune).

I. Embryon de lapin de 195 heures. A, zone de mésoderme occupant la région axiale de l'embryon, au-dessus de la moelle. Immédiatement au-dessus de cette zone, le blastoderme est didermique ; il répond à l'aire transparente ; à son niveau, se formera le pro-amnios. Au-dessus de cette zone, le blastoderme est encore didermique ; reporté plus tard au-dessus du cerveau, ce territoire sera l'origine de la membrane pharyngienne.

II. Embryon de lapin du même âge, mais de développement plus avancé. Le mésoderme A¹ s'est clivé.

III. Embryon de lapin de 205 heures. La portion du blastoderme située au-dessus du névraxe s'est infléchie en avant. Le cul-de-sac céphalique de l'intestin et le pro-amnios commencent à se former. Au-dessus du pro-amnios, mésoderme de l'aire opaque, B. Le cœlome A² existe au-devant de l'intestin.

IV. Embryon de lapin de 209 heures. L'ectoderme a donné naissance à l'ectoderme tégumentaire, 1, et à la moelle, 2, qui porte à sa partie supérieure un orifice (neuropore antérieur) 3 ; la tête de l'embryon est en rapport avec la cavité pro-amniotique, 4. La cavité pleuro-péricardique, A³, et le tube cardiaque sont situés au-devant de l'intestin céphalique.

Fig. 2. — Développement de l'extrémité caudale de l'embryon de lapin (d'après Tourneux, mais un peu simplifié).

I. Embryon de lapin de 195 heures. Extrémité inférieure de l'embryon. Le mésoderme existe à partir du point où cesse la gouttière médullaire.

II. Embryon du même âge, mais un peu plus développé. Le mésoderme s'est clivé en deux lames : la lame somatique et la lame splanchnique.

III. Embryon de 205 heures. Le repli caudal de l'amnios commence à se former ; le mésoderme axial a disparu de la région où se développe la membrane cloacale ; à ce niveau, le blastoderme est didermique. Il existe un épaississement mésodermique dans le point où les deux lames du mésoderme s'écartent l'une de l'autre.

IV. Embryon de 211 heures. B, ébauche de l'allantoïde.

V. Embryon de 217 heures. L'extrémité inférieure de l'embryon s'est infléchie autour de la tête de la ligne primitive. Le cul-de-sac inférieur de l'intestin s'est formé, et l'allantoïde, B, s'ouvre sur sa face antérieure. L'allantoïde s'enfonce dans le bourrelet allantoïdien, F, qui fait saillie dans le cœlome, D. L'extrémité inférieure de la moelle s'ouvre dans la cavité que limite le repli caudal de l'amnios, A.

VI. Schéma d'un embryon plus âgé. L'extrémité de l'allantoïde s'est dilatée en vésicule, B, et va s'accoler à la somatopleure ; C, membrane cloacale.

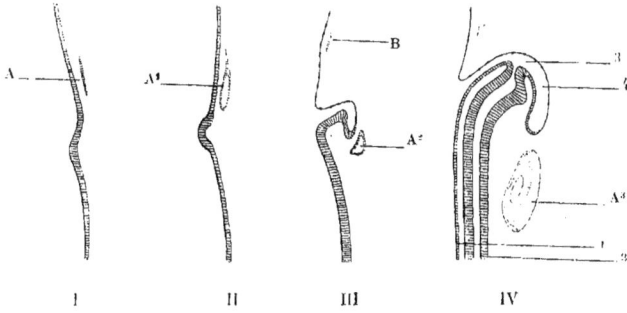

FIG. 1.

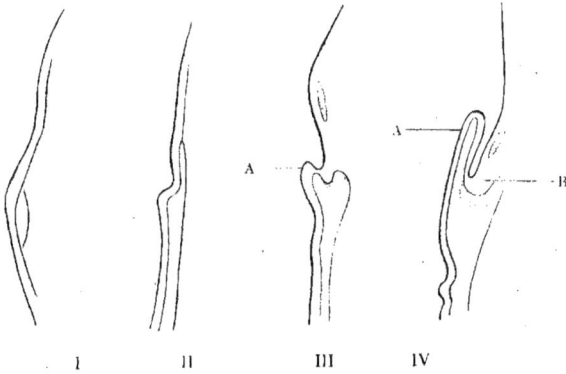

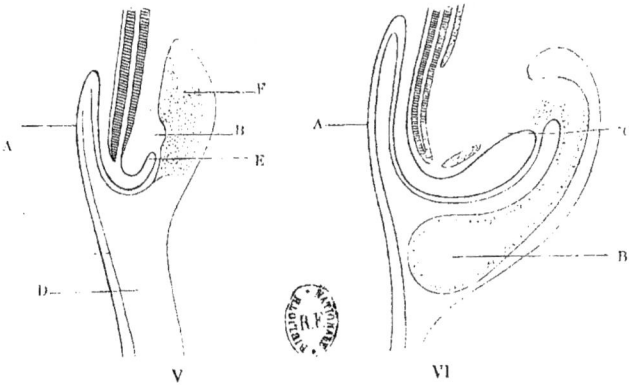

FIG. 2.

G. STEINHEIL, Éditeur.

Fig. 1. — Section de l'œuf humain, intéressant l'embryon dans le sens de sa longueur, à quatre stades successifs du développement. (Schéma de His, modifié, d'après les figures de Spee, par Tourneux).

E, disque embryonnaire ; O, sac endodermique (vésicule ombilicale); Cœ, cœlome externe.

Fig. 2 — Schéma du développement de l'amnios chez le lapin. (L'extrémité céphalique, est à gauche du lecteur. L'ectoderme est en bleu, l'endoderme en jaune, le mésoderme en rouge. Le trait gras schématise l'embryon.)

I. Formation du pro-amnios.
II. Formation du capuchon caudal de l'amnios. L'embryon occupe le fond de la dépression qui s'est formée à la surface de l'œuf.
III. Accroissement du capuchon caudal. Apparition du mésoderme dans le pro-amnios.
IV. Le capuchon caudal et le capuchon céphalique sont au contact.
V. Fusion du capuchon caudal et du capuchon céphalique. L'amnios est clos. Le cœlome externe s'interpose entre l'amnios et l'ectoderme chorial.

Fig. 3. — Injection d'une villosité placentaire (d'après Varnier).

A, artères ; V, veines.

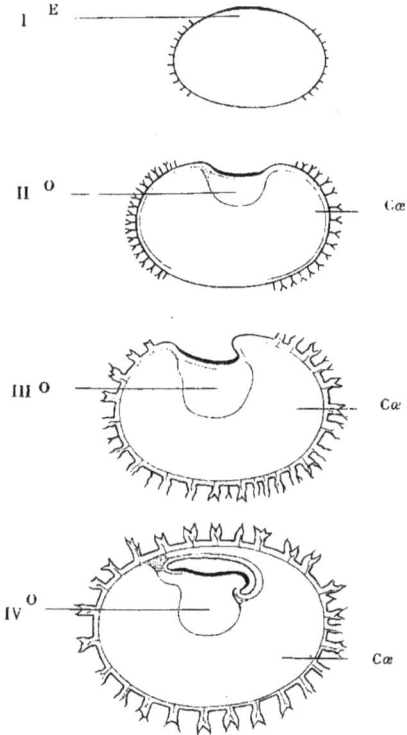

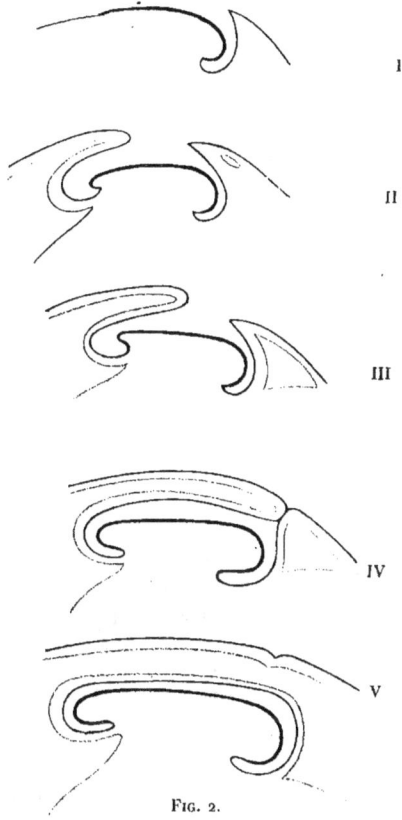

FIG. 1.　　　　　　　　　FIG. 2.

A

FIG. 3.

G. STEINHEIL, Éditeur.

Fig. 1. — Circulation omphalo-mésentérique du lapin (embryon de 21 h.) (en partie d'après v. Beneden et Julin).

1. Veine omphalo-mésentérique.
2. Limite de l'aire transparente.
3. Artère omphalo-mésentérique.
4. Sinus terminal.
5. Arc aortique.
6. Aorte descendante et, en dehors d'elle, la veine cardinale.

Fig. 2. — Sections sagittales et axiles de jeunes embryons humains (d'après Spee)

I. Embryon de o mm. 4. — 1, Cavité de l'amnios ; 2, vésicule ombilicale.
II. Embryon de 1 mm. 54. — 1, Cavité de l'amnios ; 2, vésicule ombilicale.
III. Embryon plus âgé. — 1, Pédoncule ventral ; 2, cavité amniotique ; 3, cul-de-sac allantoïdien ; 4, vésicule ombilicale.

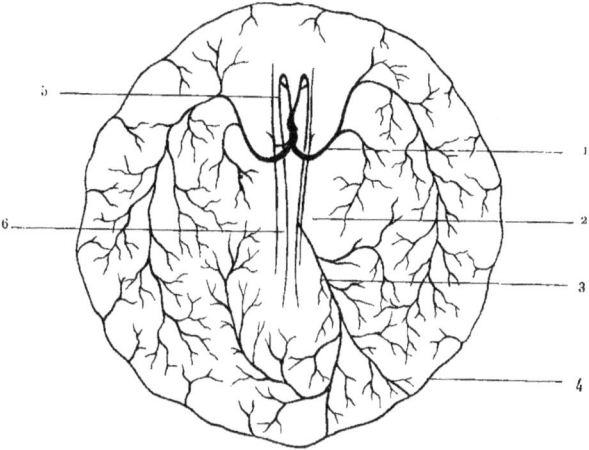

FIG. 1.

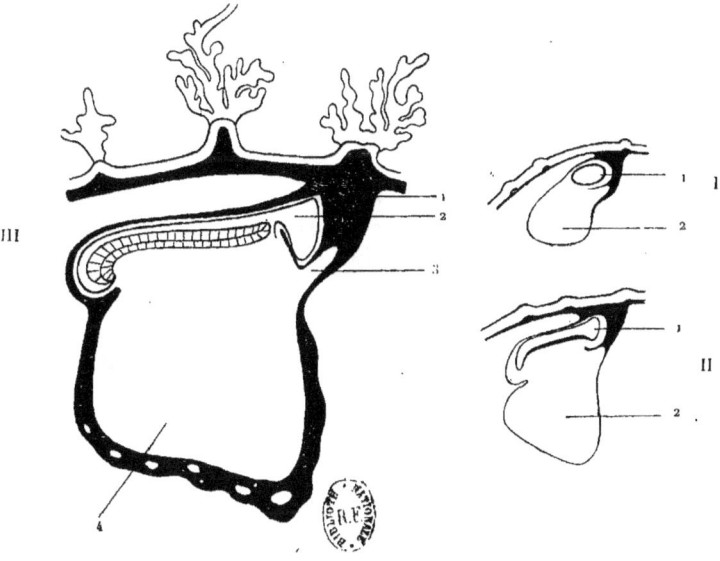

FIG. 2.

G. STEINHEIL, Éditeur.

PLANCHE VI

Fig. 1. — Schéma de l'inversion des feuillets chez les Rongeurs (d'après Duval, un peu simplifié).

E, ectoderme ; I. endoderme ; G, cavité intestinale; CE, cavité ectodermique ; CEc, cavité ectoplacentaire; M, mésoderme ; RA, repli amniotique ; CA, cavité amniotique ; R, segment non embryonné de la vésicule blastodermique ; CN, canal neural.

I. Vésicule blastodermique formée d'une sphère creuse ectodermique et d'une calotte endodermique.

II. L'endoderme s'est accru. Il double partout la sphère ectodermique. L'ectoderme, très épaissi, s'est creusé d'une cavité, dite cavité ectodermique.

III. La cavité ectodermique s'étrangle, à sa partie moyenne, par la formation d'un pli circulaire, dit pli amniotique. Ce pli isole un segment supérieur (cavité ectoplacentaire) et un segment inférieur (cavité amniotique).

IV. Les deux cavités ectoplacentaire et amniotique se sont séparées l'une de l'autre. La moelle s'est creusée sur le dos de l'embryon. Celui-ci a maintenant son endoderme en dehors, ce qui est la conséquence de la disparition de l'ectoderme et du mésoderme, dans la zone extra-embryonnaire du blastoderme.

Fig. 2. — Schéma de la pénétration de l'œuf humain dans la muqueuse utérine, (d'après les données de Spee et de Peters).

O, œuf; G, glande utérine; V, vaisseaux utérins; Ge, champignon fibrineux (Gewebspilz).

I. L'œuf s'accole à la muqueuse utérine.

II. Il pénètre dans la muqueuse, dans l'intervalle des glandes.

III. Du fait de sa pénétration, il détermine à la surface de la muqueuse un amas fibrineux, en forme de champignon, qui s'étale au-dessus de lui.

IV. L'œuf grossit et présente des villosités à sa surface. Il arrive au contact des capillaires, dont la paroi se détruit.

V. L'œuf continue à s'accroître en repoussant les glandes utérines. Les vaisseaux de la muqueuse l'entourent; certains d'entre eux n'ont plus de paroi propre; ils constituent les lacunes sanguines du placenta.

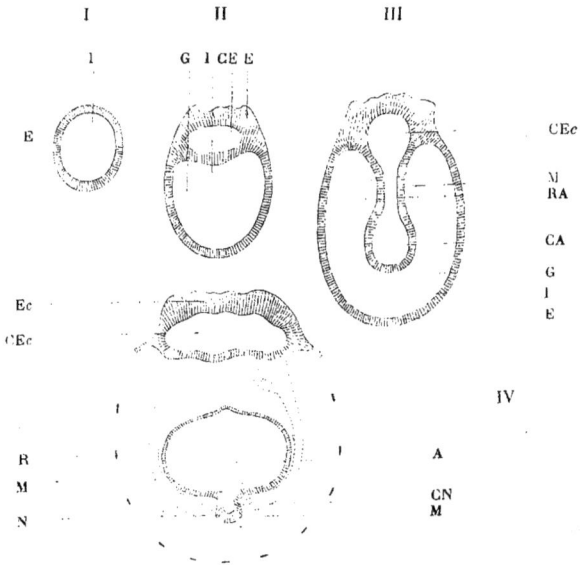

FIG. 1.

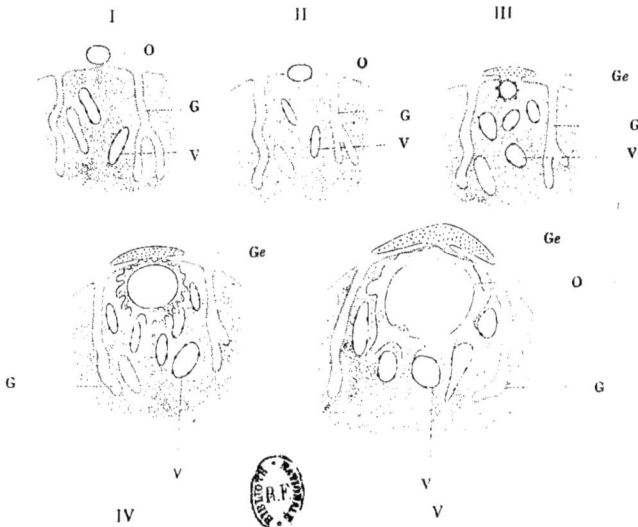

FIG. 2.

G. STEINHEIL, Éditeur.

Schéma du placenta de la femme, au terme de la grossesse. (Le placenta maternel est en bleu ; le placenta fœtal est en rose.)

1. Portion caduque de la sérotine (lame basale de Winckler) d'où partent deux cloisons interlobaires. La cloison inférieure, situé· au centre du placenta, reste à distance du chorion. La cloison supérieure, située vers le bord du placenta, s'attache sur le placenta fœtal.

2. Attache d'une villosité fœtale à la caduque (crampon).

3. Artère de la caduque.

4. Veine de la caduque.

5 Origine d'une veine de la caduque.

6 Sinus veineux marginal

7. Anneau obturant sous-chorial.

8. Epithélium amniotique.

9. Paroi de l'amnios.

10. Plaque choriale.

11. Villosité fœtale.

12. Artère ombilicale. et. au-dessous d'elle, la veine ombilicale.

13. Branche de l'artère ombilicale pénétrant dans une villosité.

14. Branche d'une veine ombilicale sortant d'une villosité.

15. Espace sanguin intraplacentaire.

G. STEINHEIL, Éditeur

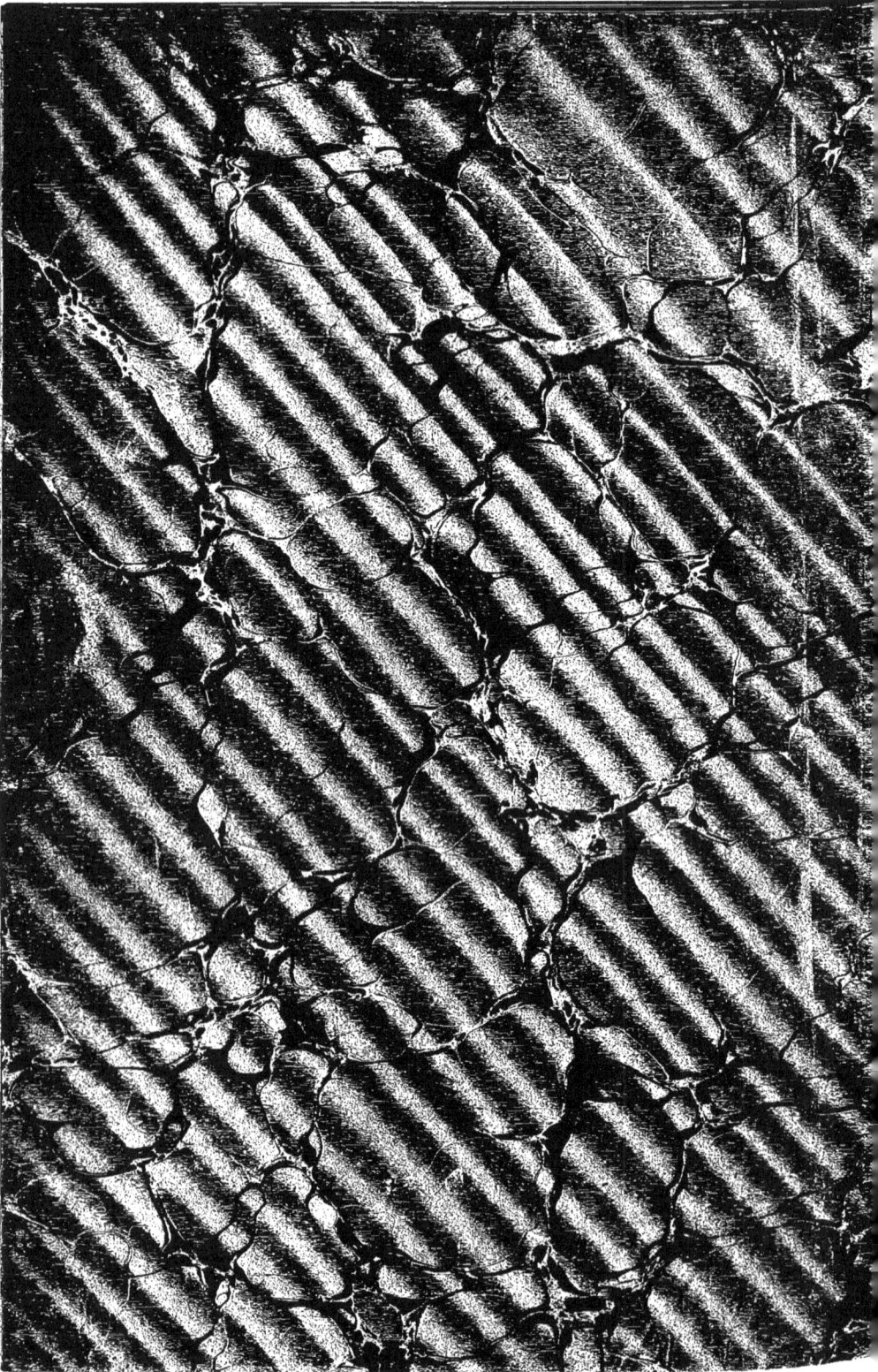

www.ingramcontent.com/pod-product-compliance
Lightning Source LLC
Chambersburg PA
CBHW071655200326
41519CB00012BA/2522